高职高专规划教材

建筑工程测量

（附实训指导书）

第二版

谢芳蓬　主编　　罗琳　主审

化学工业出版社

·北　京·

本教材系根据高职院校对建筑类专业的培养目标要求，结合目前高职院校的教学实际情况编写而成的。

本教材共有10个学习情境，21个任务。主要内容有：仪器的基本操作、测量的三项基本工作、建筑物定位与放线、小区域地形测绘、土方测量与计算、基础施工测量、主体施工测量、建筑物的沉降观测、工业厂房测量、道路测量。

为了便于教学和提高学生的动手能力，本书配套有《建筑工程测量实训指导书》（另册），以利于学生学习、实践和解决工程中实际问题的能力。

本教材为高职高专建筑工程技术、工程监理、工程管理等土建类相关专业教材，也可作为本科院校建筑类专业学生的参考读物，并可供从事建筑施工的工程技术人员参考。

图书在版编目（CIP）数据

建筑工程测量（附实训指导书）/谢芳蓬主编．—2版．北京：化学工业出版社，2015.6
高职高专规划教材
ISBN 978-7-122-23930-3

Ⅰ.①建… Ⅱ.①谢… Ⅲ.①建筑测量-高等职业教育-教材 Ⅳ.①TU198

中国版本图书馆CIP数据核字（2015）第097124号

责任编辑：李仙华　　装帧设计：尹琳琳
责任校对：王素芹

出版发行：化学工业出版社（北京市东城区青年湖南街13号　邮政编码100011）
印　　刷：北京永鑫印刷有限公司
装　　订：三河市宇新装订厂
787mm×1092mm　1/16　印张16　字数396千字　2015年7月北京第2版第1次印刷

购书咨询：010-64518888（传真：010-64519686）　售后服务：010-64518899
网　　址：http://www.cip.com.cn
凡购买本书，如有缺损质量问题，本社销售中心负责调换。

定　　价：34.00元

前言

本书是国家示范重点建设专业——建筑工程技术专业的教材。本书遵循基于工作过程的教学理念，以“讲清概念，强调应用”为主旨，本着“必需、够用”的原则进行编写。本课程是江西现代职业技术学院教学改革的重大成果之一，并于 2009 年被评为江西省省级精品课程，2014 年被评为江西省省级精品资源共享课程。

“建筑工程测量”课程是建筑类专业的一门重要的、具有较强实践性的专业基础课，是培养学生工程施工能力的重要课程。本教材第一版自出版以来，深得各高职院校老师的好评，并多次印刷。为紧跟建筑行业的动态和测量技术的发展，我们积多年教学及建筑工程测量的经验，同时广泛征求了高职院校老师的意见，并深入建筑工地做了大量的调查研究，在第一版的基础上进行了修订，以更方便“老师的教”、“学生的学”和“工作中实用”。

为使教学内容符合建筑类专业的特点，根据专业培养目标，明确本课程应培养的职业能力和职业素质，同时兼顾学生职业和能力的拓展，我们在第二版中强化了“水准测量”和“高程测量”的内容，并对“实训指导书”的内容和格式进行了完善及调整。

本教材的教学内容主要针对高职层次建筑工程技术专业岗位群对建筑工程测量的具体要求，对原建筑工程测量课程的知识进行了分解和归纳，把《建筑工程测量》课程的整体知识结构分解成仪器的基本操作、测量的三项基本工作、建筑物定位与放线等十大情境，每一个情境都有理论知识任务目标和实践技能任务目标，把新仪器、新技术、新规范的知识纳入其教学中，使学生掌握测量的基本理论和基本技能。

这十大情境中的每一个任务，都是依据建筑工程对建筑工程测量的具体要求而确定。因此，本课程的教学内容完全适用于建筑工程技术专业岗位群毕业的学生从事建筑工程的测量工作，也可作为土建工程施工人员、技术人员学习培训的参考教材。

本教材由谢芳蓬任主编，罗琳任主审，欧阳彬生、王小广、周本能参加编写。在编写过程中，参阅了大量文献资料，江西省水利规划设计院测绘院的吴勰高级工程师和江西师范大学邓荣根教授对本教材也提出了许多宝贵的意见，在此一并致谢。

本教材经江西现代职业技术学院建筑工程学院学生使用，教学效果显著。但限于笔者的水平，本教材难免有不妥之处，恳请广大读者指正。

本书提供有配套电子教案，可登录 www. cipedu. com. cn 免费获取。

编　者

2015 年 4 月

第一版前言

本书是国家骨干高职院校重点建设专业——建筑工程技术专业的建筑工程测量课程的教材。本书遵循基于工作过程的教学理念，以“讲清概念、强调应用”为主旨，本着“必需、够用”的原则进行编写的。本课程是江西现代职业技术学院教学改革的重大成果之一，并于2009年被评为江西省省级精品课程。

建筑工程测量课程是建筑类专业的一门重要的、具有较强实践性的专业基础课，是培养学生工程施工能力的重要课程。但原有建筑工程测量课程主要承袭的是测绘专业基础课的特点，以地形、地貌测绘为主线。课程内容不符合建筑类专业教学的要求，学生在学完建筑工程测量课程后，依然不能完成建筑工程的测绘任务。

为使教学内容符合建筑类专业的特点，根据专业培养目标，明确本课程应培养的职业能力和职业素质，同时兼顾学生职业和能力的拓展，紧跟测量技术发展与建筑行业的动态，重新构建建筑工程测量课程体系和教学内容。

本课程教学内容针对高职层面建筑工程技术专业岗位群对建筑工程测量的具体要求，对原建筑工程测量课程的知识进行了分解和归纳，把建筑工程测量课程的整体知识结构分解成仪器的基本操作等十大情境，每一个情境都有理论知识任务目标和实践技能任务目标，把新仪器、新技术、新规范的知识纳入教学中，使学生掌握测量的基本理论和基本技能。

这十大情境中的每一个任务，都是依据建设工程对建筑工程测量的具体要求而确定。因此，本课程的教学内容完全适用于建筑工程技术专业岗位群毕业的学生从事建筑工程的测量工作，也可作为土建工程施工人员、技术人员学习培训的参考教材。

本教材由谢芳蓬、罗琳主编，欧阳彬生、王小广副主编，周本能、吴勰参编。江西现代职业技术学院谢芳蓬、罗琳、欧阳彬生、王小广、周本能都是既有丰富教学经验，又有很长建筑施工工作经历的“双师型”教师，江西省水利规划设计院测绘院的吴勰工程师对测量技术在工程中的最新应用提出了许多宝贵的建议。本教材的内容紧跟建筑工程测量的发展，使学生所学的知识必需和够用，同时还方便“老师的教”和“学生的学”。

本教材经江西现代职业技术学院试用，教学效果显著。在教材的编写中，参考了有关文献资料，在此一并感谢。但限于编者的水平，本教材难免有不妥之处，恳请广大读者指正。

本书提供有配套电子教案，可发邮件至 cipedu@163.com 免费获取。

编　者

2011 年 4 月

目　录

学习情境一　仪器的基本操作

学习情境三 建筑物定位与放线

学习情境四 小区域地形测绘

学习情境五　土方测量与计算

学习情境六　基础施工测量

学习情境七 主体施工测量

学习情境八 建筑物的沉降观测

学习情境九 工业厂房测量

学习情境十 道路测量

学习情境一

仪器的基本操作

- 任务1　水准仪的操作
- 任务2　经纬仪的操作
- 任务3　全站仪的操作

任务1 水准仪的操作

1.1 资讯与调查

1.1.1 任务单

<table>
<tr><th>任务1</th><th colspan="3">水准仪的操作</th><th colspan="2">学时</th><th>6</th></tr>
<tr><td colspan="7">布置任务</td></tr>
<tr><td>学习目标</td><td colspan="6">1. 能识别微倾式水准仪、自动安平水准仪各部件的名称、作用
2. 会使用各种水准尺
3. 能够正确使用微倾式水准仪、自动安平水准仪
4. 会检验微倾式水准仪、自动安平水准仪
5. 会微倾式水准仪、自动安平水准仪的开箱和存放
6. 具有独立工作的能力
7. 具有团队意识、计划组织及协作、口头表达和人际交流能力
8. 具有举一反三、融会贯通的能力
9. 具有良好的职业道德和敬业精神，爱惜仪器、工具的意识
10. 具有操作技巧分析和归纳的能力，善于创新和总结经验</td></tr>
<tr><td>任务描述</td><td colspan="6">1. 工作任务——微倾式、自动安平水准仪的认识和使用
学习微倾式水准仪、自动安平水准仪的操作，使学生能够识别仪器构造，并能进行水准仪安置、粗平、照准、调焦、精平和读数。能正确从仪器箱取出仪器，并能将仪器正确放回仪器箱内，养成爱护仪器的好习惯。
2. 操作技术要求
(1)要熟悉微倾式、自动安平水准仪各部件的名称和作用。
(2)打开三脚架并使高度适中，高度与身高有关，一般到人的下巴处，目估使架头大致水平，检查脚架腿是否安置稳固，大致成正三角形，脚架伸缩螺旋是否拧紧。
(3)打开仪器箱取出水准仪，置于三脚架头上用连接螺旋将仪器牢固地固连在三脚架头上。
(4)粗平：通过旋转脚螺旋，使圆水准器气泡居中。
(5)瞄准水准尺：利用粗瞄器、目标(尺)共一线，制动望远镜进行粗瞄；再转动水平微动螺旋使目标的对称中心与竖丝重合(或在竖丝附近)进行精确瞄准。
(6)用微倾螺旋进行精平(自动安平水准仪就不需要)。
(7)瞄准水准尺时必须消除视差。读数均为四位数，即使某位数是零也不可省略。
(8)尺子必须平放置在目标点上。
(9)扶尺时一定要竖直。</td></tr>
<tr><td rowspan="2">学时安排</td><td>资讯与调查</td><td>制定计划</td><td>方案决策</td><td>项目实施</td><td>检查测试</td><td>项目评价</td></tr>
<tr><td></td><td></td><td></td><td></td><td></td><td></td></tr>
<tr><td>推荐阅读资料</td><td colspan="6">[1] 周建郑主编. 建筑工程测量. 第2版. 北京：化学工业出版社，2012.
[2] 谢芳蓬. 建筑工程测量[OL]. 江西省精品课程，http://bm.jxxdxy.com:8080/kc/jzgccl/declare.php.
[3] 其他国家、省级精品课程.</td></tr>
<tr><td>对学生的要求</td><td colspan="6">1. 必须遵守学校及实训基地各项管理规章制度，不迟到，不早退，按时进入指定的实训场所
2. 必须遵守水准仪操作规程
3. 实训要认真并且要积极主动
4. 要互相协助，以小组的形式进行学习、讨论、操作、检查与评价等
5. 爱惜仪器、工具
6. 对自己的操作进行分析、总结</td></tr>
</table>

1.1.2　资讯单

任务 1	水准仪的操作	学时	6
资讯方式	查阅书籍、利用国家、省精品课程资源学习		
资讯问题	1. 水准仪各部件的名称、作用是什么？ 2. 水准尺种类有几种？ 3. 怎样安置水准仪，水准仪粗平方法有哪些？ 4. 如何照准、调焦水准仪？ 5. 水准仪精平方法怎样(自动安平不需要)？ 6. 水准仪读数方法怎样？ 7. 如何开箱和存放水准仪？ 8. 如何检验水准仪？		

1.1.3　信息单

1.1.3.1　水准测量的仪器与工具

(1) 水准仪的构造

微倾式水准仪构造见图 1.1，自动安平水准仪构造见图 1.2。

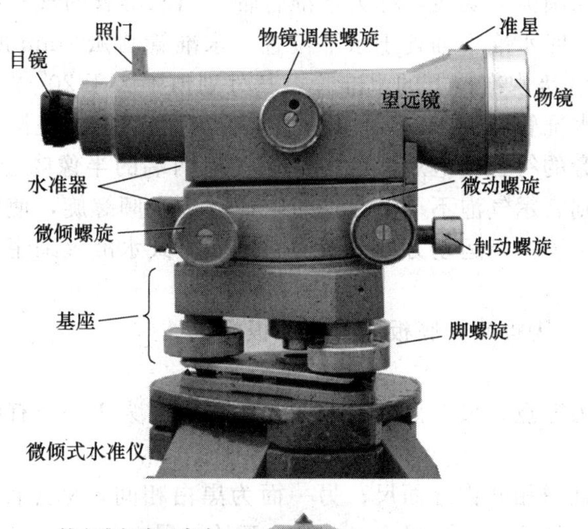

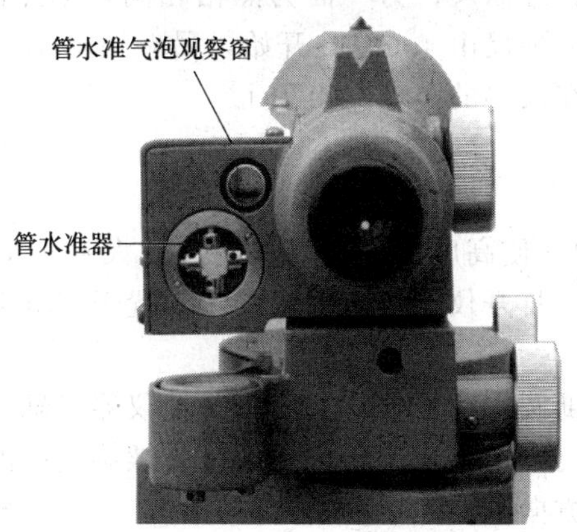

图 1.1　微倾式水准仪构造

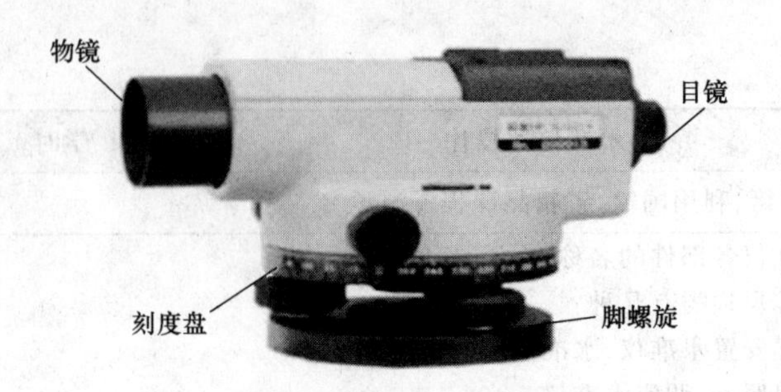

图 1.2 自动安平水准仪构造

1）望远镜：由物镜、目镜、对光凹透镜、十字丝组成。

2）水准器：由圆水准器和管水准器组成。

➤圆水准器用来指示仪器竖轴是否竖直（粗平用）。

➤管水准器（自动安平水准仪没有）用来指示视准轴是否水平（精平用）。

圆水准器：通过零点的球面法线为圆水准器轴线，当圆水准器气泡居中时，该轴线处于竖直位置。当气泡不居中时，气泡中心偏移零点 2mm，轴线所倾斜的角值，称为圆水准器的分划值。由于它的精度较低，故只用于仪器的概略整平。

管水准器：水准管上一般刻有间隔为 2mm 的分划线，分划线的中点 0，称为水准管零点。通过零点作水准管圆弧的切线，称为水准管轴。当水准管的气泡中点与水准管零点重合时，称为气泡居中；这时水准管轴处于水平位置。水准管圆弧 2mm 所对的圆心角称为水准管分划值。安装在 DS3 级水准仪上的水准管，其分划值不大于 20″/2mm。

微倾式水准仪在水准管的上方安装一组符合棱镜，通过符合棱镜的反射作用，使气泡两端的像反映在望远镜旁的符合气泡观察窗中。若气泡两端的半像吻合时，就表示气泡居中。若气泡的半像错开，则表示气泡不居中，这时，应转动微倾螺旋，使气泡的半像吻合。左侧气泡的运动方向与右手大拇指运动方向一致。自动安平式水准仪采用自动补偿系统，无需水准管调平。

3）基座：由轴座、脚螺旋、底板和三角压板构成。

（2）水准尺和尺垫

塔尺：尺的底部为零点，尺上黑白格相间，每格宽度为 1cm，有的为 0.5cm，每一米和分米处均有注记。

双面尺：一面为红白相间称红面尺；另一面为黑白相间，称黑面尺（也称主尺）。两根尺的黑面均由零开始；红面，一根尺由 4.687m 开始，另一根由 4.787m 开始。

尺垫：使用时水准尺安放在尺垫的半球突出顶上

1.1.3.2 水准仪的使用

（1）测站安置

1）安置仪器　打开三脚架并使高度适中，目估使架头大致水平，检查脚架腿是否安置稳固，脚架伸缩螺旋是否拧紧。打开仪器箱取出水准仪，置于三脚架头上，用连接螺旋将仪器牢固地固连在三脚架头上。

2）粗略整平（粗平）　借助圆水准器的气泡居中，使仪器竖轴大致铅垂，从而视准轴粗略水平。两手相对转动两脚螺旋（通过水准器零点与两脚螺旋连线的垂线上）。

规律：左手大拇指的运动方向和气泡运动的方向一致。

（2）瞄准水准尺

➢粗略瞄准：粗瞄器、目标（尺）共一线，制动望远镜。

目镜对光：对准目标，旋转目镜，使十字丝成像清晰。

物镜调焦（对光）：转动物镜调焦螺旋，使目标成像清晰。

➢精确照准：转动水平微动螺旋使目标的对称中心与竖丝重合（或在竖丝附近）。

注意：瞄准水准尺时必须消除视差。

视差的概念：观测者的眼睛在目镜端上下移动时，物像与十字丝间有相对运动的现象，叫十字丝视差，简称视差。

产生视差的原因：尺像与十字丝分划板不重合。

视差消除的方法：重新调焦。

消除视差的步骤：调目镜螺旋使十字丝清晰，然后反复调物镜调焦螺旋使目标的像与十字丝平面重合，眼睛上下观察两者没有错动现象为止。

（3）精平与读数

精平：用微倾螺旋精确调平视线。

读数：用十字丝横丝切尺上的刻划直接读出米、分米和厘米数，并估读出毫米数，保证每个读数均为四位数，即使某位数是零也不可省略（现多为正像仪器）。

1.1.3.3　水准仪的检验与校正

（1）水准仪应满足的几何条件（图1.3）

1）圆水准器轴 $L'L'$ 平行于竖轴 VV。

2）十字丝的中丝应垂直于竖轴 VV。

3）水准管轴 LL 应平行于视准轴 CC。

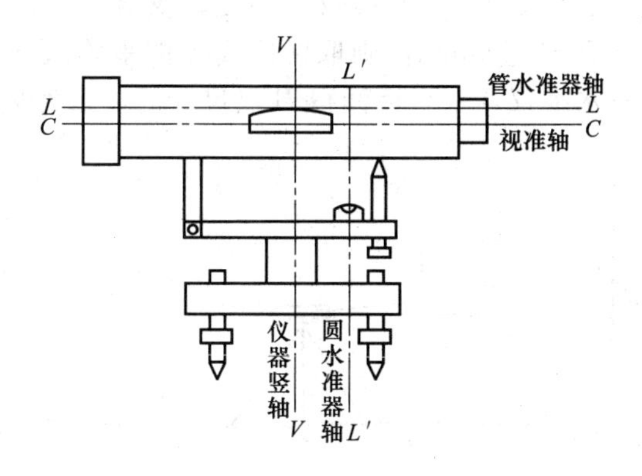

图1.3　水准仪轴线关系

（2）水准仪的检验与校正

1）圆水准器的检验与校正

① 检验方法：把仪器安置好，并用脚螺旋将气泡居中，然后将仪器旋转180°，看气泡是否居中，如果气泡仍居中，则条件满足，否则，条件不满足。

② 校正方法：

a. 首先稍松位于圆水准器下面中间的固紧螺钉；

b. 调整其周围的3个校正螺钉，使气泡向居中位置移动偏离量的一半，如图1.4所示。此时圆水准器轴 $L'L'$ 平行于仪器竖轴 VV；

c. 再用脚螺旋整平，使圆水准器气泡居中，竖轴 VV 与圆水准器轴 $L'L'$ 同时处于竖直位置。

d. 校正工作一般需反复进行，直至仪器转到任何位置气泡均为居中为止，最后应旋紧固定螺钉。

2）十字丝横丝垂直于仪器竖轴的检验与校正

① 检验：将仪器整平后，用十字丝一端对准水平方向某一清晰目标。用水平微动慢慢转动望远镜，当目标移动到十字丝交点从一端移到另一端时，看目标是否始终在十字丝上。

② 校正方法：松开目镜上的十字丝校正螺钉，转动十字丝分划板固定螺旋，直至满足要求，再拧紧螺钉。见图 1.4。

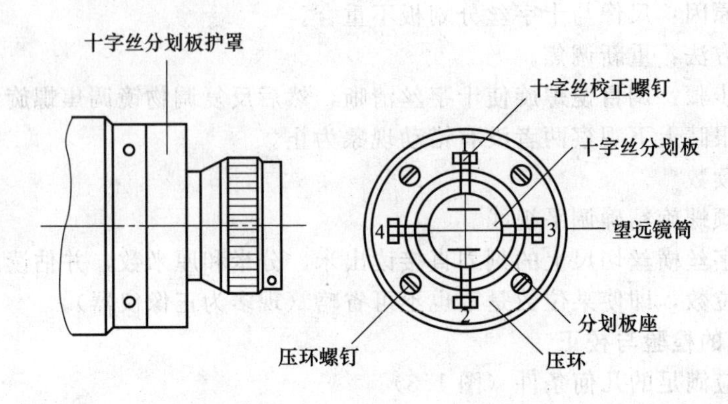

图 1.4 十字丝校正方法

3）水准管轴平行于视准轴的检验与校正

① 检验（图 1.5）：在 C 点处安置水准仪，用变动仪器高法，连续两次测出 A、B 两点的高差，若两次高差之差不超过 3mm，则取两次高差的平均值 h_{AB} 作为最后结果。在离 B 点大约 3m 的 D 点处安置水准仪，精平后读得 B 点尺上的读数为 b_2，然后瞄准 A 点水准尺，读出中丝的读数 a_2。

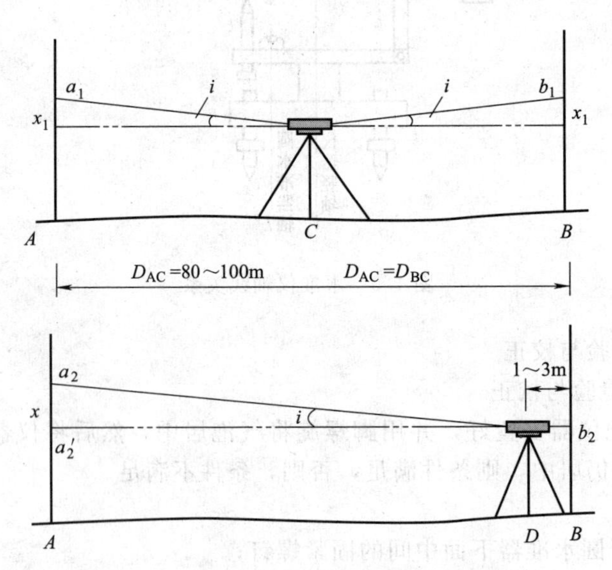

图 1.5 水准管轴平行于视准轴的检验

根据上述 b_2 和高差 h_{AB} 算出 A 点尺上视线水平时的应读读数为：$a_2'=b_2+h_{AB}$

如果 a_2' 与 a_2 相等，表示两轴平行。否则存在 i 角，其角值为：

$$i=\frac{a_2'-a_2}{D_{AB}}\rho$$

$i\leqslant 20''$，合格；$i>20''$，需校正

其中：$\rho=206265''$。

② 校正方法（图 1.6）：转动微倾螺旋，使十字丝的中丝对准 A 点尺上应读读数 a_2'，此时视准轴处于水平位置，而水准管气泡不居中。用校正针先拨松水准管一端左、右校正螺钉，再拨动上、下两个校正螺钉，使偏离的气泡重新居中，最后要将校正螺钉旋紧。

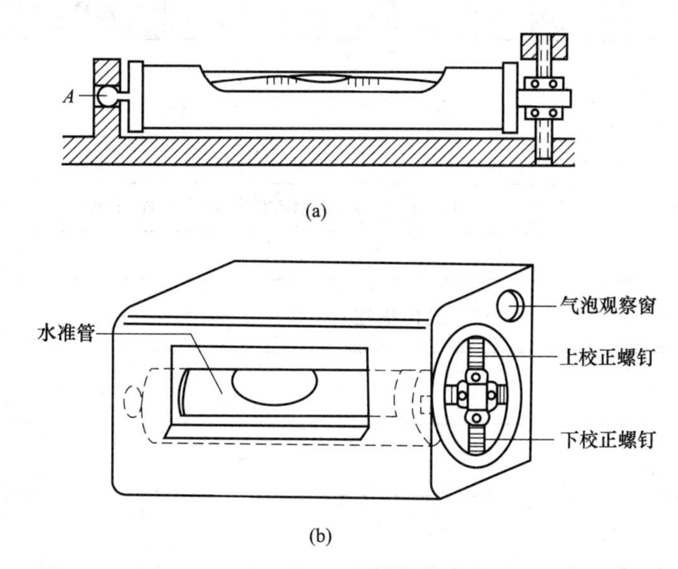

图 1.6　水准管轴平行于视准轴的校正方法

1.1.3.4　仪器开箱、装箱注意事项

开箱后先看清仪器放置情况及箱内附件情况，用双手取出仪器并随手关箱；仪器装箱一般要松开水平制动螺旋，试着合上箱盖，不可用力过猛，压坏仪器。

1.1.3.5　可能出现的问题

1）整不平。水准仪进行粗平和精平时都调节脚螺旋，而水准仪三脚架又没安平，导致整不平。

2）对瞄准的位置及消除视差重视不够。对不准目标或位置不准确；根本没有消除视差。

3）标杆是否竖直通过标尺的水准管。可以校对前后，通过水准仪竖丝照准标尺校对左右方向。

4）操作仪器中常见的不规范及损伤仪器情况：

① 旋转制动、微动螺旋用力过猛，致使螺旋滑丝或锈死；

② 脚螺旋在调节前未放到中段，致使后期没有调节空间；

③ 不使用目镜调焦螺旋，使得望远镜中十字丝模糊或读数目镜中数字模糊；

④ 未打开制动螺旋就转动照准部或望远镜；

⑤ 仪器、工具旁边无人值守或在仪器周围打闹；

⑥ 迁站不规范；

⑦ 中心连接螺旋未旋紧，仪器从架顶上滑落；

⑧ 在较滑地面上不做防护。

1.2 计划与决策

1.2.1 计划单

任务 1	水准仪的操作	学时	6
班级		组号	
小组成员及分工			
计划方式	由小组讨论并制定本小组的工作计划		
目标			
实施步骤	序号	具体描述	使用资料
计划说明			
组长签字		教师签字	年 月 日

1.2.2 决策单

<table>
<tr><td colspan="2">任务1</td><td colspan="2">水准仪的操作</td><td>学时</td><td>6</td></tr>
<tr><td colspan="2">班级</td><td colspan="2"></td><td>组号</td><td></td></tr>
<tr><td colspan="2">小组成员及分工</td><td colspan="4"></td></tr>
<tr><td colspan="2">决策方式</td><td colspan="4">由小组对各组制定的计划单进行对比、讨论，评选出最佳实施计划</td></tr>
<tr><td rowspan="9">计划对比</td><td>组号</td><td>明确性(30%)</td><td>合理性(30%)</td><td>可操作性(40%)</td><td>总评(100%)</td></tr>
<tr><td></td><td></td><td></td><td></td><td></td></tr>
<tr><td></td><td></td><td></td><td></td><td></td></tr>
<tr><td></td><td></td><td></td><td></td><td></td></tr>
<tr><td></td><td></td><td></td><td></td><td></td></tr>
<tr><td></td><td></td><td></td><td></td><td></td></tr>
<tr><td></td><td></td><td></td><td></td><td></td></tr>
<tr><td></td><td></td><td></td><td></td><td></td></tr>
<tr><td></td><td></td><td></td><td></td><td></td></tr>
<tr><td colspan="2">决策说明</td><td colspan="4"></td></tr>
<tr><td colspan="2">组长签字</td><td></td><td>教师签字</td><td></td><td>年　月　日</td></tr>
</table>

1.3 实施与检查

1.3.1 实施单

<table>
<tr><td>任务1</td><td colspan="3">水准仪的操作</td><td>学时</td><td>6</td></tr>
<tr><td>班级</td><td colspan="3"></td><td>组号</td><td></td></tr>
<tr><td>小组成员
及分工</td><td colspan="5"></td></tr>
<tr><td>实施方式</td><td colspan="5">按最佳计划,各小组成员共同完成实施工作</td></tr>
<tr><td rowspan="8">实施
情况
记录</td><td>序号</td><td colspan="3">具体描述</td><td>使用资源</td></tr>
<tr><td></td><td colspan="3"></td><td></td></tr>
<tr><td></td><td colspan="3"></td><td></td></tr>
<tr><td></td><td colspan="3"></td><td></td></tr>
<tr><td></td><td colspan="3"></td><td></td></tr>
<tr><td></td><td colspan="3"></td><td></td></tr>
<tr><td></td><td colspan="3"></td><td></td></tr>
<tr><td></td><td colspan="3"></td><td></td></tr>
<tr><td>实施说明</td><td colspan="5"></td></tr>
<tr><td>组长签字</td><td colspan="2"></td><td>教师签字</td><td></td><td>年 月 日</td></tr>
</table>

1.3.2 检查单

<table>
<tr><td>任务1</td><td colspan="3">水准仪的操作</td><td>学时</td><td>6</td></tr>
<tr><td>班级</td><td colspan="3"></td><td>组号</td><td></td></tr>
<tr><td>小组成员及分工</td><td colspan="5"></td></tr>
<tr><td>检查方式</td><td colspan="5">按任务单规定的检查项目、内容进行小组检查和教师检查</td></tr>
<tr><td>序号</td><td>检查项目</td><td colspan="2">检查内容</td><td>小组检查</td><td>教师检查</td></tr>
<tr><td rowspan="2">1</td><td rowspan="2">能识别微倾式水准仪、自动安平水准仪各部件的名称、作用</td><td colspan="2">能否识别水准仪各部件名称</td><td></td><td></td></tr>
<tr><td colspan="2">能否识别各部件作用</td><td></td><td></td></tr>
<tr><td rowspan="3">2</td><td rowspan="3">会使用各种水准尺</td><td colspan="2">能否认识各种水准尺</td><td></td><td></td></tr>
<tr><td colspan="2">能否识别水准尺分划刻度</td><td></td><td></td></tr>
<tr><td colspan="2">能否正确扶尺</td><td></td><td></td></tr>
<tr><td rowspan="4">3</td><td rowspan="4">能够正确使用微倾式水准仪、自动安平水准仪</td><td colspan="2">能否安置水准仪</td><td></td><td></td></tr>
<tr><td colspan="2">能否粗平水准仪</td><td></td><td></td></tr>
<tr><td colspan="2">能否精平水准仪</td><td></td><td></td></tr>
<tr><td colspan="2">能否正确读数</td><td></td><td></td></tr>
<tr><td>4</td><td>会检验微倾式水准仪、自动安平水准仪</td><td colspan="2">能否检验水准仪</td><td></td><td></td></tr>
<tr><td>5</td><td>会微倾式水准仪、自动安平水准仪的开箱和存放</td><td colspan="2">能否正确开箱和存放水准仪</td><td></td><td></td></tr>
<tr><td rowspan="3">6</td><td rowspan="3">其他</td><td colspan="2">是否具有团队意识、计划组织及协作、口头表达和人际交流能力</td><td></td><td></td></tr>
<tr><td colspan="2">是否具有良好的职业道德和敬业精神，爱惜仪器、工具的意识</td><td></td><td></td></tr>
<tr><td colspan="2">能否按时完成任务</td><td></td><td></td></tr>
<tr><td>组长签字</td><td></td><td>教师签字</td><td></td><td colspan="2">年　月　日</td></tr>
</table>

1.4　评价与教学反馈

1.4.1　评价单

<table>
<tr><td colspan="2">任务 1</td><td colspan="3">水准仪的操作</td><td>学时</td><td>6</td></tr>
<tr><td colspan="2">班级</td><td colspan="3"></td><td>组号</td><td></td></tr>
<tr><td colspan="2">学号</td><td></td><td>姓名</td><td></td><td>分工</td><td></td></tr>
<tr><td colspan="2">评价方式</td><td colspan="5">经过学习之后，对每位学生形成的专业能力、社会能力、方法能力进行个人评价、小组评价和教师评价</td></tr>
<tr><td colspan="2">评价项目</td><td colspan="2">评价内容</td><td>个人评价（20%）</td><td>小组评价（40%）</td><td>教师评价（40%）</td></tr>
<tr><td rowspan="3">专业能力</td><td>资讯（10%）</td><td colspan="2">引导问题回答</td><td></td><td></td><td></td></tr>
<tr><td>计划（10%）</td><td colspan="2">计划是否合理、目标是否明确、是否具有可操作性</td><td></td><td></td><td></td></tr>
<tr><td>实施（50%）</td><td colspan="2">操作过程是否规范、结果是否正确</td><td></td><td></td><td></td></tr>
<tr><td colspan="2">社会能力（15%）</td><td colspan="2">团队组建与协作能力，写作交流、图表交流、口头表达和人际交流能力，具有敬业精神，能吃苦耐劳</td><td></td><td></td><td></td></tr>
<tr><td colspan="2">方法能力（15%）</td><td colspan="2">查找资源能力、自学与理解能力及独立完成工作的能力</td><td></td><td></td><td></td></tr>
<tr><td colspan="4">总评</td><td colspan="3"></td></tr>
<tr><td colspan="2">评价评语</td><td colspan="5"></td></tr>
<tr><td colspan="2">组长签字</td><td></td><td>教师签字</td><td></td><td colspan="2">年　月　日</td></tr>
</table>

1.4.2　教学反馈单

<table>
<tr><td>任务1</td><td colspan="3">水准仪的操作</td><td>学时</td><td colspan="2">6</td></tr>
<tr><td>班级</td><td></td><td>学号</td><td></td><td>姓名</td><td colspan="2"></td></tr>
<tr><td>调查方式</td><td colspan="6">对学生知识掌握、能力培养的程度，学习与工作的方法及环境进行调查</td></tr>
<tr><td>序号</td><td colspan="4">调查内容</td><td>是</td><td>否</td></tr>
<tr><td>1</td><td colspan="4">你会微倾式水准仪、自动安平水准仪的检验方法吗？</td><td></td><td></td></tr>
<tr><td>2</td><td colspan="4">你能说出微倾式水准仪、自动安平水准仪各部件的名称吗？</td><td></td><td></td></tr>
<tr><td>3</td><td colspan="4">你能说出水准仪各部件的作用吗？</td><td></td><td></td></tr>
<tr><td>4</td><td colspan="4">你能正确使用水准仪吗？</td><td></td><td></td></tr>
<tr><td>5</td><td colspan="4">你能正确将水准仪取出和存放吗？</td><td></td><td></td></tr>
<tr><td>6</td><td colspan="4">你能够独立完成水准仪的操作吗？</td><td></td><td></td></tr>
<tr><td>7</td><td colspan="4">你具有团队意识、计划组织与协作、口头表达及人际交流能力吗？</td><td></td><td></td></tr>
<tr><td>8</td><td colspan="4">你具有操作技巧分析和归纳的能力以及善于创新和总结经验吗？</td><td></td><td></td></tr>
<tr><td>9</td><td colspan="4">你对本任务的学习满意吗？</td><td></td><td></td></tr>
<tr><td>10</td><td colspan="4">你对本任务的教学方式满意吗？</td><td></td><td></td></tr>
<tr><td>11</td><td colspan="4">你对小组的学习和工作满意吗？</td><td></td><td></td></tr>
<tr><td>12</td><td colspan="4">你对教学环境适应吗？</td><td></td><td></td></tr>
<tr><td>13</td><td colspan="4">你有爱惜仪器、工具的意识吗？</td><td></td><td></td></tr>
<tr><td colspan="7">其他改进教学的建议：</td></tr>
<tr><td colspan="2">被调查人签名</td><td colspan="2"></td><td>调查时间</td><td colspan="2">年　月　日</td></tr>
</table>

任务2　经纬仪的操作

2.1　资讯与调查

2.1.1　任务单

<table>
<tr><th>任务2</th><th colspan="3">经纬仪的操作</th><th>学时</th><th>8</th></tr>
<tr><td colspan="7">布置任务</td></tr>
<tr><td>学习目标</td><td colspan="6">1. 能识别光学经纬仪各部分构成及作用
2. 能正确使用光学经纬仪
3. 能识别电子经纬仪各部分构成及作用、使用方法
4. 能检验经纬仪的一般故障
5. 能正确开箱和存放经纬仪
6. 会使用花杆
7. 具有团队意识、计划组织及协作、口头表达和人际交流能力
8. 具有举一反三、融会贯通的能力
9. 具有良好的职业道德和敬业精神，爱惜仪器、工具的意识
10. 具有操作技巧分析和归纳的能力，善于创新和总结经验</td></tr>
<tr><td>任务描述</td><td colspan="6">1. 工作任务——经纬仪的认识和使用
认识经纬仪，使学生学会安置经纬仪、对中、粗平、照准和调焦、精平、读数。学会从仪器开箱、存放和安置经纬仪等注意事项，养成爱护仪器的好习惯。能进行简单的水平角和竖直角测量。
2. 操作技术要求
(1)要熟悉经纬仪各部分构成及作用。
(2)打开三脚架并使高度适中，高度与身高有关，一般到人的下巴处，目估使架头大致水平，检查脚架腿是否安置稳固，大致成正三角形，脚架伸缩螺旋是否拧紧。
(3)打开仪器箱取出经纬仪，置于三脚架头上用连接螺旋将仪器牢固地固连在三脚架头上。
(4)进行对中(光学对中器或吊锤)。
(5)粗平通过伸缩脚架，使圆水准器气泡居中。
(6)精平通过调节脚螺旋使水准管气泡居中。
(7)开机(电子经纬仪)。
(8)瞄准目标：利用粗瞄器、目标(花杆)共一线，制动望远镜进行粗瞄；再转动水平微动螺旋使目标的对称中心与竖丝重合(或在竖丝附近)进行精确瞄准。
(9)瞄准花杆时必须进行调焦，花杆一定要竖直。
(10)照准目标时尽量照准花杆的底部，目标较大时应用双丝夹住目标。</td></tr>
<tr><td rowspan="2">学时安排</td><td>资讯与调查</td><td>制定计划</td><td>方案决策</td><td>项目实施</td><td>检查测试</td><td>项目评价</td></tr>
<tr><td></td><td></td><td></td><td></td><td></td><td></td></tr>
<tr><td>推荐阅读资料</td><td colspan="6">请参见任务1</td></tr>
<tr><td>对学生的要求</td><td colspan="6">请参见任务1</td></tr>
</table>

2.1.2　资讯单

任务 2	经纬仪的操作	学时	8
资讯方式	查阅书籍、利用国家、省精品课程资源学习		
资讯问题	1. 光学经纬仪各部件的名称、作用是什么？ 2. 电子经纬仪各部件的名称、作用是什么？ 3. 如何安置、粗平经纬仪？ 4. 如何照准、调焦经纬仪？ 5. 如何精平经纬仪？ 6. 经纬仪测水平角和竖直角如何读数？ 7. 经纬仪如何开箱和存放？ 8. 如何检验经纬仪？		

2.1.3　信息单

经纬仪的分类

➢按精度分：DJ07、DJ1、DJ2、DJ6 和 DJ15 5 个级。

D 表示大地，J 表示经纬仪；

07 表示：观测一个方向的中误差为±0.7；

6 表示：观测一个方向的中误差为±6。

➢按构造分：光学经纬仪、电子经纬仪。

2.1.3.1　光学经纬仪的构造 （DJ6）

光学经纬仪分为照准部、水平度盘、基座三部分。见图 2.1 (a)、(b)。

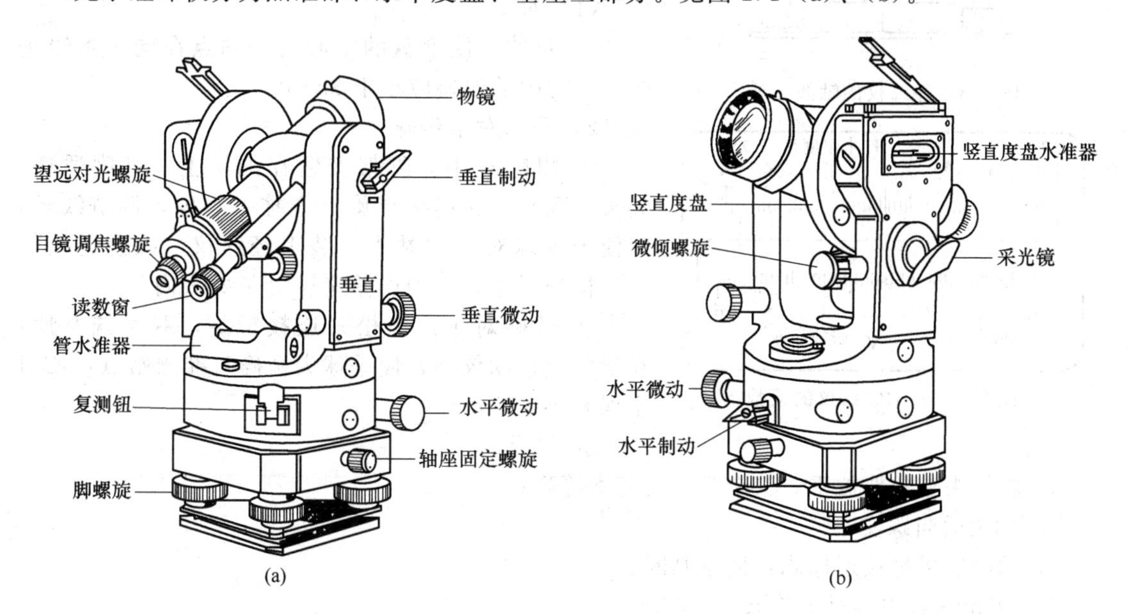

图 2.1　光学经纬仪的构造

1）照准部　指经纬仪上部可转动部分，主要包括下列各部件：望远镜及其相连的横轴，竖盘，光学读数装置，水准管，水平制微动螺旋，望远镜制微动螺旋，光学对中器，竖轴。

2）水平度盘　水平度盘用光学玻璃刻制而成，其上刻有0°～360°分划。

3）基座　支撑仪器，设有3个脚螺旋，作为整平仪器用。

4）经纬仪的几个轴线如图2.2所示：

横轴 HH

视准轴 CC

水准管轴 LL

竖轴 VV

圆水准轴 $L'L'$

2.1.3.2　光学经纬仪的读数法

两种读数测微装置：分微尺测微和平行玻璃板测微。

1）分微尺测微——利用度盘刻度线，在分微尺上读数。

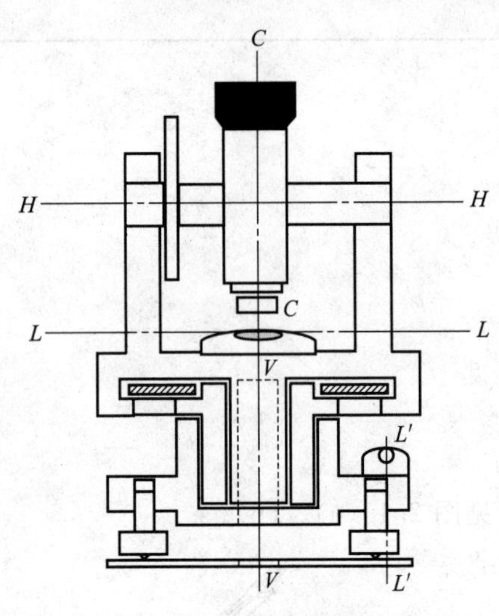

图2.2　经纬仪的轴线关系

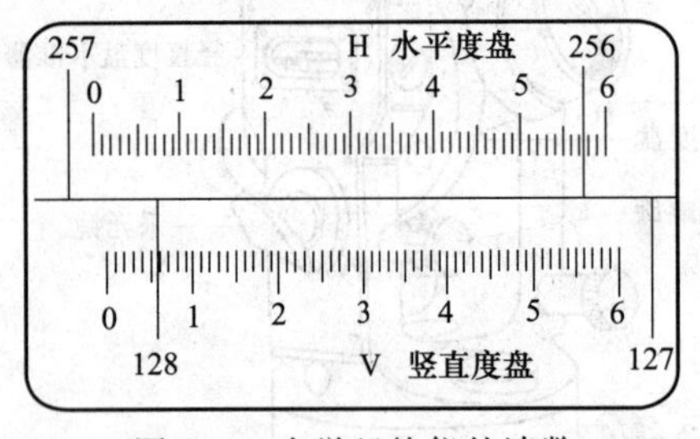

图2.3　光学经纬仪的读数

度盘上1度分划的间隔经放大后，与分微尺全长相等。分微尺全长分60格，因此其最小格值为1＝60″。读数时，秒数必须估读。估读至0.1格，因此，估读的秒数都应是6″的倍数。图2.3为光学经纬仪的读数。

2）单平板玻璃测微器（DJ6-1型）。

水平度盘从0°～360°，每度一注记，1°分成2格每格为30′。

测微盘1格20″，可估读至5″。

2.1.3.3　光学经纬仪的使用

步骤：对中——整平——瞄准——读数

（1）对中

1）目的：使度盘的中心与测站点在同一条铅垂线上。对中的误差应小于3mm。

2）垂球对中步骤

① 粗略对中：脚架安置在测站上，高度适中，架头大致平。在连接螺旋下方挂一垂球，调节线长，以便于垂球对准测站点。装上经纬仪，旋上连接螺旋，检查对中，对中误差应控制在2cm内。

② 精确对中：稍松开连接螺旋，双手扶基座，在架头上移动仪器，使垂球尖精确对准测站点，使对中误差小于3mm。

③ 注意

a. 脚架头首先要放平，三个脚螺旋基本等高；

b. 脚架适当踩实；

c. 垂球尖尽量接近标志，便于判断。

3）用光学对中器对中步骤

① 打开三脚架，装上经纬仪；

② 固定三脚架一脚，双手持脚架另二脚并不断调整其位置，同时观测光学对点器十字分划，使其基本对准测站标志，踩实脚架；

③ 然后转动目镜使刻划圆圈清晰，再推拉目镜管使地面点成像清晰，在架头移动仪器，

使地面点位于刻划圈中心，调节脚螺旋，使光学对点器精确对准测站标志；

④ 伸缩三脚架（二脚），调平仪器，使圆气泡居中；

⑤ 调脚螺旋，精确整平仪器，并通过在脚架头上移动仪器，精确对中，使对中误差达到1mm。

有时必须反复上述三步的操作。

（2）整平

1）目的：使水平度盘处于水平位置。首先用圆水准管使仪器大致水平，然后用水准管使仪器精确整平。整平误差≤1格。

2）方法：用左手大拇指法则，转动脚螺旋，调节水准管气泡居中（反复）。左手大拇指运动的方向是气泡运动的方向。具体见图2.4。

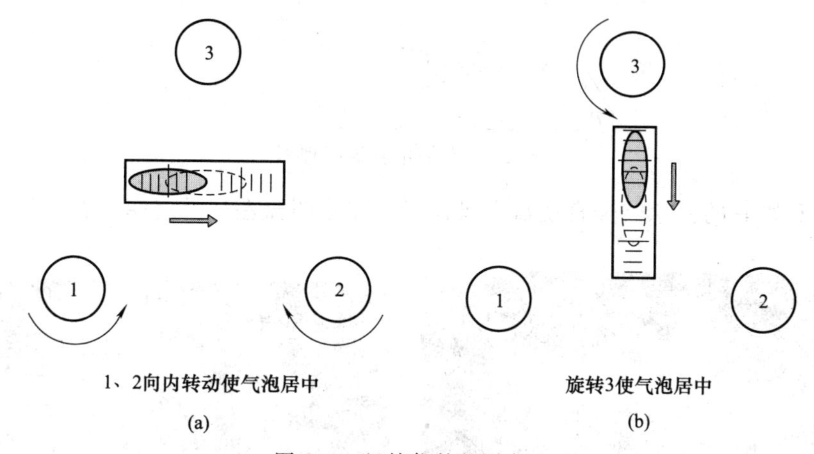

图2.4　经纬仪的整平方法

（3）瞄准

1）定义：用望远镜竖丝精确瞄准目标的标志中心。

瞄准目标是用十字丝的竖丝，单丝平分目标，双丝夹住目标。

2）操作步骤

① 旋转目镜螺旋使十字丝成像清晰；

② 粗瞄、转动照准部，用粗瞄准器瞄准目标；

③ 制动；

④ 调焦消除视差；

⑤ 水平微动精确瞄准。

注：尽量瞄准目标下部，减少由于目标不垂直引起的方向误差。

（4）读数在经纬仪瞄准目标之后从读数窗中读水平方向值。读数与记录同步，有错即纠。纠错的原则：“只能划改，不能涂改”。最后的读数值应化为度、分、秒的单位。

2.1.3.4　水平角和竖直角测量

（1）水平角测量

1）原理　水平角是地面上一点到两目标的方向线投影在水平面上的夹角。见图2.5。

若在A点的铅垂线上任一点O，设置一按顺时针方向增加的从0°～360°分划的水平刻度圆盘，使刻度盘圆心正好位于过A点的铅垂线上，B、C两目标读数分别为n和m，则水平角β为：

$$\beta = m(\text{右目标读数}) - n(\text{左目标读数})$$

取值范围0°～360°。

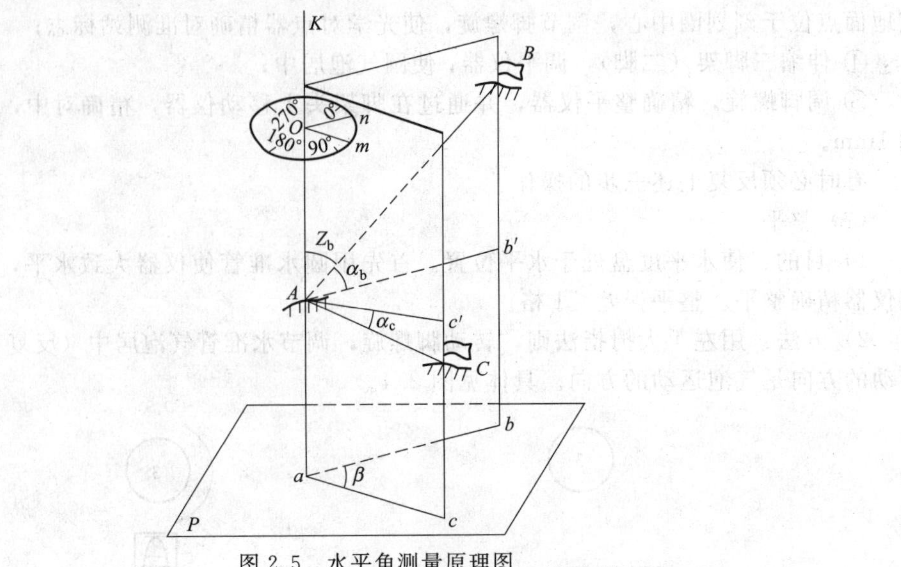

图 2.5　水平角测量原理图

2）盘左和盘右的概念　竖直度盘在操作者的左边叫盘左，反之叫盘右，如图 2.6 所示。

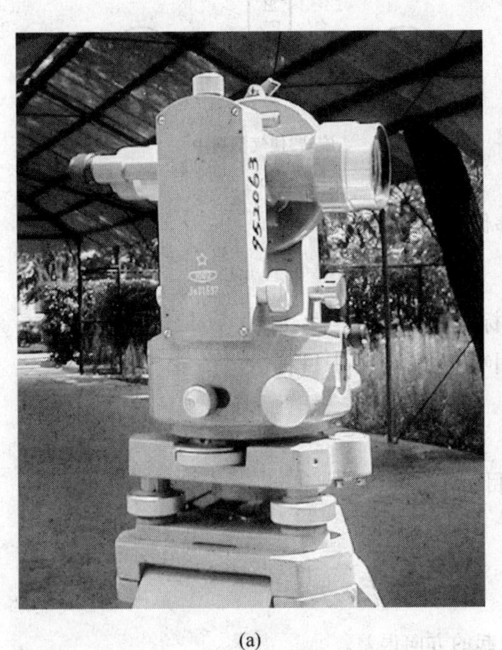

(a)

(b)

图 2.6　经纬仪盘左和盘右示意图

3）读数　度、分是精确读数；秒是估读，占 1 小格里的零点几格，再乘以 60 秒。图 2.7（a）读数为 256°53′12″，图 2.7（b）读数为 251°57′00″，图 2.7（c）读数为 246°13′54″，图 2.7（d）读数为 230°04′48″。

（2）竖直角测量

1）原理（见图 2.8）

竖直角定义：是在同一竖直面内倾斜视线与水平视线的夹角。

天顶距定义：从测站铅垂线的天顶至观测目标视线所组成的夹角。天顶距为0°～180°。

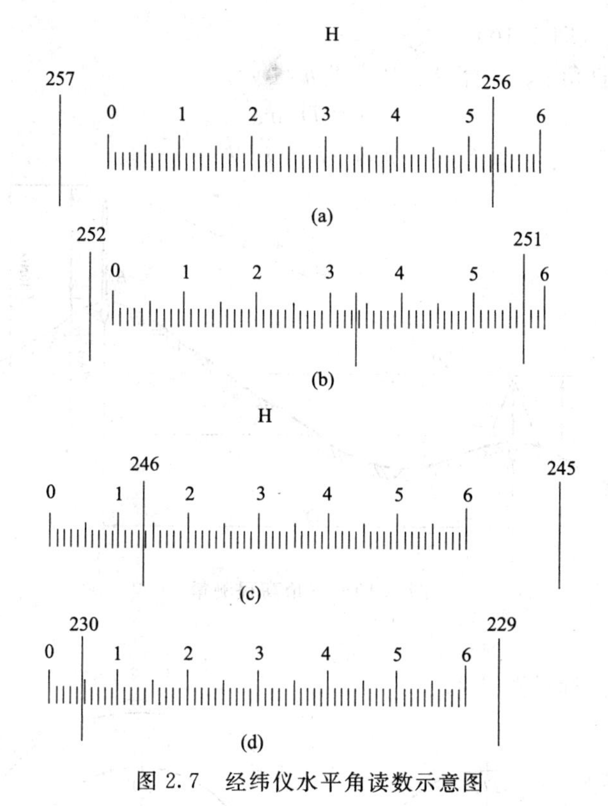

图 2.7　经纬仪水平角读数示意图

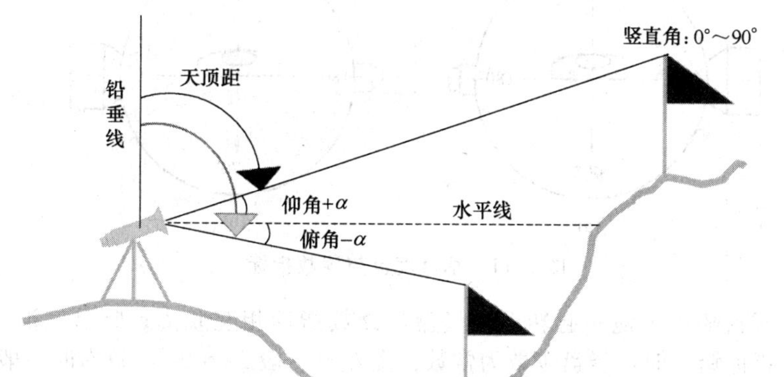

图 2.8　竖直角测量原理图

2）竖直角的主要用途

① 将斜距化为平距，见图 2.9。

已知斜距 S、竖直角 α，计算平距 D：$D=S\cos\alpha$

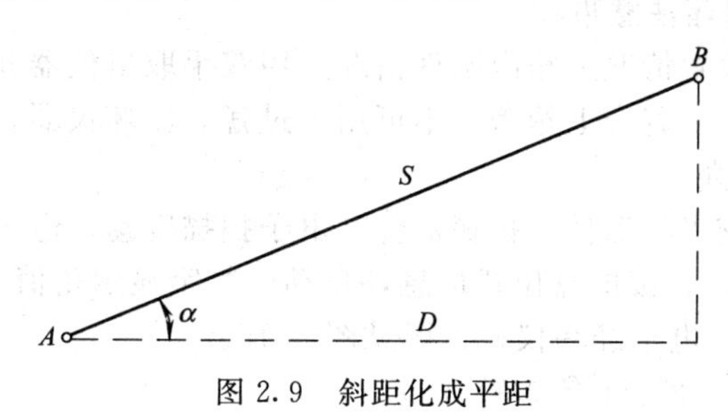

图 2.9　斜距化成平距

② 三角高程测量（图 2.10）。

已知平距 D、竖直角 α，计算 A、B 高差 h：

$$h' = D\tan\alpha$$

$$h_{AB} = h' + i - l$$

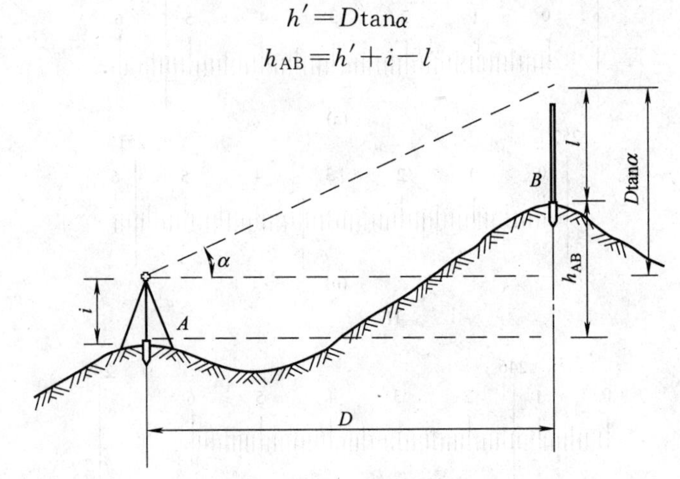

图 2.10 三角高程测量

3）竖盘构造特点。

垂直度盘与读数指标见图 2.11。

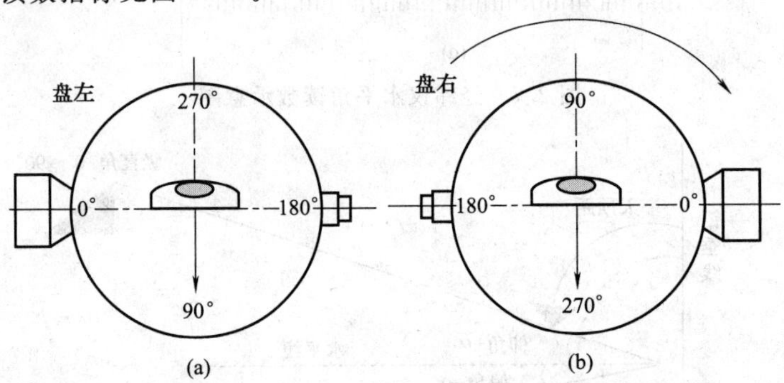

图 2.11 垂直度盘与读数指标

构造特点：竖盘随望远镜一起转动；竖盘与读数指标相互脱离；竖盘气泡居中，指标铅垂；视线水平、指标铅垂时，竖盘读数为常数：盘左时一般 $L_0 = 90°$，盘右时一般 $R_0 = 270°$。

4）计算公式 根据度盘刻度形式，确定竖直角计算公式，保证仰角为正、俯角为负。见图 2.12。

5）读数 见图 2.13。

读数方法同水平角，图 2.13（a）的读数为 128°07′42″，图 2.13（b）的读数为135°14′54″。

2.1.3.5 仪器开箱、装箱注意事项

开箱后先看清仪器放置情况及箱内附件情况，用双手取出仪器并随手关箱；仪器装箱一般要松开水平制动螺旋，试着合上箱盖，不可用力过猛，压坏仪器。

2.1.3.6 电子经纬仪简介

电子经纬仪是由精密光学器件、机械器件、电子扫描度盘、电子传感器和微处理机组成的，在微处理器的控制下，按度盘位置信息，自动以数字显示角值（水平角、竖直角）。电子经纬仪构造见图 2.14，电子经纬仪显示屏见图 2.15。

测角精度有：6″、5″、2″、1″等多种。

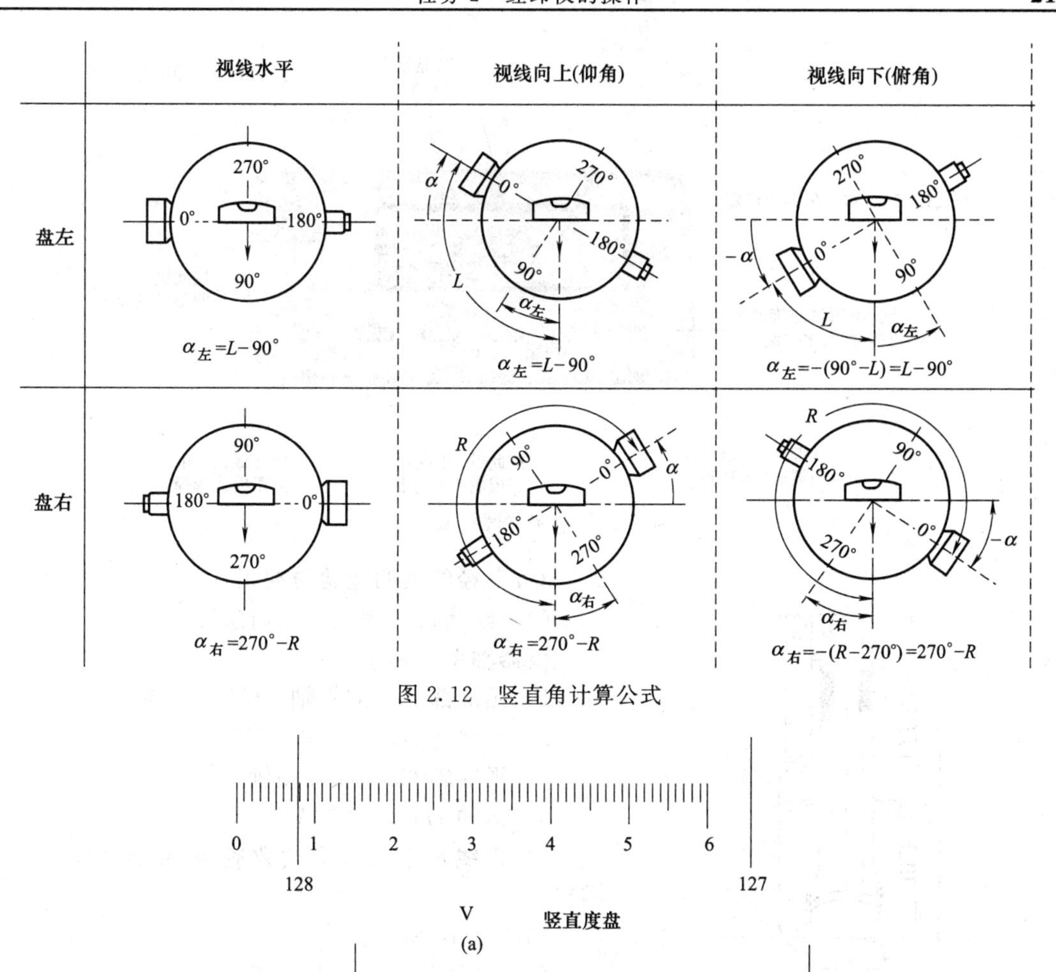

图 2.12　竖直角计算公式

图 2.13　竖直角读数

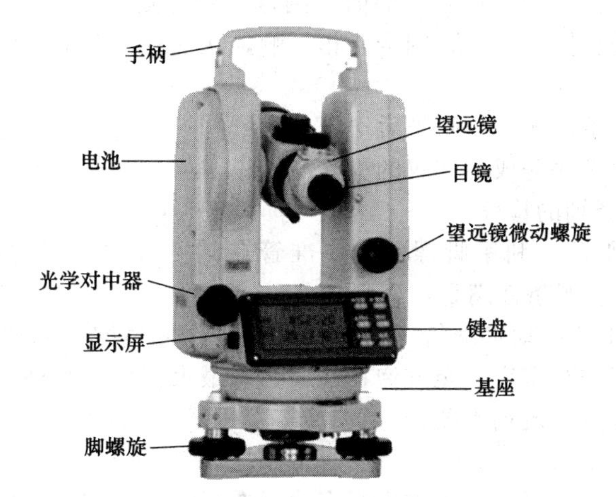

图 2.14　电子经纬仪构造

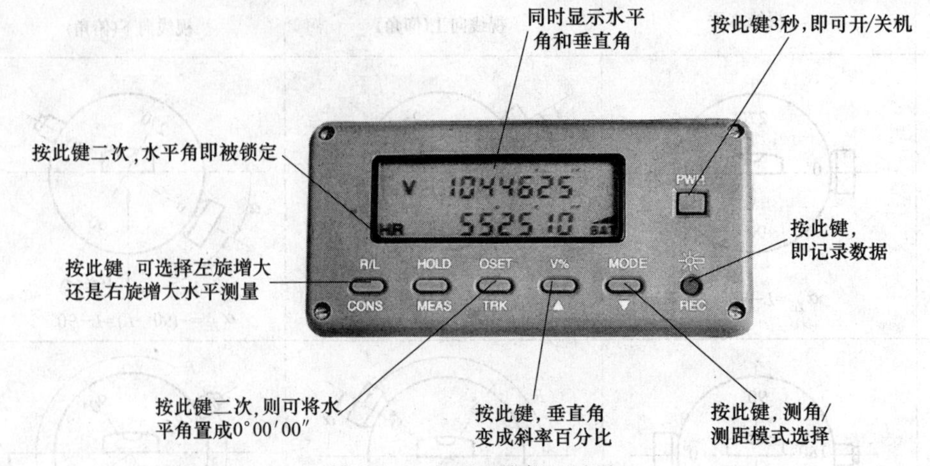

图 2.15　电子经纬仪显示屏

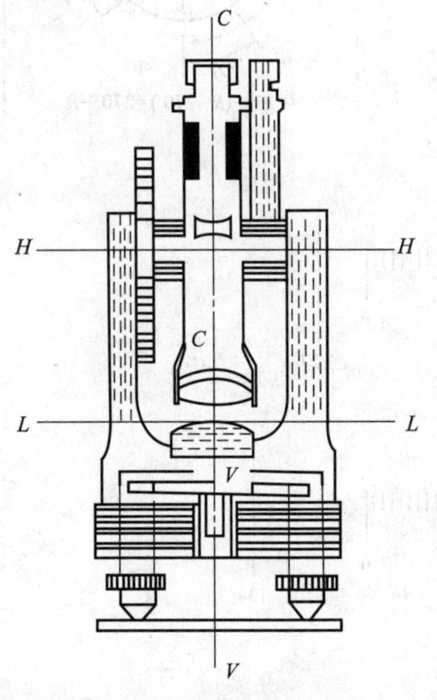

图 2.16　经纬仪轴线关系

2.1.3.7　经纬仪的检验与校正

(1) 经纬仪应满足的几何条件

仪器轴系的理想关系：

1) 照准部的水准管轴 $LL \perp$ 竖轴 VV。

2) 十字丝竖丝$\perp$横轴 HH。

3) 视准轴 $CC \perp$ 仪器横轴 HH。

4) 横轴 $HH \perp$ 竖轴 VV。

5) 视线水平时竖盘读数应为 90°或 270°（x 为零）。

如图 2.16 所示。

(2) 经纬仪的检验和校正

经纬仪检验的目的，就是检查上述的各种关系是否满足。如果不能满足，且偏差超过允许的范围时。则需进行校正。检验和校正应按一定的顺序进行，确定这些顺序的原则是：

➢如果某一项不校正好，会影响其他项目的检验时，则这一项先做。

如果不同项目要校正同一部位，则会互相影响，在这种情况下，应将重要项目在后边检验，以保证其条件不被破坏。

➢有的项目与其他条件无关，则先后均可。

注意：必须按以下顺序完成经纬仪的检验与校正：

1) 水准管轴垂直竖轴的检校

① 检验　仪器粗平后，利用脚螺旋使水准管在某一方向上气泡居中，将照准部旋转 180°，如气泡仍居中，表明条件满足，否则要校正。

② 校正　先用校正针拨动水准管一端的校正螺钉，使气泡返回偏移量的一半，再用脚螺旋使气泡居中，反复进行多次，至气泡在任一位置最大偏离一个格。

校正由专门人员进行，现场不要做。

应急方案：等偏定平法。

用脚螺旋使气泡偏离量返回一半，反复多次至在任一位置偏离量保持同一值。

2）十字丝的竖丝垂直横轴的检校

① 检验 用十字丝中点精确瞄准一个清晰目标点 P，然后锁紧望远镜制动螺旋。慢慢转动望远镜微动螺旋，使望远镜上、下移动，如 P 点沿竖丝移动，则满足条件，否则需要校正。

② 校正 用校正螺钉校正。

应急方案：始终以十字丝交点瞄准目标。

3）视准轴垂直横轴的检校

① 盘左盘右瞄点法。

检验：分别以盘左位和盘右位瞄远处水平方向一明显目标点 A，分别读水平度盘读数 M_L、M_R，若 $M_L = M_R \pm 180°$，条件满足；否则，如 $C = [M_L - (M_R \pm 180°)]/2 > \pm 1'$ 时，需校正。

② 四分之一法。

4）横轴垂直竖轴的检校

① 检验 在距墙 30m 处安置经纬仪，盘左位瞄准墙上一个明显高点 P，要求仰角应大于 30°。固定照准部，将望远镜大致水平。在墙上标出十字丝中点对应位置 P_1。再用盘右瞄准 P 点，同法在墙上标出 P_2 点。若 P_1 与 P_2 重合，表示横轴垂直于竖轴。不重合，则条件不满足。

② 校正 瞄准 P_1P_2 直线的中点 PM，固定照准部。然后抬高望远镜使十字丝交点移到 P'点。调节校正螺钉，直到十字丝交点对准 P 点。

5）竖盘指标差的检校。

检验：盘左、盘右分别用横丝瞄准高处一目标，各在竖盘水准管气泡居中时读取竖盘读数，算得垂直角 $\alpha_{左}$ 与 $\alpha_{右}$，如果 $\alpha_{左} = \alpha_{右}$，说明指标差为零；如果 $\alpha_{左} \neq \alpha_{右}$，即有指标差存在。求出 x 值，如果 x 值超过 $\pm 1'$，则需要校正。

6）光学对中器的检校（略）。

2.1.3.8 电子经纬仪使用时注意事项

1）作业前应仔细全面检查仪器，确信仪器各项指标、功能、电源、初始设置和改正参数均符合要求时再进行作业。

2）取仪器前，应记好仪器在箱中放置的形式。取仪器时，应一手握照准部支架，另一只手握基座。仪器装箱与取出时的方法相同，并小心将仪器放入箱内，盖好箱盖，搭扣上锁。

3）仪器安装至三脚架或拆卸时，要一只手先握住仪器，以防仪器跌落。

4）每个微调都应轻轻转动，不要用力过大，镜片、光学片不准用手触片。

5）在进行对中和整平后，一定要再次检查对中的情况。

6）仪器使用完毕后，用绒布或毛刷清除仪器表面灰尘，仪器被雨水淋湿后，切勿通电开机，应及时用干净软布擦干并在通风处放一段时间。

7）应避免阳光直接暴晒，尤其是水准管，以免影响测量精度。

8）即使发现仪器功能异常，非专业维修人员不可擅自拆开仪器，以免发生不必要的损坏。

9）仪器不使用时，电池卸下来，将其装入箱内，置于干燥处，注意防震、防尘和防潮。

10）仪器运输应将其装于箱内进行，运输时应小心避免挤压、碰撞和剧烈震动，长途运输最好在箱子周围使用软垫。

2.1.3.9 可能出现的问题

1）不注意对中的准确性。

对中误差较大，甚至超限。

2）瞄准的位置不对。

应瞄准目标的中下部，最好是底部的中心。

3）对消除视差重视不够。

应调节目镜和物镜，使十字丝和物像清晰。

4）读数时不注意水准管气泡的位置。

误差较大，甚至超限。

5）看到气泡偏出量较大，立刻调节脚螺旋调节居中后继续测量。

气泡偏出量大时，要重新整平、对中后，继续观测。

6）水准管整平后圆水准器气泡未在中间。

圆水准器用于粗平，水准管用于精平，由于使用等原因圆水准器的位置经常不准确，只要水准管气泡在每个位置都居中，可不在乎圆水准器气泡未在中间。

7）读水平度盘读数，反而读的是竖直度盘读数。未将度盘指示旋钮放在水平位置，或是由于操作原因，度盘指示旋钮未在正确位置。为防止出现这种情况，测水平角时不要打开竖盘反光镜，如视野中无光线，说明有问题。

8）操作仪器中常见的不规范及损伤仪器情况

① 旋转制动、微动螺旋用力过猛，致使螺旋滑丝或锈死；

② 脚螺旋在调节前未放到中段，致使后期没有调节空间；

③ 不使用目镜调焦螺旋，使得望远镜中十字丝模糊，或读数目镜中数字模糊；

④ 不使用光学对中器的调焦，致使光学对中器中地面标志模糊、光学对中器中心标志模糊；

⑤ 未打开制动螺旋就转动照准部或望远镜；

⑥ 仪器、工具旁边无人值守，或在仪器周围打闹；

⑦ 迁站不规范；

⑧ 中心连接螺旋未旋紧，仪器从架顶上滑落；

⑨ 在较滑地面上不做防护；

⑩ 旋转度盘指示旋钮方向错误，致使度盘指示旋钮位置错误。

2.2 计划与决策

2.2.1 计划单

计划单同任务 1。

2.2.2 决策单

决策单同任务 1。

2.3 实施与检查

2.3.1 实施单

实施单同任务 1。

2.3.2　检查单

任务 2	经纬仪的操作		学时	8
班级			组号	
小组成员及分工				
检查方式	按任务单规定的检查项目、内容进行小组检查和教师检查			
序号	检查项目	检查内容	小组检查	教师检查
1	能识别光学经纬仪各部分构成及作用	能否识别光学经纬仪各部件名称		
		能否识别各部件作用		
2	能正确使用光学经纬仪	能否进行对中		
		能否进行粗平、精平		
		能否进行水平角、竖直角读数		
3	能识别电子经纬仪各部分构成及作用、使用方法	能否安置经纬仪		
		能否粗平经纬仪		
		能否精平经纬仪		
		能否正确读数		
4	能检验经纬仪的一般故障	能否检验经纬仪的一般故障		
5	能正确开箱和存放经纬仪	能否正确开箱和存放经纬仪		
6	会使用花杆	能否正确使用花杆		
7	其他	是否具有团队意识、计划组织及协作、口头表达和人际交流能力		
		是否具有良好的职业道德和敬业精神，爱惜仪器、工具的意识		
		能否按时完成任务		
组长签字		教师签字		年　月　日

2.4　评价与教学反馈

2.4.1　评价单

评价单同任务1。

2.4.2　教学反馈单

任务2	经纬仪的操作			学时	8
班级		学号		姓名	
调查方式	对学生知识掌握、能力培养的程度，学习与工作的方法及环境进行调查				

序号	调查内容	是	否
1	你会经纬仪的检验方法吗？		
2	你能说出光学经纬仪、电子经纬仪各部件的名称吗？		
3	你能说出光学经纬仪、电子经纬仪各部件的作用吗？		
4	你能正确使用光学经纬仪和电子经纬仪吗？		
5	你能正确进行经纬仪的取出和存放吗？		
6	你能够独立完成光学经纬仪或电子经纬仪的操作吗？		
7	你具有团队意识、计划组织与协作、口头表达及人际交流能力吗？		
8	你具有操作技巧分析和归纳的能力，善于创新和总结经验吗？		
9	你对本任务的学习满意吗？		
10	你对本任务的教学方式满意吗？		
11	你对小组的学习和工作满意吗？		
12	你对教学环境适应吗？		
13	你有爱惜仪器、工具的意识吗？		
其他改进教学的建议：			

被调查人签名		调查时间	年　月　日

任务3 全站仪的操作

3.1 资讯与调查

3.1.1 任务单

<table>
<tr><th>任务3</th><th colspan="4">全站仪的操作</th><th>学时</th><th>8</th></tr>
<tr><td colspan="7">布置任务</td></tr>
<tr><td>学习目标</td><td colspan="6">1. 懂全站仪各部分构成及作用
2. 会正确使用全站仪
3. 会检验全站仪的一般故障，并能校正
4. 能正确开箱和存放全站仪
5. 具有团队意识、计划组织及协作、口头表达和人际交流能力
6. 具有举一反三、融会贯通的能力
7. 具有良好的职业道德和敬业精神，爱惜仪器、工具的意识
8. 具有操作技巧分析和归纳的能力，善于创新和总结经验</td></tr>
<tr><td>任务描述</td><td colspan="6">1. 工作任务——全站仪的认识和使用
认识全站仪，使学生会安置全站仪、对中、粗平、精平、照准和调焦、打开电源开关、读数等操作要领，了解仪器从仪器箱中正确存取的注意事项，养成爱护仪器的好习惯。能进行电池的更换和简单的角度、距离、高程测量。
2. 操作技术要求
(1)正确从仪器箱中取出仪器。
(2)打开三脚架并使高度适中，高度与身高有关，一般到人的下巴处，目估使架头大致水平，检查脚架腿是否安置稳固，大致成正三角形，脚架伸缩螺旋是否拧紧。
(3)打开仪器箱取出全站仪，置于三脚架头上用连接螺旋将仪器牢固地固连在三脚架头上，并安装好电池。
(4)进行对中(光学对中器)。
(5)粗平通过伸缩脚架，使圆水准器气泡居中，精平通过调节脚螺旋使水准管气泡居中。
(6)开机。
(7)瞄准目标：利用粗瞄器、目标(花杆)共一线，制动望远镜进行粗瞄；再转动水平微动螺旋和望远镜微动螺旋使目标的对称中心与竖丝重合(或在竖丝附近)进行精确瞄准。
(8)瞄准目标时必须进行调焦。
(9)花杆和棱镜一定要竖直。
(10)照准目标时要照准棱镜的中心。</td></tr>
<tr><td rowspan="2">学时安排</td><td>资讯与调查</td><td>制定计划</td><td>方案决策</td><td>项目实施</td><td>检查测试</td><td>项目评价</td></tr>
<tr><td></td><td></td><td></td><td></td><td></td><td></td></tr>
<tr><td>推荐阅读资料</td><td colspan="6">请参见任务1</td></tr>
<tr><td>对学生的要求</td><td colspan="6">请参见任务1</td></tr>
</table>

3.1.2 资讯单

任务3	全站仪的操作	学时	8
资讯方式	查阅书籍、利用国家、省精品课程资源学习		
资讯问题	1. 熟悉全站仪的各部件及其作用吗？ 2. 能进行全站仪的开机、关机吗？ 3. 会安置、粗平全站仪吗？ 4. 能进行全站仪照准、调焦吗？ 5. 能进行全站仪精平吗？ 6. 会全站仪的角度、距离、坐标测量吗？ 7. 会全站仪的开箱和存放吗？ 8. 能检验全站仪的一般故障吗？		

3.1.3 信息单

3.1.3.1 全站仪的认识

(1) 全站仪的组成

电子经纬仪、光电测距仪、微处理器和数据自动记录装置（电子手簿)。

(2) 全站仪的构造

如图 3.1 所示。

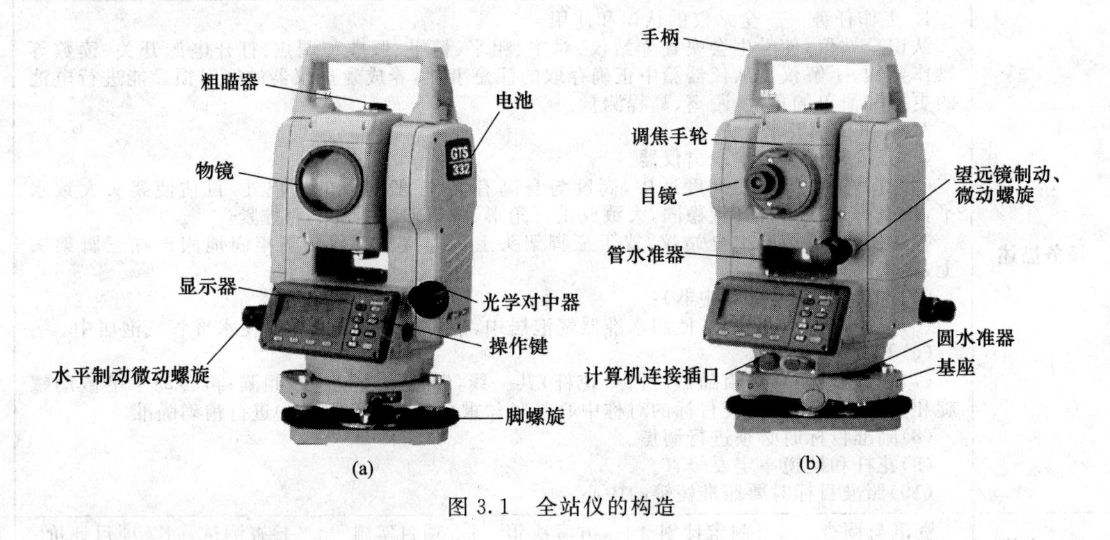

图 3.1 全站仪的构造

3.1.3.2 全站仪的使用

(1) 测量前的准备工作

1) 安置仪器 将仪器安置在三脚架上，精确整平和对中。

2) 安装好电池。

(2) 仪器的对中与整平

1) 安置三脚架：首先，将三脚架打开，伸到适当高度，拧紧三个固定螺旋。

2) 将仪器安置到三脚架上：将仪器小心地安置到三脚架上，松开中心连接螺旋，在架头上轻移仪器，直到锤球对准测站点标志中心，然后轻轻拧紧连接螺旋。

3) 利用圆水准器粗平仪器

① 旋转两个脚螺旋 A、B，使圆水准器气泡移到与上述两个脚螺旋中心连线相垂直的一条直线上。

② 旋转脚螺旋 C，使圆水准器气泡居中。

4）利用管水准器精平仪器

① 松开水平制动螺旋、转动仪器使管水准器平行于某一对脚螺旋 A、B 的连线。再旋转脚螺旋 A、B，使管水准器气泡居中。

② 将仪器绕竖轴旋转 90°，再旋转另一个脚螺旋 C，使管水准器气泡居中。

③ 再次旋转 90°，重复①、②，直至四个位置上气泡居中为止。

5）利用光学对中器对中。

根据观测者的视力调节光学对中器望远镜的目镜。松开中心连接螺旋、轻移仪器，将光学对中器的中心标志对准测站点，然后拧紧连接螺旋。在轻移仪器时不要让仪器在架头上有转动，以尽可能减少气泡的偏移。

6）最后精平仪器。

按第 4）步精确整平仪器，直到仪器旋转到任何位置时，管水准气泡始终居中为止，然后拧紧连接螺旋。

（3）开机

按住电源键，直到液晶显示屏显示相关信息，仪器进行初始化，并自动进入主菜单，如电量不足时，应及时更换电池或对电池进行充电。

关机时按电源键后，仪器将要求选择再次开机时是否恢复当前工作模式或显示屏。若选择恢复，则开机就不会显示主菜单，而是恢复上次关机时的工作状态。

3.1.3.3　角度测量

（1）水平角右角和垂直角的测量

确认处于角度测量模式，按表 3.1 操作步骤进行。

表 3.1　操作步骤（一）

操作过程	操作	显　示
①照准第一个目标 A	照准目标 A	V:82°09′30″ HR:90°09′30″ 置零　锁定　置盘　P1↓
②设置目标 A 的水平角为 0°00′00″，按【F1】(置零)键和【F3】(是)键	【F1】 【F3】	水平角置零>OK? [是]　[否] V:82°09′30″ HR:0°00′00″ 置零　锁定　置盘　P1↓
③照准第二个目标 B，显示目标 B 的 V/H	照准目标 B	V:92°09′30″ HR:67°09′30″ 置零　锁定　置盘　P1↓

（2）水平角的设置

1）通过锁定角度值进行设置，确认处于角度测量模式。具体步骤见表 3.2。

表 3.2 操作步骤（二）

操作过程	操作	显 示
①用水平微动螺旋转到所需的水平角	显示角度	V:122°09′30″ HR:90°09′30″ 置零 锁定 置盘 P1↓
②按【F2】(锁定)键	【F2】	水平角锁定 HR: 90°09′30″ >设置? [是] [否]
③照准目标	照准	
④按【F3】(是)键完成水平角设置①，显示窗变为正常的角度测量模式	【F3】	V:122°09′30″ HR:90°09′30″ 置零 锁定 置盘 P1↓

① 若要返回上一个模式，可按【F4】(否)键。

2）通过键盘输入进行设置，确认处于角度测量模式。具体步骤见表 3.3。

表 3.3 操作步骤（三）

操作过程	操作	显 示
①照准目标	照准	V:122°09′30″ HR:90°09′30″ 置零 锁定 置盘 P1↓
②按【F3】(置盘)键	【F3】	水平角设计 HR: 输入 --- --- [回车]
③通过键盘输入所要求的水平角①，如：150°10′20″	【F1】 【F4】	V:122°09′30″ HR:150°10′20″ 置零 锁定 置盘 P1↓

① 随后即可从所要求的水平角进行正常的测量。

3.1.3.4 距离测量

确认处于测角模式，具体步骤见表 3.4。

表 3.4 操作步骤（四）

操作过程	操作	显 示
①照准棱镜中心	照准	V:90°10′20″ HR:170°30′20″ R/L 竖角 P3↓
②按◢键，距离测量开始	◢	HR:170°30′20″ HD*:235.343m VD:36.551m 测量 模式 S/A P1↓
③再次按◢键，显示变为水平角(HR)、垂直角(V)和斜距(SD)	◢	V:90°10′20″ HR:170°30′20″ SD* 241.551m 测量 模式 S/A P1↓

1）在仪器电源打开状态下，要设置距离测量模式。

2）如果测量结果受到大气抖动的影响，仪器可以自动重复测量工作。

3）要从距离测量模式返回正常的角度测量模式，可按【ANG】键。

4）对于距离测量，初始模式可以选择显示顺序（HR，HD，VD）或（V，HR，SD）。

3.1.3.5　高程测量

为了得到不能放置棱镜的目标点高度，只需将棱镜架设于目标点所在铅垂线上的任一点，然后进行高程测量。如图 3.2 所示。

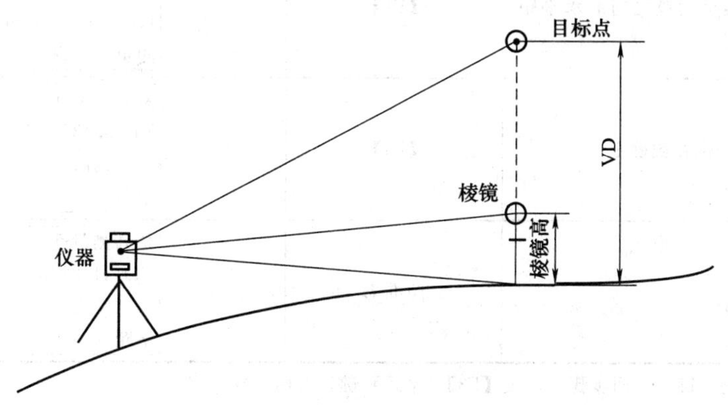

图 3.2　用全站仪高程测量原理

1）有棱镜高（h）输入的情形（如 h=1.3m）。操作步骤见表 3.5。

表 3.5　操作步骤（五）

操作过程	操作	显　示
①按【MENU】键，再按【F4】（P↓）键，进入第 2 页菜单	【MENU】 【F4】	菜单 2/3 F1：程序 F2：格网因子 F3：照明　P1↓
②按【F1】键，进入程序	【F1】	程序 1/2 F1：悬高测量 F2：对边测量 F3：Z 坐标
③按【F1】（悬高测量）键	【F1】	悬高测量 F1：输入镜高 F2：无需镜高
④按【F1】键	【F1】	悬高测量-1 <第一步> 镜高：0.000m 输入：---　---　回车
⑤输入棱镜高[①]	【F1】 输入棱镜高 1.3 【F4】	悬高测量-1 <第二步> HD：　　m 测量　---　--- 设置

续表

操作过程	操作	显示
⑥照准棱镜	照准 *P*	悬高测量-1 〈第二步〉 HD*：　　≪m 测量
⑦按【F1】(测量)键 测量开始显示仪器至棱镜之间的水平距离(HD)	【F1】	悬高测量-1 〈第二步〉 HD*：123.342m 测量　　设置
⑧测量完毕，棱镜的位置被确定	【F4】	悬高测量-1 VD：3.435m --- 镜高 平距 ---
⑨照准目标 *K* 显示垂直距离(VD)②	照准 *K*	悬高测量-1 VD：24.287m --- 镜高 平距 ---

① 按【F2】(镜高)键，返回步骤⑤，按【F3】(平距)键，返回步骤⑥。

② 按【ESC】键，返回程序菜单。

2）没有棱镜高输入的情形。操作步骤见表3.6。

表3.6　操作步骤（六）

操作过程	操作	显示
①按【MENU】键，再按【F4】，进入第2页菜单	【MENU】 【F4】	菜单 2/3 F1：程序 F2：格网因子 F3：照明 P1↓
②按【F1】键，进入特殊测量程序	【F1】	菜单 F1：悬高测量 F2：对边测量 F3：Z坐标
③按【F1】键，进入悬高测量	【F1】	悬高测量 1/2 F1：输入镜高 F2：无需镜高
④按【F2】键，选择无棱镜模式	【F2】	悬高测量-2 〈第一步〉 HD：　　m 测量 --- --- 设置
⑤照准棱镜	照准 *P*	悬高测量-2 〈第一步〉 HD*　　〈〈m 测量 --- --- 设置

续表

操作过程	操作	显　示
⑥按【F1】(测量)键测量开始,显示仪器至棱镜之间的水平距离	【F1】	悬高测量-2 〈第一步〉 HD*　　287.567m 测量 --- --- ---
⑦测量完毕,棱镜的位置被确定	【F4】	悬高测量-2 〈第二步〉 V:80°90′30″ --- --- --- 设置
⑧照准地面点 G	照准 G	悬高测量-2 〈第二步〉 V:22°09′30″ --- --- --- 设置
⑨按【F4】(设置)键,G 点的位置即被确定①	【F4】	悬高测量-2 VD: 0.000m --- 垂直角 平距 ---
⑩照准目标点 K 显示高差(VD)②	照准 K	悬高测量-2 VD: 10.224m --- 垂直角 平距 ---

① 按【F3】(HD) 键，返回步骤⑤，按【F2】(V) 键，返回步骤⑧。

② 按【ESC】键，返回程序菜单。

3.1.3.6 全站仪的检验与校正

全站仪系精密仪器，为了保证仪器的性能及其精度，测量工作实施前后的检验和校正十分必要。

仪器经过运输、长期存放或受到强烈撞击而怀疑受损时，应仔细进行检校。

(1) 管水准器的检验与校正

1) 检验

① 将长水准器置于与某两个脚螺旋 A、B 连线平行的方向上，旋转这两个脚螺旋使管水准器气泡居中。

② 将仪器绕竖轴旋转 180°，观察管水准器气泡的移动，若气泡不居中则按下述方法进行校正。

2) 校正

① 利用校针调整管水准器一端的校正螺钉，将管水准器气泡向中间移回偏移量的一半。

② 利用脚螺旋调平剩下的一半气泡偏移量。

③ 将仪器绕竖轴再一次旋转 180°，检查气泡是否居中，若不居中，则应重复上述操作。

(2) 圆水准器的检验与校正

1) 检验　利用管水准器仔细整平仪器，若圆水准器气泡居中，就不必校正，否则，应按下述方法进行校正。

2) 校正　利用校针调整圆水准器上的三个校正螺钉使圆水准器气泡居中。

(3) 十字丝的校正

1) 检验

① 将仪器安置在三脚架上，严格整平。

② 用十字丝交点瞄准至少 50m 外的某一清晰点 A。

③ 望远镜上下转动，观察 A 点是否沿着十字丝竖丝移动。

④ 如果 A 点一直沿十字丝竖丝移动，则说明十字丝位置正确（此时无需校正），否则应校正十字丝。

2）校正

① 逆时针旋出望远镜目镜一端的护罩，可以看见四个目镜固定螺钉。

② 用改锥稍微松动四个固定螺钉，旋转目镜座直至十字丝与 A 点重合，最后将四个固定螺钉旋紧。

③ 重复上述检验步骤，若十字丝位置不正确则应继续校正。

（4）仪器视准轴的校正

1）检验

① 将仪器置于两个清晰的目标点 A、B 之间，仪器到 A、B 距离相等，约 50m。

② 利用长水准器严格整平仪器。

③ 瞄准 A 点。

④ 松开望远镜垂直制动手轮，将望远镜绕水平轴旋转 180°瞄准目标 B，然后旋紧望远镜垂直制动手轮。

⑤ 松开水平制动手轮，使仪器绕竖轴旋转 180°再一次照准 A 点并拧紧水平制动手轮。

⑥ 松开垂直制动手轮，将望远镜绕水平轴旋转 180°，设十字丝交点所照准的目标点为 C，C 点应该与 B 点重合。若 B、C 不重合，则应按下述方法校正。

2）校正

① 旋下望远镜目镜一端的保护罩。

② 在 B、C 之间定出一点 D，使 CD 等于 BC 四分之一。

③ 利用校针旋转十字丝的左、右两个校正螺钉，将十字丝中心移到 D 点。

④ 校正完后，应按上述方法进行检验，若达到要求则校正结束，否则应重复上述校正过程，直至达到要求。

（5）光学对点器的检验与校正

1）检验

① 将光学对点器中心标志对准某一清晰地面点。

② 将仪器绕竖轴旋转 180°，观察光学对点器的中心标志，若地面点仍位于中心标志处，则不需校正，否则，需按下述步骤进行校正。

2）校正

① 打开光学对点器望远镜目镜的护罩，可以看见四个校正螺钉，用校针旋转这四个校正螺钉，使对点器中心标志向地面点移动，移动量为偏离量的一半。

② 利用脚螺旋使地面点与对点器中心标志重合。

③ 再一次将仪器绕竖轴旋转 180°，检查中心标志与地面点是否重合，若两者重合，则不需校正，如不重合，则应重复上述校正步骤。

3.1.3.7 仪器开箱、装箱注意事项

开箱后先看清仪器放置情况及箱内附件情况，用双手取出仪器并随手关箱；打开电池盖装上电池；仪器装箱前要把电池取出来，要松开水平制动螺旋，试着合上箱盖，不可用力过猛，压坏仪器。

3.1.3.8 可能出现的问题

请参阅任务 2 的 2.1.3.9 内容。

3.2　计划与决策

3.2.1　计划单

计划单同任务1。

3.2.2　决策单

决策单同任务1。

3.3　实施与检查

3.3.1　实施单

实施单同任务1。

3.3.2　检查单

<table>
<tr><td>任务3</td><td colspan="2">全站仪的操作</td><td>学时</td><td>8</td></tr>
<tr><td>班级</td><td colspan="2"></td><td>组号</td><td></td></tr>
<tr><td>小组成员及分工</td><td colspan="4"></td></tr>
<tr><td>检查方式</td><td colspan="4">按任务单规定的检查项目、内容进行小组检查和教师检查</td></tr>
</table>

<table>
<tr><td>序号</td><td>检查项目</td><td>检查内容</td><td>小组检查</td><td>教师检查</td></tr>
<tr><td rowspan="2">1</td><td rowspan="2">知道会全站仪各部分构成及作用</td><td>是否识别全站仪各部件名称</td><td></td><td></td></tr>
<tr><td>是否识别各部件作用</td><td></td><td></td></tr>
<tr><td rowspan="6">2</td><td rowspan="6">会正确使用全站仪</td><td>是否会正确安装电池和开机</td><td></td><td></td></tr>
<tr><td>对中情况如何</td><td></td><td></td></tr>
<tr><td>粗平情况如何</td><td></td><td></td></tr>
<tr><td>精平情况如何</td><td></td><td></td></tr>
<tr><td>能否进行正确操作</td><td></td><td></td></tr>
<tr><td>能否进行测角、测距、坐标测量</td><td></td><td></td></tr>
<tr><td>3</td><td>会检验全站仪的一般故障，并能校正</td><td>是否知道经纬仪检验方法</td><td></td><td></td></tr>
<tr><td>4</td><td>能正确开箱和存放全站仪</td><td>是否会正确开箱和存放全站仪</td><td></td><td></td></tr>
<tr><td>5</td><td>能正确使用棱镜</td><td>能否正确使用棱镜</td><td></td><td></td></tr>
<tr><td rowspan="3">6</td><td rowspan="3">其他</td><td>是否具有团队意识、计划组织及协作、口头表达和人际交流能力</td><td></td><td></td></tr>
<tr><td>是否具有良好的职业道德和敬业精神，爱惜仪器、工具的意识</td><td></td><td></td></tr>
<tr><td>能否按时完成任务</td><td></td><td></td></tr>
</table>

<table>
<tr><td>组长签字</td><td></td><td>教师签字</td><td></td><td>年　月　日</td></tr>
</table>

3.4 评价与教学反馈

3.4.1 评价单

评价单同任务1。

3.4.2 教学反馈单

任务3	全站仪的操作		学时	8
班级		学号	姓名	
调查方式	对学生知识掌握、能力培养的程度，学习与工作的方法及环境进行调查			

序号	调查内容	是	否
1	你知道全站仪的检验方法吗？		
2	你知道全站仪各部件的名称吗？		
3	你知道全站仪各部件的作用吗？		
4	你会正确使用全站仪吗？		
5	你能正确将全站仪取出和存放吗？		
6	你能够独立完成全站仪的操作吗？		
7	你具有团队意识、计划组织与协作、口头表达及人际交流能力吗？		
8	你具有操作技巧分析和归纳的能力，善于创新和总结经验吗？		
9	你对本任务的学习满意吗？		
10	你对本任务的教学方式满意吗？		
11	你对小组的学习和工作满意吗？		
12	你对教学环境适应吗？		
13	你有爱惜仪器、工具的意识吗？		
其他改进教学的建议：			

被调查人签名		调查时间	年 月 日

学习情境二

测量的三项基本工作

- 任务4　高程测量
- 任务5　角度测量
- 任务6　距离测量

任务4　高程测量

4.1　资讯与调查

4.1.1　任务单

<table>
<tr><th>任务4</th><th colspan="3">高程测量</th><th colspan="2">学时</th><th>12</th></tr>
<tr><td colspan="7">布置任务</td></tr>
<tr><td>学习目标</td><td colspan="6">1. 懂得水准测量原理
2. 知道水准仪各部分构成，会正确使用水准仪
3. 会正确观测双面尺、塔尺，并能规范记录和计算
4. 能正确使用全站仪测高程
5. 理解高程测量的误差及产生误差的原因
6. 具有独立工作的能力
7. 具有团队意识、计划组织及协作、口头表达和人际交流能力
8. 具有举一反三、融会贯通的能力
9. 具有良好的职业道德和敬业精神，爱惜仪器、工具的意识
10. 具有操作技巧分析和归纳的能力，善于创新和总结经验</td></tr>
<tr><td>任务描述</td><td colspan="6">1. 工作任务——高程测量
分别采用水准仪和全站仪，进行简单的高程测量，使学生掌握仪器构造与应用、高程测量与计算的方法，学习测量误差知识、仪器的检验等方面的知识。
2. 操作技术要求
(1)了解微倾式、自动安平水准仪及全站仪各部件的名称和作用。
(2)打开三脚架并使高度适中，高度与身高有关，一般到人的下巴处，目估使架头大致水平，检查脚架腿是否安置稳固，大致成正三角形，脚架伸缩螺旋是否拧紧。
(3)打开仪器箱取出水准仪或全站仪，置于三脚架头上用连接螺旋将仪器牢固地固连在三脚架头上。
(4)粗平：通过旋转脚螺旋，使圆水准器气泡居中(水准仪)；通过伸缩脚架使圆水准器气泡居中进行粗平(全站仪)。
(5)瞄准目标：利用粗瞄器、目标(尺或棱镜)共一线，制动望远镜进行粗瞄；再转动水平微动螺旋使目标的对称中心与竖丝重合(或在竖丝附近)进行精确瞄准。
(6)用微倾螺旋进行精平(自动安平水准仪就不需要)；用脚螺旋进行精平。
(7)瞄准目标时必须消除视差。
(8)尺子或棱镜必须平放置在目标点上。
(9)扶尺(棱镜)时一定要竖直。</td></tr>
<tr><td rowspan="2">学时安排</td><td>资讯与调查</td><td>制定计划</td><td>方案决策</td><td>项目实施</td><td>检查测试</td><td>项目评价</td></tr>
<tr><td></td><td></td><td></td><td></td><td></td><td></td></tr>
<tr><td>推荐阅读资料</td><td colspan="6">请参见任务1</td></tr>
<tr><td>对学生的要求</td><td colspan="6">请参见任务1</td></tr>
</table>

4.1.2 资讯单

任务 4	高程测量	学时	12
资讯方式	查阅书籍、利用国家、省精品课程资源学习		
资讯问题	1. 水准测量原理是什么？ 2. 水准仪、全站仪各部分构成是什么？如何熟练掌握水准仪的使用方法？ 3. 双面尺、塔尺怎样观测？ 4. 如何进行记录？ 5. 高程计算方法有哪些？ 6. 全站仪测高程原理和方法是什么？ 7. 水准仪的检验方法、校正方法是什么？ 8. 高程测量的误差来源及注意事项有哪些？		

4.1.3 信息单

4.1.3.1 水准测量的基本原理

(1) 原理

利用水平视线，借助水准尺直接测量各点间高差，然后根据已知高程推算待求高程。

(2) 高差法

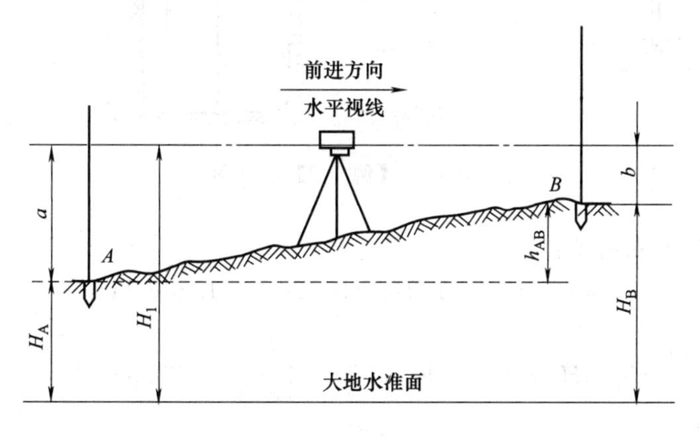

图 4.1 水准测量的原理

如图 4.1 所示，$h_{AB}=a-b$

即两点的高差为后视读数减去前视读数。

高差可正可负。h_{AB}为正，说明 B 点比 A 点高；h_{AB}为负，说明 B 点比 A 点低。

则，
$$H_B=H_A+h_{AB}=H_A+(a-b)$$

【例 4.1】 图 4.2 中已知 A 点高程 $H_A=452.623$m，后视读数 $a=1.571$m，前视读数 $b=0.685$m，求 B 点高程。

解： B 点对于 A 点高差：

$$h_{AB}=1.571-0.685=0.886 \text{ (m)}$$

B 点高程为：

$$H_B=452.623+0.886=453.509 \text{ (m)}$$

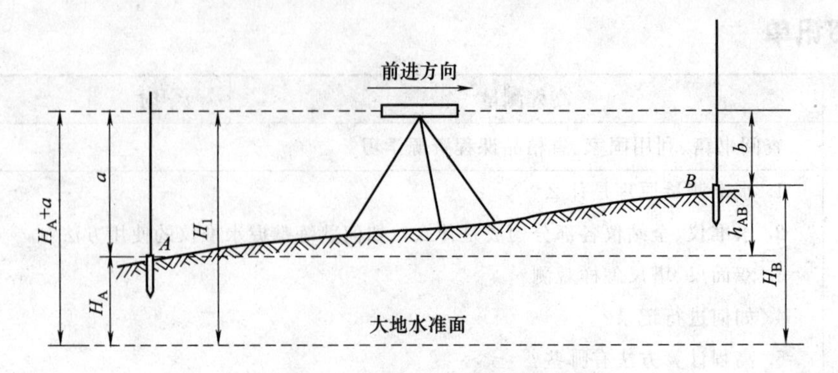

图 4.2 【例 4.1】示意图

【例 4.2】 如图 4.3 所示，已知 A 点桩顶标高为 90.10m，后视 A 点读数 $a=1.217$m，前视 B 点读数 $b=2.426$m，求 B 点标高。

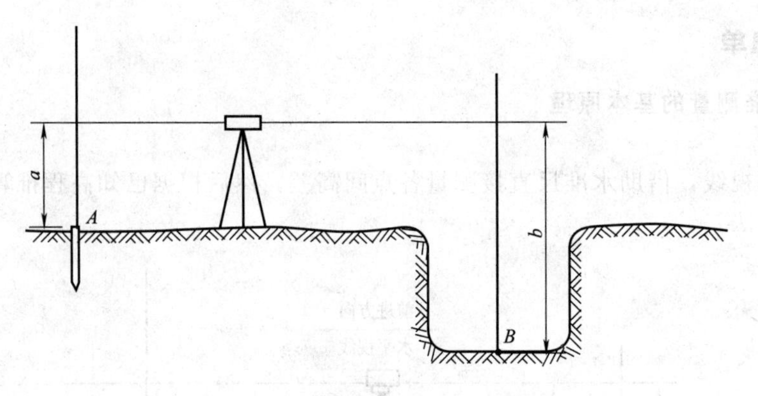

图 4.3 【例 4.2】示意图

解： B 点对于 A 点高差：

$$h_{AB}=a-b=1.217-2.426=-1.209\ (\text{m})$$

B 点高程为：

$$H_B=H_A+h_{AB}=90.10+(-1.209)=88.891\ (\text{m})$$

(3) 视线高法

B 点高程也可以通过仪器视线高程 H_i 求得，如图 4.4 所示。

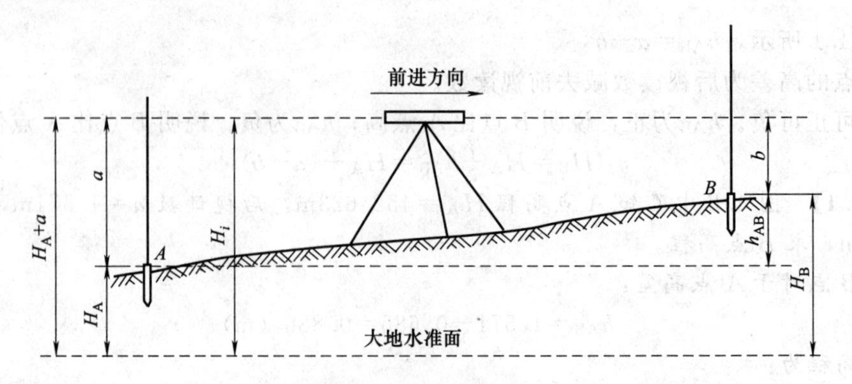

图 4.4 视线高法示意图

视线高　　$H_i = H_A + a$

待定点高程　　$H_B = H_i - b$

【例 4.3】 如图 4.5 所示。已知 A 点高程 $H_A = 423.518\text{m}$，先测得 A 点后视读数 $a = 1.563\text{m}$，接着在各待定点上立尺，分别测得读数 $b_1 = 0.953\text{m}$，$b_2 = 1.152\text{m}$，$b_3 = 1.328\text{m}$。请测出相邻 1、2、3 点的高程。

解：先计算出视线高程

$$H_i = H_A + a = 423.518 + 1.563 = 425.081\ (\text{m})$$

各待定点高程分别为：

$$H_1 = H_i - b_1 = 425.081 - 0.953 = 424.128\ (\text{m})$$

$$H_2 = H_i - b_2 = 425.081 - 1.152 = 423.929\ (\text{m})$$

$$H_3 = H_i - b_3 = 425.081 - 1.328 = 423.753\ (\text{m})$$

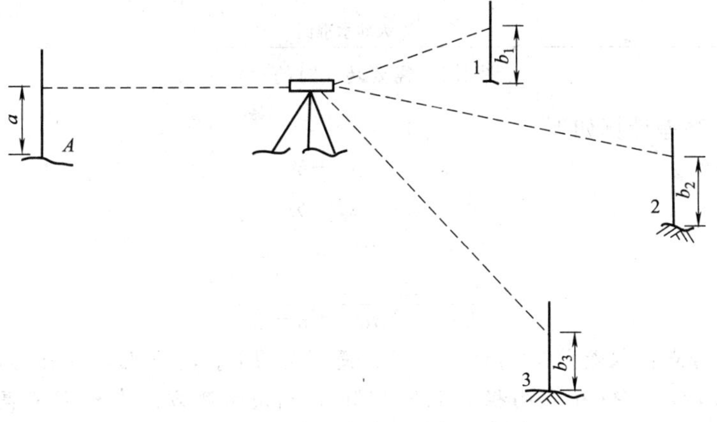

图 4.5　测多个点高程时的示意图

在安置一次仪器需求出几个点的高程时，视线高法比高差法方便，因而视线高法在施工中被广泛采用。

4.1.3.2　水准仪的构造与使用

此内容已在任务 1 中讲述，该处略。

4.1.3.3　水准仪水准测量

（1）水准点

以“BM”作为代号，水准点有永久性和临时性两种。应绘出水准点与附近固定建筑物或其他地物的关系图。图 4.6 为水准点的细部详图。

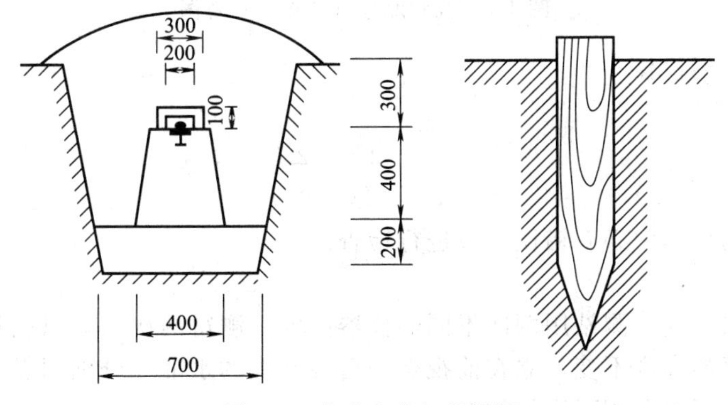

图 4.6　水准点的细部详图

（2）施测方法

当欲测的高程点距水准点较远或高差很大时，就需要连续多次安置仪器以测出两点的高差。如图 4.7 所示。

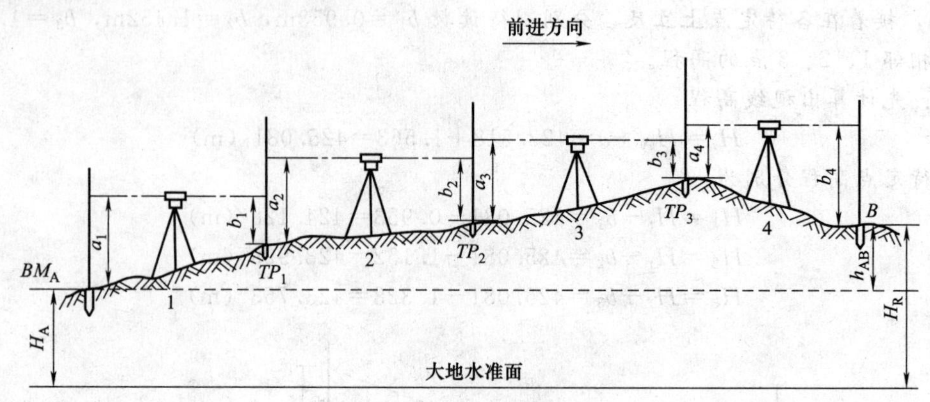

图 4.7　需要转点时的示意图

高程传递的高差计算如下：

$$h_1 = a_1 - b_1$$
$$h_2 = a_2 - b_2$$
$$\cdots\cdots$$
$$h_n = a_n - b_n$$
$$h_{AB} = \sum h = \sum a - \sum b$$

【例 4.4】 转点：仅起传递高程的作用，简写为 TP。转点无固定标志，无需算出高程。

如图 4.8 所示，已知 A 点高程是 123.446m，利用施测方法求出 B 点高程。计算结果如表 4.1 所示。

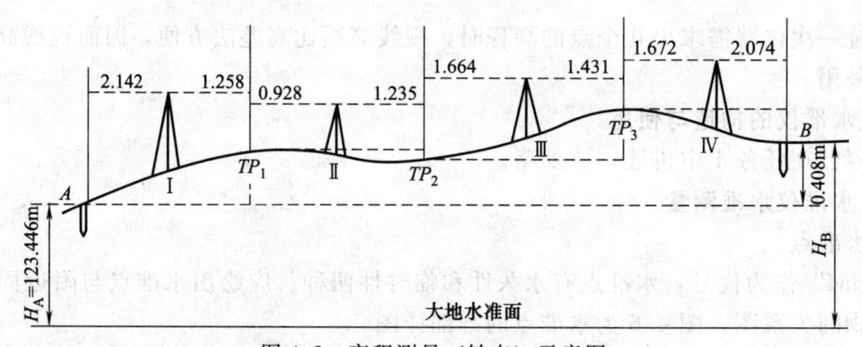

图 4.8　高程测量（转点）示意图

（3）水准测量的检核

1）计算检核

$$\sum a - \sum b = \sum h$$
$$H_B - H_A = \sum h$$

如不相等，则计算中必有错误，应进行检查。

测站检核：

变动仪器高法　同一测站用两次不同的仪器高度，测得两次高差以相互比较进行检核。

双面尺法　仪器高度不变，立在前视点和后视点上的水准尺分别用黑面和红面各进行一次读数，测得两次高差，相互进行检核。

表 4.1 水准测量记录手簿

测站	测点	水准尺读数		高差/m		高程/m	备注
		后视/m	前视/m	+	−		
Ⅰ	A	2.142		0.884		123.446	
Ⅰ	TP_1		1.258			124.330	
Ⅱ	TP_1	0.928			0.307		
Ⅱ	TP_2		1.235			124.023	
Ⅲ	TP_2	1.664		0.233			
Ⅲ	TP_3		1.431			124.256	
Ⅳ	TP_3	1.672			0.402		
Ⅳ	B		2.074			123.854	
计算校核	Σ	$\sum a-\sum b=\sum h=0.408$(m) $H_B-H_A=\sum h=0.408$(m)					

2）成果检核　测站检核只能检核一个测站上是否存在错误或误差超限。

由于温度、风力、大气折光、尺垫下沉和仪器下沉等外界条件引起的误差，尺子倾斜和估读的误差，以及水准仪本身的误差等，虽然在一个测站上反映不很明显，但随着测站数的增多使误差积累，有时也会超过规定的限差。

(4) 水准测量的内业计算

1）水准路线

(a) 闭合水准路线　见图 4.9 (a)。

(b) 附合水准路线　见图 4.9 (b)。

(c) 支水准路线　见图 4.9 (c)。

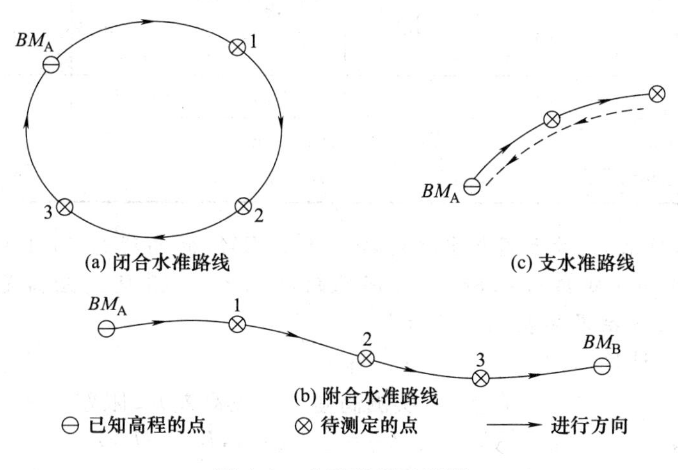

图 4.9　水准路线示意图

高差闭合差可用来衡量测量成果的精度。等外水准测量的高差闭合差容许值如下：

高差闭合差　$f_h=\sum h_i$

规定为 $f_{h容}$：　$f_{h容}=\pm 12\sqrt{n}$（山地）

$f_{h容}=\pm 40\sqrt{L}$（平地）

式中，L 为水准路线长度公里数；n 为测站数。

要使 $f_h \leqslant f_{h容}$ 才可以进行高差闭合差的调整。

2）高差闭合差的调整

原则：按与测站数（或距离）成正比反符号分配

$$v_i=(-f_h/\sum n)\times n_i \text{ 或 } v_i=(-f_h/\sum L)\times L_i$$

改正后的高差

$$h_i^1=h_i+v_i$$

计算检核：$\sum V_i=-f_h$

3）高程计算

计算检核：$H_{最后}=H_{已知}$

$$H_{i+1}=H_i+h_i^1$$

【例 4.5】 附合水准路线，已知 A 点的高程是 65.376m，B 点高程是 68.623m，中间有三个转点 1、2、3，测得 $d_{A1}=1$km，$d_{12}=1.2$km，$d_{23}=1.4$km，$d_{3B}=2.2$km。其中 $A1$ 之间转了 8 站，12 之间转了 12 站，23 之间转了 14 站，$3B$ 之间转了 16 站。计算结果如表 4.2 所示。

表 4.2　附合水准路线闭合差的调整与高差计算

测段	点名	距离 L /km	测站数	实测高差 /m	改正数 /m	改正后的高差/m	高程 /m
(1)	(2)	(3)	(4)	(5)	(6)	(7)	(8)
	A						65.376
1		1.0	8	+1.575	−0.012	+1.563	
	1						66.939
2		1.2	12	+2.036	−0.014	+2.022	
	2						68.961
3		1.4	14	−1.742	−0.016	−1.758	
	3						67.203
4		2.2	16	+1.446	−0.026	+1.420	
	B						68.623
$\sum$		5.8	50	+3.315	−0.068	+3.247	
辅助计算	$f_h=+68$mm $f_{h容}=\pm 40\sqrt{5.8}$mm$=\pm 96$mm			$\sum L=5.8$km $-f_h/\sum L=12$mm			

【例 4.6】 如图 4.10 所示闭合水准路线，已知 BM_A 的高程为 69.176m，1、2、3 三个转点，测得 BM_A1 间的距离为 0.8m，12 间的距离 1.2m，23 间的距离是 1.6m，$3BM_A$ 间的距离是 1.4m。计算结果如表 4.3 所示。

4）高差闭合差计算与判断

$$高差闭合差=(实测高差-理论高差)<限差$$

附合水准路线：　$f_h=\sum h_{测}-\sum h_{理}=\sum h_{测}-(H_{终}-H_{始})$

闭合水准路线：　$f_h=\sum h_{测}-\sum h_{理}=\sum h_{测}$

支水准路线：　$f_h=\sum h_{往}+\sum h_{返}$（往返测）

$$|f_h|<|f_{h容}|$$

4.1.3.4　全站仪测高程

此部分内容在任务 1 中已讲述。

4.1.3.5　高程测量误差

（1）概念

表 4.3　闭合水准路线高差闭合差的调整与高差计算

测段	点号	距离 /km	实测高差 /m	改正数 /m	改正后高差 /m	高程 /m
	BM_A					69.176
1		0.8	3.650	−0.005	3.645	
	1					72.821
2		1.2	−1.274	−0.007	−1.281	
	2					71.540
3		1.6	0.365	−0.010	0.355	
	3					71.895
4		1.4	−2.710	−0.009	−2.719	
	BM_A					69.176
Σ		5	0.031	−0.031	0	
辅助计算	$f_h=0.031\text{m}=31\text{mm}$ $f_{h容}=\pm40\sqrt{L}\ \text{mm}=\pm89.4\text{mm}$ $f_h\leqslant f_{h容}$　合格					

高程测量误差包括水准仪本身的仪器误差、人为的观测误差以及外界条件的影响三个方面。

(2) 误差来源

1) 仪器误差　主要是指水准仪经检验校正后的残余误差和水准尺误差两部分。

① 校正后的残余误差。

水准仪经检验校正后的残余误差，主要表现为水准管轴与视准轴不平行，虽然经校正但仍然残存的少量误差等。这种误差的影响与距离成正比，观测时若保证前后视距大致相等，便可消除或减弱此项误差的影响。这就是水准测量时为什么要求前后视距相等的重要原因。

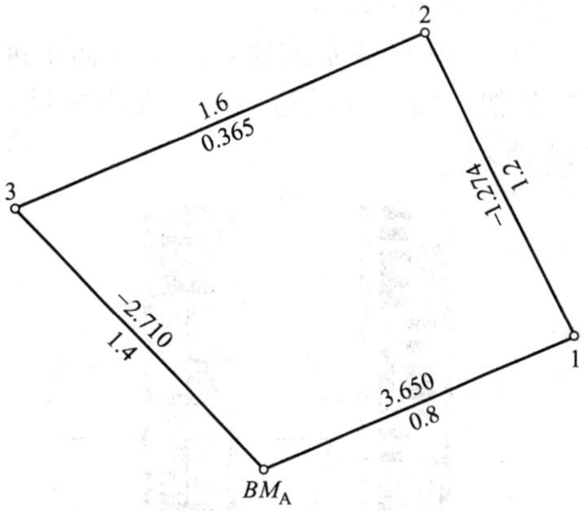

图 4.10　闭合水准路线示意图

② 水准尺误差。

由于水准尺的刻划不准确，尺长发生变化、弯曲等，会影响水准测量的精度，因此，水准尺须经过检验符合要求后，才能使用。有些尺子的底部可能存在零点差，可在一水准测段中使用测站数为偶数的方法予以消除。

2) 观测误差

① 水准管气泡居中误差：$\pm0.15\tau$（τ 为水准管分划值）。

② 水准尺估读误差：此项误差与望远镜的放大倍率和视距长度有关。

③ 视差影响：当存在视差时，由于水准尺影像与十字丝分划板平面不重合，若眼睛观察的位置不同，便读出不同的读数，因而会产生读数误差。所以，观测时应注意消除视差。

④ 水准尺倾斜误差：水准尺倾斜将使尺上的读数增大，且视线离地面越高，读取的数据误差就越大。例如水准尺倾斜 3.5°，在水准尺 1m 处读数时，将产生 2mm 的误差。

3) 外界条件的影响

① 仪器下沉和尺垫下沉。

在土质较松软的地面上进行水准测量时，易引起仪器和尺垫的下沉。

仪器下沉：可能使观测视线降低，造成测量高差的误差，若采用“后-前-前-后”的观测顺序可减弱其影响。仪器放在坚实地面，仪器踏实。

尺垫下沉：转点处的尺垫，尺垫下沉使下一测站的后视读数增大，高差增大，造成高程传递误差。为此，实际测量时，转点设在坚实地面，尺垫要踏实。

② 地球曲率和大气折光的影响。

若使前后视距相等，地球曲率和大气折光的影响将得到消除或大大减弱。

③ 温度影响。

温度的变化不仅引起大气折光的变化，而且仪器受到烈日的照射，水准管气泡将产生偏移，影响仪器的水平，从而产生气泡居中的误差。因此，观测时应注意撑伞遮阳，避免阳光直接照射。

4.1.3.6　四等水准测量

（1）主要服务方面

三、四等水准测量除用于国家高程控制网的加密外，还用于建立小地区首级高程控制网，以及建筑施工区内工程测量及变形观测的基本控制。三、四等水准点的高程应从附近的一、二等水准点引测。独立测区可采用闭合水准路线。三、四等水准点应选在土质坚硬、便于长期保存和使用的地方，并应埋设水准标石。水准点应绘制点之记。

（2）施测方法和要求

1）使用 DS3 水准仪，红黑双面水准尺施测。

红黑双面水准尺是一对双面水准尺，红面起点一根为 4.687m，另一根为 4.787m，如图 4.11 所示。

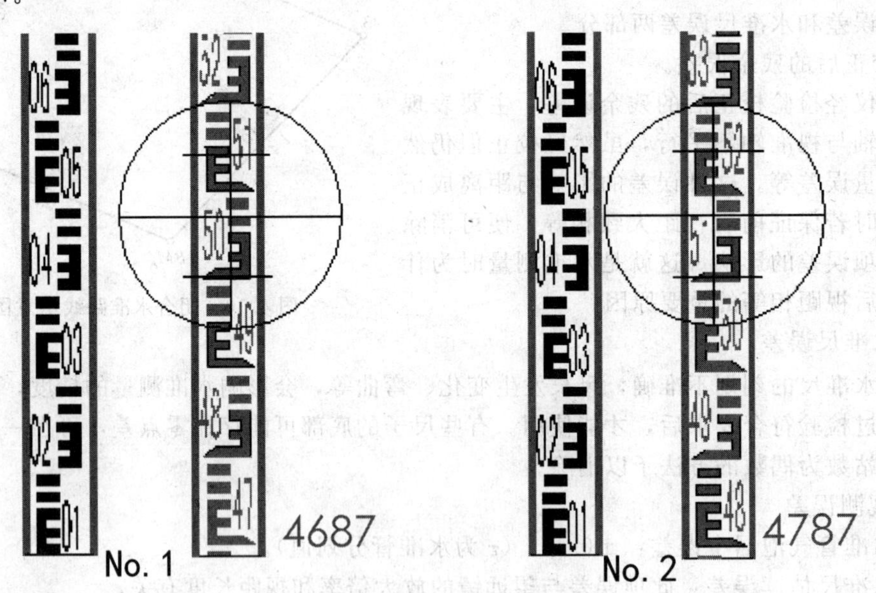

图 4.11　红黑双面水准尺

2）观测程序

① 三等水准测量测站观测顺序简称为：后（黑）-前（黑）-前（红）-后（红），其优点是可消除或减弱仪器和尺垫下沉误差的影响。

➢后视标尺黑面，精平，读取上、下、中丝读数，记为（1）、（2）、（3）。

➤前视标尺黑面，精平，读取上、下、中丝读数，记为（4）、（5）、（6）。
➤前视标尺红面，精平，读取中丝读数，记为（7）。
➤后视标尺红面，精平，读取中丝读数，记为（8）。
② 四等水准测量测站观测顺序简称为：后（黑)-后（红)-前（黑)-前（红）。
➤后视标尺黑面，精平，读取上、下、中丝读数，记为（1）、（2）、（3）。
➤后视标尺红面，精平，读取中丝读数，记为（4）。
➤前视标尺黑面，精平，读取上、下、中丝读数，记为（5）、（6）、（7）。
➤前视标尺红面，精平，读取中丝读数，记为（8）。

3）限差要求（三、四等水准测量限差） 如表 4.4 所示。

表 4.4 三、四等水准测量测站技术要求（限差）

等级	视线长度/m	前后视距差/m	前后视距累计差/m	红黑面读数差/mm	红黑面高差之差/mm
三等	60	3.0	6.0	2.0	3.0
四等	80	5.0	10.0	3.0	5.0

4）三、四等水准测量主要技术要求，如表 4.5 所示。

表 4.5 三、四等水准测量主要技术要求

等级	每公里高差中误差/mm	附合路线长度/km	水准仪级别	测段往返测高差不符值/mm	附合路线或环线闭合差/mm
三等	±6	45	DS3	$\pm12\sqrt{R}$	$\pm12\sqrt{L}$
四等	±10	15	DS3	$\pm20\sqrt{R}$	$\pm20\sqrt{L}$

注：R 为测段的长度；L 为附合路线的长度，均以 km 为单位。

（3）测站的计算与检核

1）视距部分

$$后视距离(9)=[(1)-(2)]\times100$$

$$前视距离(10)=[(4)-(5)]\times100$$

$$前、后视距差(11)=(9)-(10)$$

$$前、后视距累积差(12)=本站(11)+前站(12)$$

2）同一水准尺黑、红面中丝读数校核

$$前视尺:黑红面读数差(13)=(6)+K_1-(7)$$

$$后视尺:黑红面读数差(14)=(3)+K_2-(8)$$

3）高差计算及校核

$$黑面所测高差(15)=(3)-(6)$$

$$红面所测高差(16)=(8)-(7)$$

$$校核计算:红、黑面高差之差(17)=(14)-(13)或(17)=(15)-[(16)\pm0.100]$$

$$高差中数:(18)=[(15)+(16)\pm0.100]/2$$

在测站上，当后尺红面起点为 4.687m，前尺红面起点为 4.787m 时，取＋0.100；反之，取－0.100。

4）每页计算校核 每页上，后视红、黑面读数总和与前视红、黑面读数总和之差，应等于红、黑面高差之和，还应等于该页平均高差总和的两倍。

① 对于测站数为偶数的页高差

$$\sum[(3)+(8)]-\sum[(6)+(7)]=\sum[(15)+(16)]=2\sum(18)$$

② 对于测站数为奇数的页高差

$$\sum[(3)+(8)]-\sum[(6)+(7)]=\sum[(15)+(16)]=2\sum(18)\pm0.100$$

③ 视距部分

$$\text{末站视距累积差值:末站}(12)=\sum(9)-\sum(10)$$

$$\text{总视距}=\sum(9)+\sum(10)$$

(4) 成果计算与校核

在每个测站计算无误后，并且各项数值在相应的限差范围之内时，根据每个测站的平均高差，利用已知点的高程，推算出各水准点的高程，其计算与高差闭合差的调整方法相同。

下面以三等水准测量（四等同）一个测段为例介绍双面尺观测的程序，其记录与计算参见表 4.6。

表 4.6 三、四等水准测量记录表

仪器号： 日期： 天气： 呈像：

测自 点至 点 观测者： 记录者：

测站编号	测点编号	后尺 下丝	前尺 下丝	方向及尺号	标尺读数/m 黑	标尺读数/m 红	K+黑−红/mm	高差中数/m	备注
		后尺 上丝	前尺 上丝						
		后距	前距						
		视距差 d/m	$\sum d$/m						
		(1)	(4)	后	(3)	(8)	(14)	—	
		(2)	(5)	前	(6)	(7)	(13)	—	
		(9)	(10)	后−前	(15)	(16)	(17)	—	
		(11)	(12)	—	—	—	—	(18)	
1	A-Z_1	1691	1137	后 01	1523	6309	+1	—	
		1355	0798	前 02	0968	5655	0	—	
		33.6	33.9	后−前	+0.555	+0.654	+1	—	
		−0.3	−0.3	—	—	—	—	+0.5545	
2	Z_1-Z_2	1937	2113	后 02	1676	6364	−1	—	$K_{01}=4787$
		1415	1589	前 01	1851	6637	+1	—	$K_{02}=4687$
		52.2	52.4	后−前	−0.175	−0.273	−2	—	
		−0.2	−0.5	—	—	—	—	−0.1740	
3	Z_2-Z_3	1887	1757	后 01	1612	6399	0	—	
		1336	1209	前 02	1483	6169	+1	—	
		55.1	54.8	后−前	+0.129	+0.230	−1	—	
		+0.3	−0.2	—	—	—	—	+0.1295	
4	Z_3-B	2208	1965	后 02	1878	6565	0	—	
		1547	1303	前 01	1634	6422	−1	—	
		66.1	66.2	后−前	+0.244	+0.143	+1	—	
		−0.1	−0.3	—	—	—	—	+0.2435	
每页校核	$\sum(9)-\sum(10)=207.0-207.3=-0.3$ $\sum[(3)+(8)]-\sum[(6)+(7)]=32.326-30.819=+1.507$ $\sum[(15)+(16)]=+1.507$ $\sum(18)=+0.7535$ $2\sum(18)=+1.507$ 总视距$=\sum(9)+\sum(10)=414.3(\text{m})$								

4.1.3.7　高程放样（测设）

在建筑工程施工中，测设已知高程点一般采用水准测量的方法，将设计的高程测设到作业面上。已知高程的测设就是根据已给定的点位，利用附近已知水准点，在点位上标定出给点的高程的位置。例如，场地平整，基础开挖，建筑物地坪标高位置确定等，都要测设出已知的设计高程。

（1）视线高程测设法

在建筑工程设计和施工的过程中，为了使用和计算方便，一般将建筑物的室内地坪假设为±0.000，建筑物各部分都是相对于±0.000测设的，测设时一般采用视线高法。

如图4.12所示，欲根据某水准点的高程H_A测设B点，使其高程为设计高程H_B，则B点的尺上应读的前视读数为$b_{应}=(H_A+a)-H_B$。

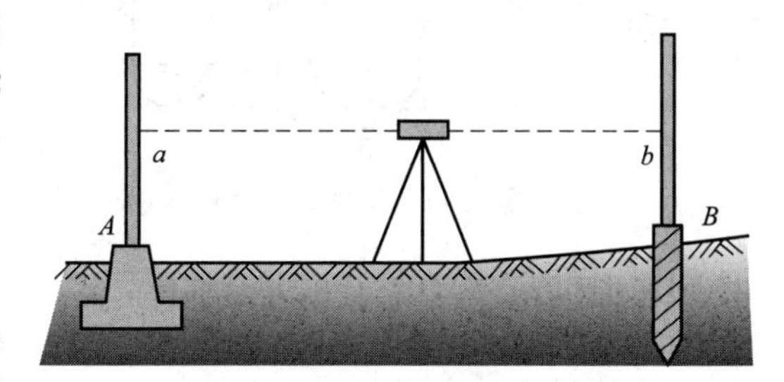

图4.12　视线高程测设

测设的方法如下：

1）安置水准仪于A、B中间，整平仪器；

2）后视水准点A上的水准尺，读得后视读数为a，则仪器的视线高$H_{视线}=H_A+a$

3）将水准尺紧贴B点木桩侧面上下移动，直至前视读数为$b_{应}$时，在木桩侧面沿尺子底部画一横线，此线即为室内地坪±0.000的位置。若此时B点标尺的读数与前视应有读数b相差较大时，应实测该木桩顶的高程，然后计算桩顶高程与设计高程H_B的差值（若差值为负，相当于桩顶应上填的高度；反之相当于桩顶应下挖的深度），在木桩上加以标注说明。

【例4.7】　在某设计图纸上已确定建筑物A的室内地坪高程50.500m，附近有一水准点R，其高程为$H_R=50.000$m，如图4.13所示，现在要把建筑物的室内地坪高程（±0.000标高线）测设到永久性建筑物基础上，作为施工时控制高程的依据。其方法如下：

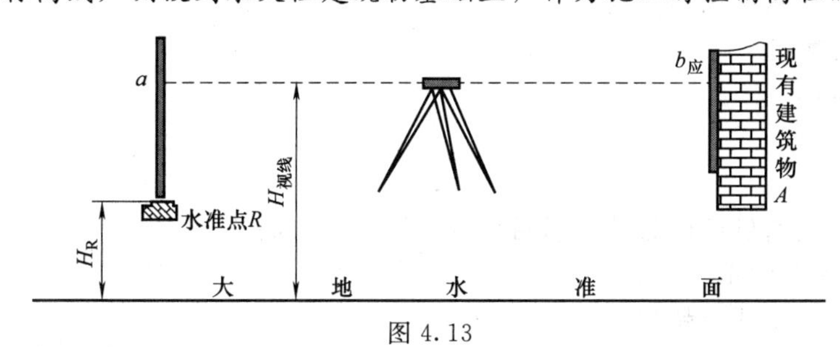

图4.13

① 水准仪安置于水准点R点与某建筑物A等距离之处，R上立水准尺，假设读得后视读数$a=1.600$m，根据R点的高程H_R，求得水准仪的视线高程（仪器高程）$H_{视线}$。

$$H_{视线}=H_R+a=50.000+1.600=51.600(\text{m})$$

② 设计建筑物第一层地平的标高$H_{设计}=50.500$m，把水准尺靠在建筑物墙上，水准尺应有的前视读数$b_{应}$按下式计算：

$$b_{应}=H_{视线}-H_{设计}=51.600-50.500=1.100(\text{m})$$

③ 扶尺者将尺子上下移动，当水准尺读数恰好为1.100m时，在水准尺的零端划一道线（用红油漆画），此线的高度即为±0.000标高线。

（2）高程传递法

当开挖较深的基槽，将高程引测到建筑物的上部时，由于测设点与水准点之间的高差很大，无法用水准尺测定点位的高程，此时应采用高程传递法。即用钢尺和水准仪将地面水准点的高程传递到低处或者高处上所设置的临时水准点，然后根据临时水准点测设所需的各点高程。

1）测设临时水准点

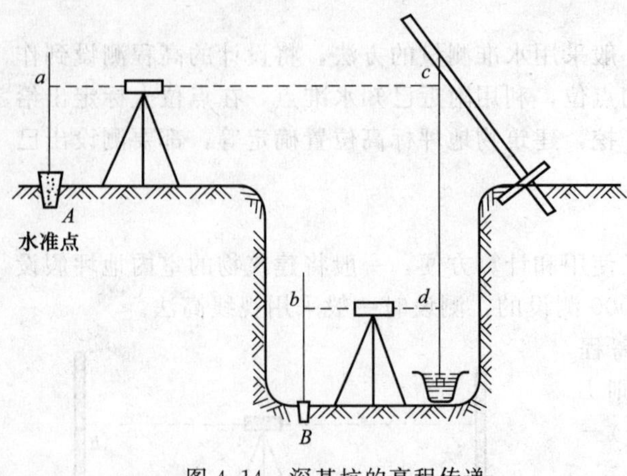

图 4.14　深基坑的高程传递

如图 4.14 所示为深基坑的高程传递，将钢尺悬挂在坑边的木杆上，下端挂 10kg 重锤，放入油桶中，在地面上和坑内各安置一台水准仪，分别读取地面水准点 A 和坑内水准点 B 点读数 a 和 b，并读取钢尺读数 c 和 d，则可根据已知地面水准点 A 点的高程 H_A，按下式求得临时水准点 B 点高程 H_B。

$$H_B = H_A + a - (c - d) - b$$

为了进行检核，可将钢尺位置变动 10～20cm，同法再次读取这四个数，两次求得的高程相差不得大于 3mm。

当需要将高程由低处传递至高处时，可采用同样的方法进行，由下式计算。

$$H_A = H_B + b + (c - d) - a$$

2）测设设计高程

如图 4.14 所示，已知水准点 A 的高程 H_A，深基坑内 B 的设计高程为 H_B。测设方法同上，观测两台水准仪此时读数，坑口的水准仪读取 A 点水准尺和钢尺上读数分别为 a 和 c；坑底的水准仪在钢尺上的读数为 d，B 点所立尺上的前视读数 b 应为

$$b = H_A + a - H_B - (c - d)$$

【例 4.8】 设水准点 A 的高程 $H_A = 73.363\text{m}$，B 点的设计高程为 $H_B = 62.000\text{m}$，坑口的水准仪读取 A 点水准尺和钢尺上读数分别为 $a = 1.531\text{m}$，$c = 12.565\text{m}$，坑底水准仪在钢尺上的读数 $d = 1.535\text{m}$，B 点所立尺上的前视读数 b 应为

$$b = H_A + a - H_B - (c - d) = 73.363 + 1.531 - (12.565 - 1.531) - 62.000 = 1.864(\text{m})$$

用同样方法，可从低处向高处测设已知高程点。

4.1.3.8　仪器开箱、装箱注意事项

此部分内容已在任务 1 中讲述。

4.1.3.9　可能出现的问题

1）前后目标的顺序。

强调区分前后目标的方法，以前目标读数减去后目标读数即为待测高差。

2）对瞄准的位置及消除视差不够重视。

每个站点的两次测量误差较大，甚至超限。

3）标杆是否竖直。

通过标尺的水准管可以校对前后，通过水准仪竖丝照准标尺校对左右方向。

4）操作仪器中常见的不规范及损伤仪器情况

见任务 2 的 2.1.3.9 相关内容。

4.2　计划与决策

4.2.1　计划单

计划单同任务 1。

4.2.2　决策单

决策单同任务 1。

4.3　实施与检查

4.3.1　实施单

实施单同任务 1。

4.3.2　检查单

<table>
<tr><td colspan="2">任务 4</td><td>高程测量</td><td>学时</td><td>12</td></tr>
<tr><td colspan="2">班级</td><td></td><td>组号</td><td></td></tr>
<tr><td colspan="2">小组成员
及分工</td><td colspan="3"></td></tr>
<tr><td colspan="2">检查方式</td><td colspan="3">按任务单规定的检查项目、内容进行小组检查和教师检查</td></tr>
<tr><td>序号</td><td>检查项目</td><td>检查内容</td><td>小组检查</td><td>教师检查</td></tr>
<tr><td rowspan="2">1</td><td rowspan="2">懂得水准测量原理</td><td>是否知道水准仪各部件名称</td><td></td><td></td></tr>
<tr><td>是否懂得水准测量原理</td><td></td><td></td></tr>
<tr><td rowspan="2">2</td><td rowspan="2">学会水准仪各部分构成、会正确使用水准仪</td><td>是否知道水准仪各部分构成</td><td></td><td></td></tr>
<tr><td>是否会正确使用水准仪</td><td></td><td></td></tr>
<tr><td rowspan="4">3</td><td rowspan="4">会正确观测双面尺、塔尺、并能规范记录和计算</td><td>是否会正确观测双面尺</td><td></td><td></td></tr>
<tr><td>是否会正确观测塔尺</td><td></td><td></td></tr>
<tr><td>是否会规范记录</td><td></td><td></td></tr>
<tr><td>是否会正确计算</td><td></td><td></td></tr>
<tr><td>4</td><td>能正确使用全站仪测高程</td><td>能否会正确使用全站仪测高程</td><td></td><td></td></tr>
<tr><td>5</td><td>学会高程测量的误差及注意事项</td><td>能否知道高程测量的误差及注意事项</td><td></td><td></td></tr>
<tr><td rowspan="3">6</td><td rowspan="3">其他</td><td>是否具有团队意识、计划组织及协作、口头表达和人际交流能力</td><td></td><td></td></tr>
<tr><td>是否具有良好的职业道德和敬业精神，爱惜仪器、工具的意识</td><td></td><td></td></tr>
<tr><td>是否能按时完成任务</td><td></td><td></td></tr>
<tr><td>组长签字</td><td></td><td>教师签字</td><td></td><td>年　月　日</td></tr>
</table>

4.4 评价与教学反馈

4.4.1 评价单

评价单同任务1。

4.4.2 教学反馈单

<table>
<tr><td>任务4</td><td colspan="2">高程测量</td><td>学时</td><td colspan="2">12</td></tr>
<tr><td>班级</td><td></td><td>学号</td><td>姓名</td><td colspan="2"></td></tr>
<tr><td>调查方式</td><td colspan="5">对学生知识掌握、能力培养的程度，学习与工作的方法及环境进行调查</td></tr>
<tr><td>序号</td><td colspan="3">调查内容</td><td>是</td><td>否</td></tr>
<tr><td>1</td><td colspan="3">你会使用水准仪进行测量和计算吗？</td><td></td><td></td></tr>
<tr><td>2</td><td colspan="3">你会使用全站仪测量高程吗？</td><td></td><td></td></tr>
<tr><td>3</td><td colspan="3">你对高程测量误差知道多少？</td><td></td><td></td></tr>
<tr><td>4</td><td colspan="3">你知道双面尺法前后测量的精度吗？</td><td></td><td></td></tr>
<tr><td>5</td><td colspan="3">你知道高程闭合差要达到的精度吗？</td><td></td><td></td></tr>
<tr><td>6</td><td colspan="3">你能够独立完成高程测量工作吗？</td><td></td><td></td></tr>
<tr><td>7</td><td colspan="3">你具有团队意识、计划组织与协作、口头表达及人际交流能力吗？</td><td></td><td></td></tr>
<tr><td>8</td><td colspan="3">你具有操作技巧分析和归纳的能力，善于创新和总结经验吗？</td><td></td><td></td></tr>
<tr><td>9</td><td colspan="3">你对本任务的学习满意吗？</td><td></td><td></td></tr>
<tr><td>10</td><td colspan="3">你对本任务的教学方式满意吗？</td><td></td><td></td></tr>
<tr><td>11</td><td colspan="3">你对小组的学习和工作满意吗？</td><td></td><td></td></tr>
<tr><td>12</td><td colspan="3">你对教学环境适应吗？</td><td></td><td></td></tr>
<tr><td>13</td><td colspan="3">你有爱惜仪器、工具的意识吗？</td><td></td><td></td></tr>
<tr><td colspan="6">其他改进教学的建议：</td></tr>
<tr><td>被调查人签名</td><td colspan="2"></td><td>调查时间</td><td colspan="2">年 月 日</td></tr>
</table>

任务5　角 度 测 量

5.1　资讯与调查

5.1.1　任务单

<table>
<tr><td>任务 5</td><td colspan="3">角度测量</td><td colspan="2">学时</td><td colspan="2">16</td></tr>
<tr><td colspan="8">布置任务</td></tr>
<tr><td>学习目标</td><td colspan="7">1. 知道地球形状和大小，懂得大地水准面和铅垂线的概念及作用
2. 知道我国高程系统、独立的平面坐标系，水平面替代水准面对 D、h 的影响
3. 知道误差的来源、分类，衡量误差的标准和等精度平差计算
4. 学会水平角的测角原理
5. 测回法观测、记录与计算，理解水平角的方向法测量
6. 会经纬仪、全站仪水平角测量方法
7. 知道角度测量的误差及注意事项
8. 具有团队意识、计划组织及协作、口头表达和人际交流能力
9. 具有举一反三、融会贯通的能力
10. 具有良好的职业道德和敬业精神，爱惜仪器、工具的意识
11. 具有操作技巧分析和归纳的能力，善于创新和总结经验</td></tr>
<tr><td>任务描述</td><td colspan="7">1. 工作任务——角度测量
分别采用经纬仪和全站仪，进行水平角与竖直角的测定与测设。使学生掌握测量的基础知识、仪器构造与应用、测竖直角、测回法和全圆测回法的操作方法及技能、计算的方法。
2. 操作技术要求
(1)选点前两点之间要通视，点周围视野要开阔。
(2)地点牢固，易于安置仪器。
(3)边长宜大致相等，在 20～50m 之间。
(4)要区分每个角的左目标和右目标。
(5)同一半测回不能改变度盘的位置，不能改变转动脚螺旋。
(6)理解对中、整平对于水平角测量精度的影响。
(7)打开仪器箱取出经纬仪，置于三脚架头上用连接螺旋将仪器牢固地固连在三脚架头上。
(8)进行对中(光学对中器或吊锤)。
(9)粗平：通过伸缩脚架，使圆水准器气泡居中。
(10)精平：通过调节脚螺旋使水准管气泡居中。
(11)开机(电子经纬仪、全站仪)。
(12)每测回上、下半测回相差 40″之内。</td></tr>
<tr><td rowspan="2">学时安排</td><td colspan="2">资讯与调查</td><td>制定计划</td><td>方案决策</td><td>项目实施</td><td>检查测试</td><td>项目评价</td></tr>
<tr><td colspan="2"></td><td></td><td></td><td></td><td></td><td></td></tr>
<tr><td>推荐阅读资料</td><td colspan="7">请参见任务 1</td></tr>
<tr><td>对学生的要求</td><td colspan="7">请参见任务 1</td></tr>
</table>

5.1.2 资讯单

任务5	角度测量	学时	16
资讯方式	查阅书籍、利用国家、省精品课程资源学习		
资讯问题	1. 测量工作的基准面与基准线是什么？ 2. 知道数学直角坐标系与测量直角坐标的区别吗？ 3. 知道我国高程系统吗？ 4. 知道以水平面替代水准面的影响吗？ 5. 测量工作的基本工作内容、基本原则是什么？ 6. 测量误差的知识是什么？ 7. 测回法观测是如何进行的？ 8. 方向法观测是如何进行的？ 9. 角度测量误差是什么？ 10. 如何进行竖直角测量？		

5.1.3 信息单

5.1.3.1 基准面和基准线

1）基准线有铅垂线、水平线。

铅垂线：某点的重力方向线，可用悬挂垂球的细线方向来表示；

水平线：与铅垂线正交的直线。

2）基准面有水平面、水准面和大地水准面。

水平面：与铅垂线正交的平面称为水平面；

水准面：处处与重力方向垂直的连续曲面，任何自由静止的水面都是水准面；

大地水准面：与不受风浪和潮汐影响的静止海水面相吻合的水准面。

5.1.3.2 地面点位的确定

(1) 确定地面点位的方法

测量工作的实质：确定地面点的空间位置。

点的空间位置（三维）=该点在水准面或水平面（球面或平面）的位置（二维）+该点到大地水准面的铅垂距离（一维）

(2) 地面点的高程

绝对高程——地面点到大地水准面的铅垂距离，简称高程。用 H 表示，如 H_A。

相对高程——地面点到假定水准面的铅垂距离。用 H' 表示，如 H'_A

高差——地面两点之间的高程差。用 h 表示。如图 5.1 所示：

$$h_{AB}=H_B-H_A=H'_B-H'_A$$

$$h_{BA}=H_A-H_B=H'_A-H'_B$$

$$h_{AB}=-h_{BA}$$

海水面是个动态的曲面，我国在青岛设立验潮站，

长期观察和记录黄海海水面的高低变化，取其平均值作为大地水准面的平均位置（其高程为零），并在青岛观象山上建立了水准原点。将大地水准面的平均位置引测到水准原点，我国采用“1985 年高程基准”，水准原点高程为 72.260m。见图 5.2。

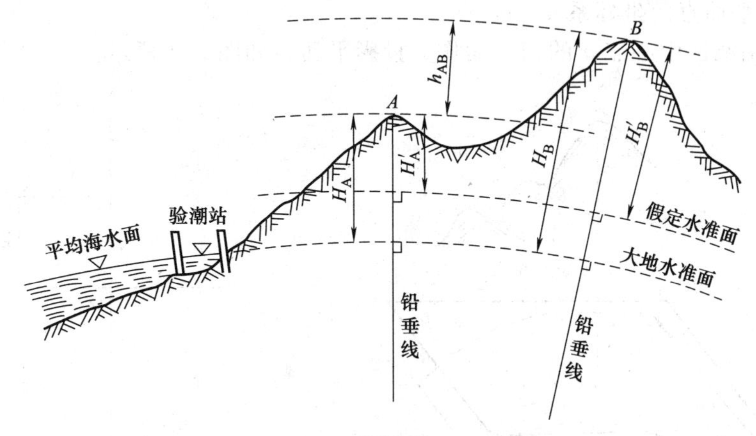

图 5.1 地面点位示意图

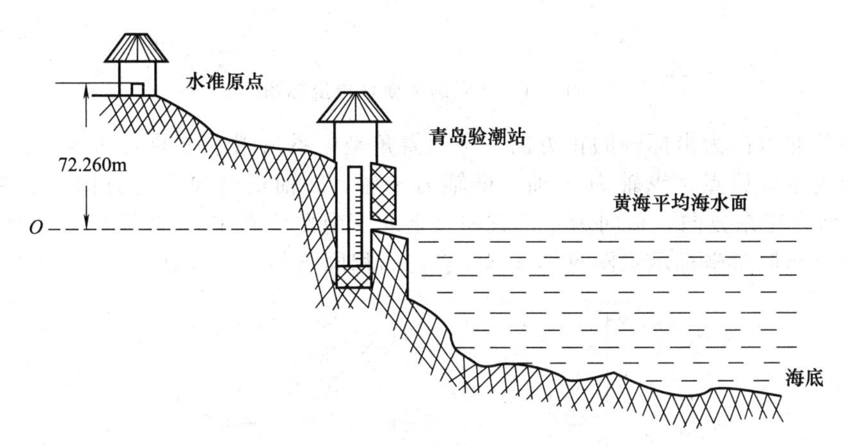

图 5.2 水准原点示意图

(3) 地面点的坐标

1) 地理坐标——球面坐标系统

地面点在球面上的位置用经度 (λ) 和纬度 (ϕ) 表示。

如北京的地理坐标：东经 116°28′，北纬 38°54′。

1980 年国家大地坐标系，大地原点：陕西泾阳县永乐镇。

2) 平面直角坐标——平面坐标系统

① 高斯平面直角坐标系，见图 5.3。

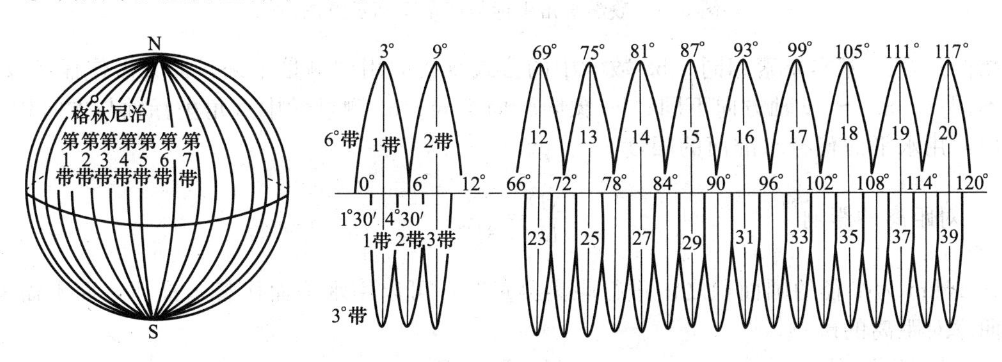

图 5.3 高斯平面直角坐标示意图

② 独立的平面直角坐标系

投影面：用测区中心点 a 的切平面作为投影平面。如图 5.4 所示。

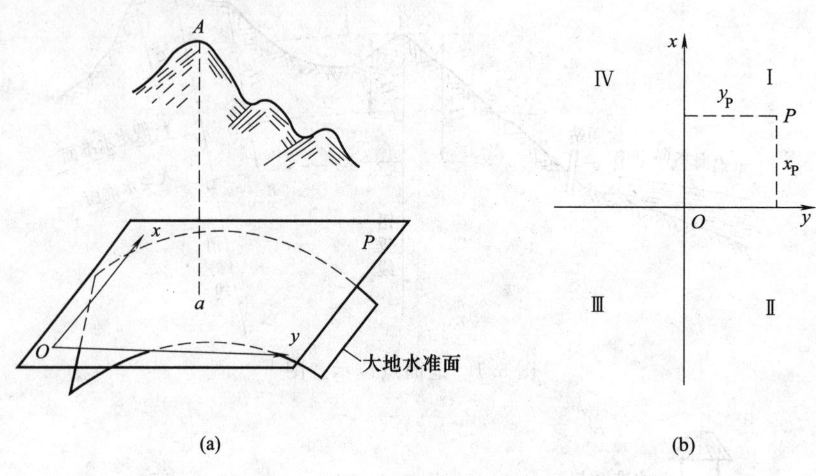

图 5.4　独立的平面直角坐标系

以当地的北方向为坐标轴的正方向，平面直角坐标系只用于小的局部地区。一般选取测区的西南角为坐标原点，纵轴为 x 轴，横轴为 y 轴，x 轴正向为正北方向，负向为正南方向，y 轴正向为正东方向，负向为正西方向（上北下南左西右东），象限以顺时针方向编号。数学直角坐标与测量坐标示意图见图 5.5，它们的相同点与不同点如下：

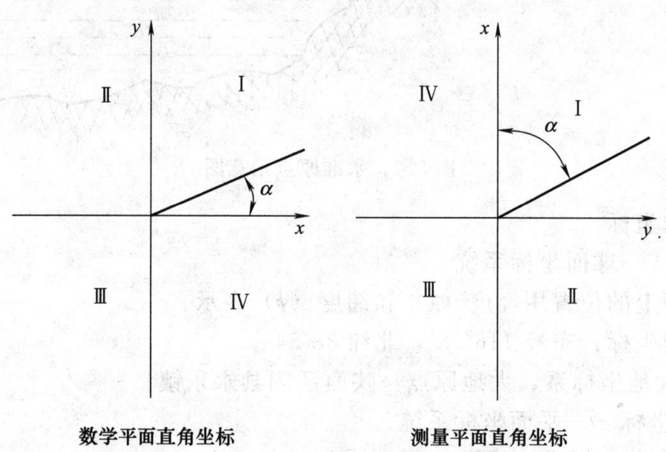

图 5.5　数学直角坐标与测量坐标示意图

相同点：a. 基本要素相同；b. 数学中的公式直接应用到测量中来，而无需作任何修改。

不同点：a. x、y 轴方向不同；b. 象限转向不同；c. 测量学中直角坐标轴与方向相关。

（4）用水平面代替水准面的限度

1）对距离的影响　　$\dfrac{\Delta D}{D}=\dfrac{D^2}{3R^2}$

在 10km 为半径的圆面积之内进行距离测量时，可以用水平面代替水准面，而不需考虑地球曲率对距离的影响。

2）对高程的影响　　$\Delta H=D^2/2R$

就高程测量而言，即使距离很短，也应用水准面作为测量的基准面，即应顾及地球曲率对高程的影响。图 5.6 为水平面代替大地水准面示意图。

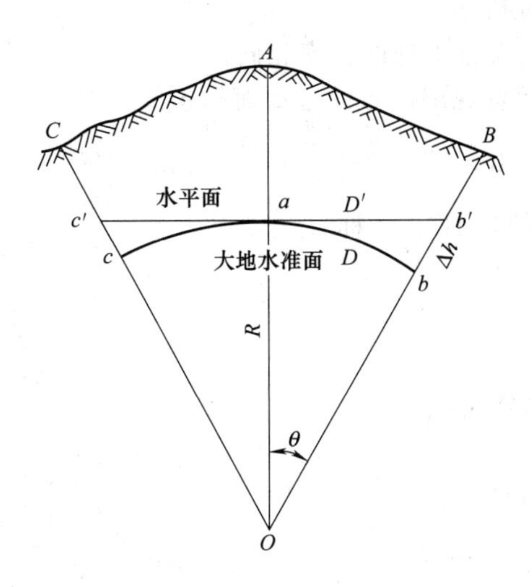

图 5.6 水平面代替大地水准面示意图

5.1.3.3 测量误差的基本知识

(1) 测量误差及其来源

1) 测量误差定义 测量中的被观测量，客观上都存在着一个真实值，简称真值。对该量进行观测得到观测值。

观测值与真值之差，称为真误差。

真误差＝观测值－真值，即 $\Delta = l - X$

2) 测量误差来源

① 仪器误差 由于仪器制造和校正不可能十分完善造成，如水准管轴误差、横轴误差、尺刻划误差、度盘偏心差等。

② 观测误差 由于观测者的感官鉴别能力有限造成，如瞄准误差、对中误差、整平误差等。

③ 外界条件的影响 由外界条件变化造成，如大气折光、风、温度、仪器下沉等。

3) 观测按条件的相同与否的分类：分为等精度观测和非等精度观测。

4) 粗差（错误）与误差的不同：粗差不允许出现，而误差不可避免。

(2) 测量误差分类

测量误差按其对测量结果影响的性质，可分为系统误差和偶然误差。

1) 系统误差

① 定义：在相同观测条件下，对某量进行一系列观测，如误差出现符号和大小均相同或按一定的规律变化，这种误差称为系统误差。

② 特点：具有积累性，对测量结果的影响大，但可通过一般的改正或用一定的观测方法加以消除。

2) 偶然误差

① 定义：在相同观测条件下，对某量进行一系列观测，如误差出现符号和大小均不一定，这种误差称为偶然误差。但具有一定的统计规律。

② 特点

a. 具有一定的范围。

b. 绝对值小的误差出现概率大。

c. 绝对值相等的正、负误差出现的概率相同。

d. 偶然误差的平均值随着观测次数的增加而趋于零，即：

$$\lim_{n\to\infty}\frac{\Delta_1+\Delta_2+\cdots+\Delta_n}{n}=\lim_{n\to\infty}\frac{[\Delta]}{n}=0$$

四个特性：有界性、趋向性、对称性、抵偿性。如图 5.7 所示。

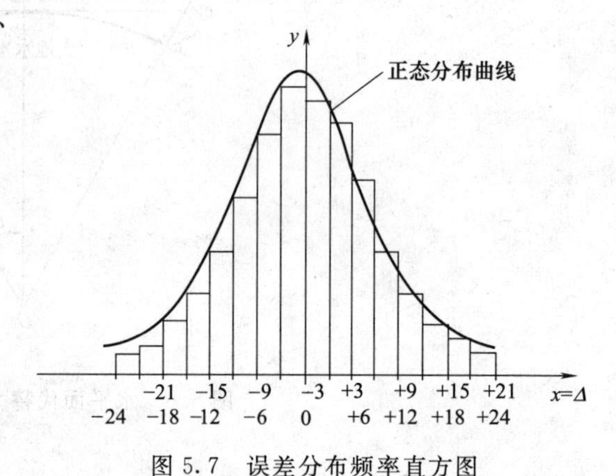

图 5.7　误差分布频率直方图

(3) 衡量精度的指标

1) 中误差

用真误差计算中误差的公式

真误差：　$\Delta_i=l_i-X$

l_i为观测值，X为观测值的真值。

标准差公式：$\sigma=\pm\lim_{n\to\infty}\sqrt{\frac{[\Delta\Delta]}{n}}$

n为观测值的个数。

中误差公式：

$$m=\pm\sqrt{\frac{\Delta_1^2+\Delta_2^2+\cdots+\Delta_n^2}{n}}=\pm\sqrt{\frac{[\Delta\Delta]}{n}}$$

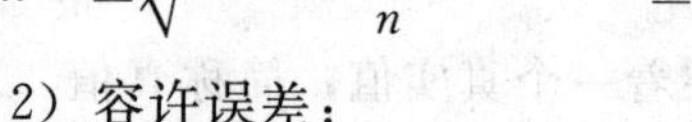

2) 容许误差：　$\Delta_{容}=3m$ 或 $2m$

3) 相对误差

①　$相对中误差=\frac{|m|}{D}=\frac{1}{D/m}$

②　$往返测较差率\ K=\frac{|D_{往}-D_{返}|}{(D_{往}+D_{返})/2}=\frac{1}{\frac{(D_{往}+D_{返})/2}{D_{往}-D_{返}}}$

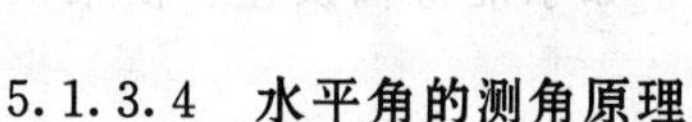

5.1.3.4　水平角的测角原理

水平角的测角原理见图 5.8。

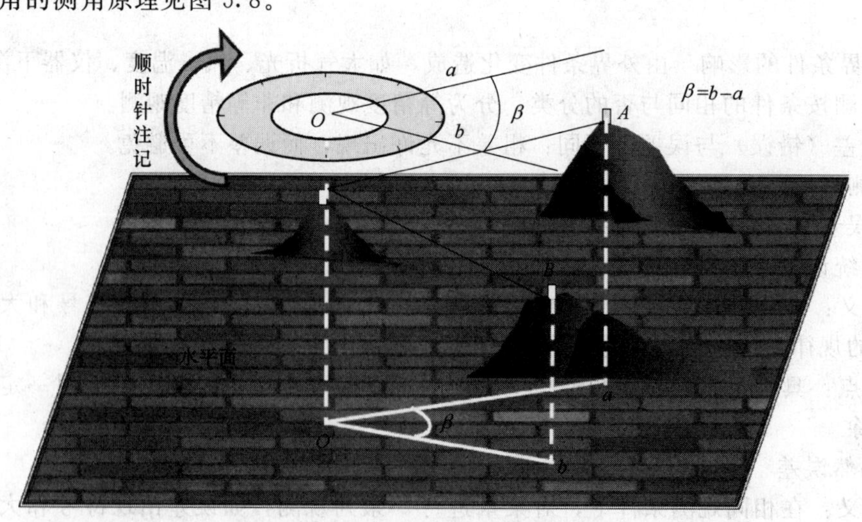

图 5.8　水平角的测角原理

水平角：两条相交直线在水平面上的投影之间的夹角。

5.1.3.5 经纬仪水平角测量

方法：测回法和方向观测法

(1) 测回法

1) 将经纬仪安置在测站点 O 上，进行对中和整平。

2) 盘左位置，瞄准左方目标，用拨盘螺旋转水平度盘对准 0°或比 0°大点，得读数为 a。顺时针转动照准部，瞄准右目标，得读数 b。

$\beta_{左}=b-a$，完成上半测回观测。

3) 盘右位置，先瞄右方目标，读数 b'。

逆时针转动照准部，再瞄左目标，读数 a'。

$\beta_{右}=b'-a'$，完成下半测回观测。

上半测回：盘左 $A\rightarrow B$（顺时针） $\beta_{左}=b-a$

下半测回：盘右 $B\rightarrow A$（逆时针） $\beta_{右}=b'-a'$

上、下半测回合起来就是一个测回，上、下半测回角度之差应小于 40″。

此法适用于只有两个目标时的测角。

为了减少度盘的刻划误差的影响，各个测回的起始方向读数应该改变 $180°/n$（n 为测回数）。各测回角度之差，不大于 24″。

如测回法测角记录表见表 5.1。

表 5.1 测回法测角记录表

<table>
<tr><th rowspan="2">测站</th><th rowspan="2">目标</th><th>竖盘</th><th>水平度盘读数</th><th>半测回角值</th><th>一测回角值</th><th>各测回角值</th></tr>
<tr><th>位置</th><th>(° ′ ″)</th><th>(° ′ ″)</th><th>(° ′ ″)</th><th>(° ′ ″)</th></tr>
<tr><td rowspan="4">O(1)</td><td>A</td><td rowspan="2">左</td><td>0 02 06</td><td rowspan="2">68 47 12</td><td rowspan="4">68 47 09</td><td rowspan="8">68 47 06</td></tr>
<tr><td>B</td><td>68 49 18</td></tr>
<tr><td>A</td><td rowspan="2">右</td><td>180 02 24</td><td rowspan="2">68 47 06</td></tr>
<tr><td>B</td><td>248 49 30</td></tr>
<tr><td rowspan="4">O(2)</td><td>A</td><td rowspan="2">左</td><td>90 01 36</td><td rowspan="2">68 47 06</td><td rowspan="4">68 47 03</td></tr>
<tr><td>B</td><td>158 48 42</td></tr>
<tr><td>A</td><td rowspan="2">右</td><td>270 01 48</td><td rowspan="2">68 47 00</td></tr>
<tr><td>B</td><td>338 48 48</td></tr>
</table>

4) 水平角角值的计算应注意

① β=第 2 个目标读数 b－第 1 个目标读数 a；

② 当 $b<a$ 时，b 应加 360°后再减。

(2) 方向观测法（全圆测回法）

此法适用于多于两个目标的测角。

1) 将经纬仪安置在测站点 O 上，进行对中和整平。

2) 盘左位置，瞄准起始目标 A，用拨盘螺旋转水平度盘对准 0°或比 0°大点，得读数为 a；顺转照准部，依次瞄准目标 B、C 等，分别读数得 b、c 等，最后又回到 A 点，读数 a'。

盘左从瞄准目标 A 到又回到 A 的过程，称为归零。两次瞄准目标 A 的读数差称为归零差 Δ，$\Delta=a-a'$。

J6 级经纬仪，归零差不得大于 18″。

以上过程称为上半测回。

3）盘右位置，先瞄 A 目标，读数 a。

4）逆时针转动照准部，依次瞄准目标 C、B 等，分别读数得 c、b 等，最后又回到 A 点，读数 a'。

以上过程称为下半测回。

注意检查下半测回，归零差也不得大于18″。

上半测回：盘左 $A \to B \to C \to A$

下半测回：盘右 $A \to C \to B \to A$

上、下半测回合起来为一测回。

【例 5.1】 有 A、B、C 三个目标，进行了两个测回，盘左和盘右测得的数据见表 5.2 全圆测回法记录表，水平角值计算结果见表 5.2。

表 5.2 全圆测回法记录表

测站	目标	水平竖盘读数		2C	盘左盘右平均值	归零方向值	各测回归零方向平均值	水平角值
		盘左	盘右					
		(° ′ ″)	(° ′ ″)	(″)	(° ′ ″)	(° ′ ″)	(° ′ ″)	(° ′ ″)
					(0 01 12)			
O(1)	A	0 01 06	180 01 12	−6	0 01 09	0 00 00	0 00 00	
	B	62 48 36	242 48 30	+6	62 48 33	62 47 21	62 47 19	62 47 19
	C	151 20 24	331 20 24	0	151 20 24	151 19 12	151 19 13	88 31 54
	A	0 01 12	180 01 18	−6	0 01 15			208 40 47
					(90 01 10)			
O(2)	A	90 01 06	270 01 06	0	90 01 06	0 00 00		
	B	152 48 30	333 48 24	+6	152 48 27	62 47 17		
	C	241 20 30	61 20 18	+12	241 20 24	151 19 14		
	A	90 01 18	270 01 12	+6	90 01 15			

各测回同一方向归零后的方向值不相等，其差不大于24″。符合要求，则取平均值作为各测回归零方向的最后结果。

若一个测站上观测的方向不多于三个，观测时可不作归零校核，即照准部依次瞄各方向后，不再瞄准起始方向，这样的观测方法称为方向观测法。

5）要消除视差，并用十字丝交点照准目标底部或桩上小钉。

6）按观测顺序记录水平度盘读数，边测边检查，限差超限重测。

7）水准管气泡应在观测前调好，一测回过程中不允许再调，如气泡偏离中心超过一格时，应再次整平重测该测回。

8）全圆测回法观测时，应注意选择清晰目标作为起始方向。

5.1.3.6 经纬仪竖直角测量

（1）竖直角测量原理

前面已介绍，该处略。

(2) 竖直角及指标差通用公式的推导

1) 盘左

如图 5.9 所示，平视时，指标指在 90°～180°之间，与 90°差值为 $+x$，或在 0～90°之间。

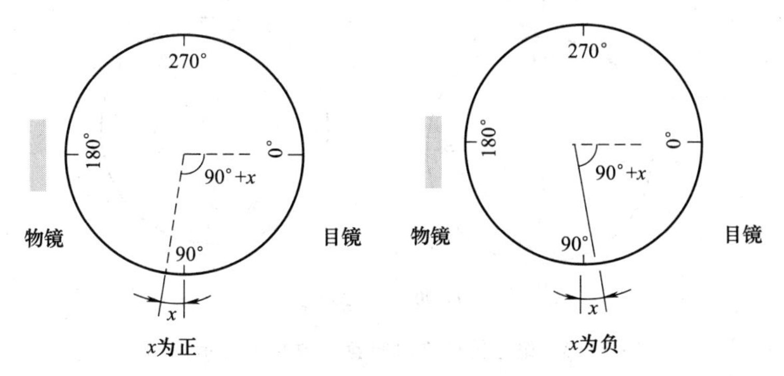

图 5.9 盘左时读数示意图

此时，无论指标线偏向何方，起始读数均为 $(90°+x)$。

2) 盘右

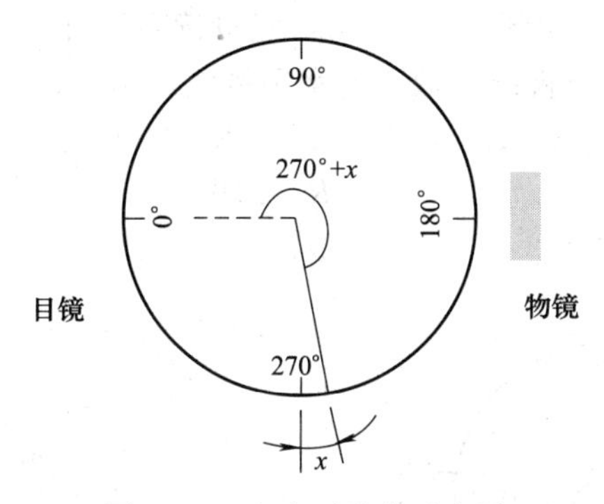

图 5.10 盘右时读数示意图

盘右观测时，视线水平时的起始读数为 $(270°+x)$。图 5.10 为盘右时读数示意图。

根据竖直角测角原理可知：竖直角就是望远镜视线倾斜时读数和水平时的读数的差数。

水平视线读数理论值应为 90°或 270°，实际水平视线读数为 M_O，视线倾斜时的读数设为 L（或 R）。因此，竖直角 α 就等于 M_O 与 L（或 R）两者之差。

① 当望镜向上时，竖盘读数增加的情况（例如 DJ6-1 盘左）

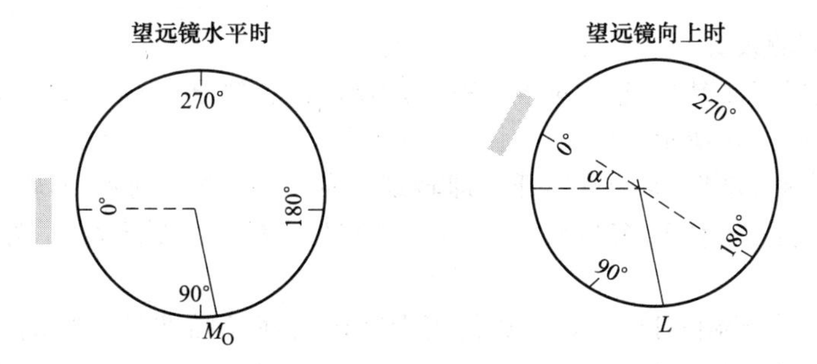

图 5.11 望远镜仰视时竖盘读数增加时示意图

如图 5.11 所示，竖角 α 为：

$$\alpha = \text{倾斜视线读数 } L - \text{水平视线读数 } M_O$$

② 当望镜向上时，竖盘读数减少的情况（例如 TDJ6）

如图 5.12 所示，竖直角 α 为：α＝水平视线读数 M_O－倾斜视线读数 L

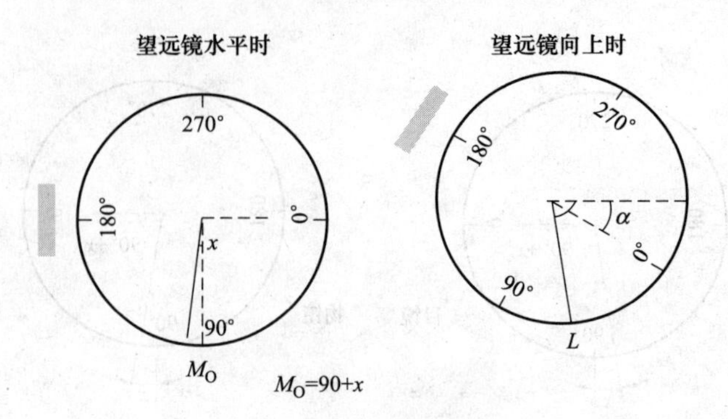

图 5.12 望远镜仰视时竖盘读数减少时示意图

盘左时 $\alpha = 90° + x - L$

令 $\alpha_L = 90° - L$

所以 $\alpha = \alpha_L + x$ (5.1)

盘右时，当望远镜向上，如图 5.13 所示，竖盘读数增加的竖直角 α 为：

$$\alpha = \text{倾斜视线读数 } R - \text{水平视线读数 } (270° + x)$$

$$\alpha = R - (270° + x) = R - 270° - x$$

令 $\alpha_R = R - 270°$

所以 $\alpha = \alpha_R - x$ (5.2)

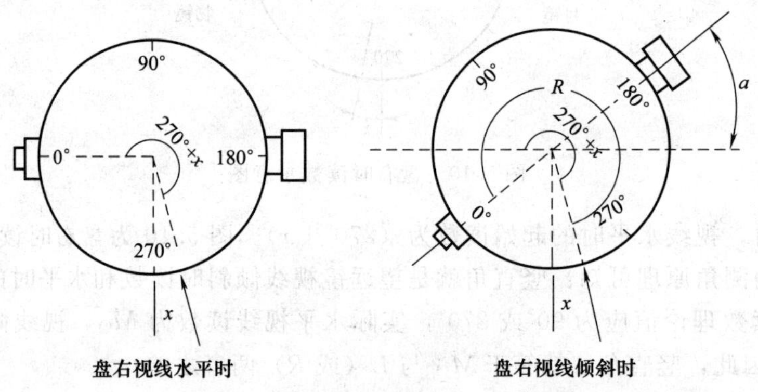

图 5.13 盘右竖盘读数增加时示意图

(3) 竖直角观测步骤

1）经纬仪安置于测站 A 上，对中、整平。盘左位置瞄准目标，要用十字丝的横丝切于目标的顶端，如图 5.14 所示。

2）把竖盘指标自动归零开关打开，即转螺旋使其“ON”对准支架上的红点。此时即可读竖盘读数（读数窗中 V 窗口）。例如，瞄准目标 B，盘左读数 L 为 $78°18'18''$，记入表 5.3。

3）盘右位置，再瞄准目标 B，注意仍用十字丝的横丝瞄准目标顶端，此时读竖盘读数 R 为 $281°42'00''$，记入表 5.3。

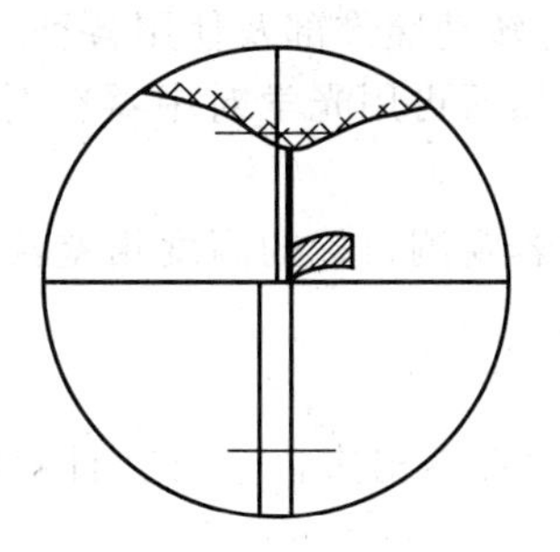

图 5.14　竖直角观测示意图

竖盘为顺时针刻划如图 5.15 所示（北光 TDJ6 型）。

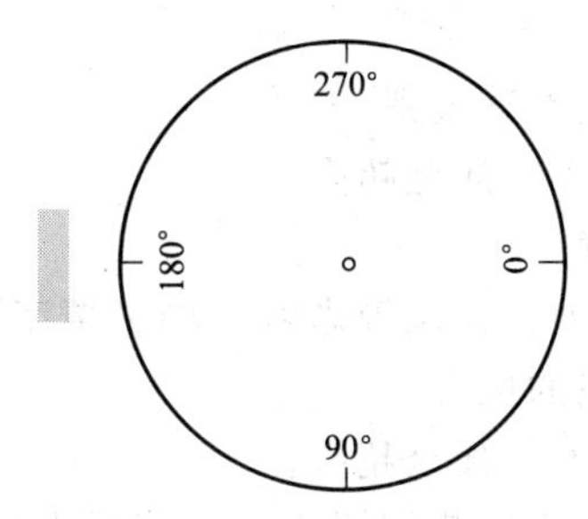

图 5.15　竖盘刻划示意图

盘左近似竖直角 $\alpha_L=90°-L$

$$\alpha_L=90°-78°18'18''=11°41'42''$$

盘右近似竖直角　$\alpha_R=R-270°$

$$\alpha_R=281°42'00''-270°=11°42'00''$$

竖直角测回值，即　$\alpha=\frac{1}{2}(\alpha_L+\alpha_R)$

指标差　$x=\frac{1}{2}(L+R-360°)$

最后结果见表 5.3。

表 5.3　竖角观测记录表

测站	目标	竖盘位置	竖盘读数	测角值		指标差 x
			(°　′　″)	近似竖直角	测回值	
A	*B*	左	78　18　18	11°41′42″	11°41′51″	9″
		右	281　42　00	11°42′00″		
	C	左	96　32　48	−6°32′48″	−6°32′34″	14″
		右	263　27　40	−6°32′20″		

5.1.3.7　全站仪水平角测量

与经纬仪水平角测量的方法、观测过程和计算基本相同，但读数、置零、配盘等操作通过显示屏直接读出或操作。

角度测量模式：开机进测角模式，如不在此模式按【ANG】键进入。

5.1.3.8　角度测量的注意事项

1）脚架高度要调合适，目估架面大致水平，调脚螺旋高度大致等高，脚架踩实，中心螺旋拧紧，观测时手不要扶脚架，转动照准部及使用各种螺旋时，用力要轻。

2）对中时，先用垂球对中，然后再用光学对中器精对中。测角精度要求越高，或边长越短，则要求对中要越准确。

3）整平时，先粗平后精平。若观测目标的高度相差较大时，要特别注意仪器整平。

5.1.3.9 可能出现的问题

1）不注意对中的准确性。

对单个角的影响在检查数值时看不出来，但是在计算闭合差势必引起误差较大，甚至超限。

2）不是测量的内角。

强调区分左右目标的方法，以右目标读数减去左目标读数即为待测角，右目标读数不够减的，加上360°减去左目标。

3）对瞄准的位置及消除视差不够重视。

每个角的上下半测回较差较大，甚至超限。

4）认为测量时间较长较精确。

测量时间较长，由于仪器下沉、大风等影响，测量精度降低。

5）读数时不注意水准管气泡的位置。

每个角的上下半测回较差较大，甚至超限。

6）看到气泡偏出量较大，立刻调节脚螺旋，调节居中后继续测量。

只有在上、下半测回之间，气泡偏出量大时，可重新整平、对中后，继续测量下半测回。如在每半测回读左、右目标中间，气泡偏出量大时，重新整平、对中后，前一次读数作废，重新测量这个半测回。

7）读数中不能判断最左侧的度数是否全露出。

这种情况下要看下卡的整10′数，如果下卡的是“5”则说明最左侧的度数全露出来了，如果下卡的是“0”则说明最左侧的度数没有全露出来。

其余可能出现的问题可参阅任务2的2.1.3.9内容。

5.2 计划与决策

5.2.1 计划单

计划单同任务1。

5.2.2 决策单

决策单同任务1。

5.3 实施与检查

5.3.1 实施单

实施单同任务1。

5.3.2 检查单

<table>
<tr><td>任务5</td><td colspan="2">角度测量</td><td>学时</td><td>16</td></tr>
<tr><td>班级</td><td colspan="2"></td><td>组号</td><td></td></tr>
<tr><td>小组成员及分工</td><td colspan="4"></td></tr>
<tr><td>检查方式</td><td colspan="4">按任务单规定的检查项目、内容进行小组检查和教师检查</td></tr>
<tr><td>序号</td><td>检查项目</td><td>检查内容</td><td>小组检查</td><td>教师检查</td></tr>
<tr><td rowspan="2">1</td><td rowspan="2">知道地球形状和大小，懂得大地水准面和铅垂线的概念及作用</td><td>是否知道大地水准面和铅垂线的概念</td><td></td><td></td></tr>
<tr><td>是否懂得大地水准面和铅垂线的作用</td><td></td><td></td></tr>
<tr><td rowspan="3">2</td><td rowspan="3">知道我国高程系统、独立的平面坐标系，水平面替代水准面对 D、h 的影响</td><td>是否知道我国高程系统</td><td></td><td></td></tr>
<tr><td>是否知道独立的平面坐标系</td><td></td><td></td></tr>
<tr><td>水平面替代水准面对 D、h 的影响</td><td></td><td></td></tr>
<tr><td rowspan="3">3</td><td rowspan="3">知道误差的来源、分类，衡量误差的标准和等精度平差计算</td><td>是否知道误差的来源、分类</td><td></td><td></td></tr>
<tr><td>是否知道衡量误差的标准</td><td></td><td></td></tr>
<tr><td>是否知道等精度平差计算</td><td></td><td></td></tr>
<tr><td>4</td><td>学会水平角的测角原理</td><td>是否知道水平角的测角原理</td><td></td><td></td></tr>
<tr><td>5</td><td>测回法观测、记录与计算，理解水平角的方向法测量</td><td>是否知道测回法观测、记录与计算</td><td></td><td></td></tr>
<tr><td>6</td><td>学会经纬仪、全站仪水平角测量方法</td><td>经纬仪、全站仪水平角测量方法</td><td></td><td></td></tr>
<tr><td>7</td><td>理解角度测量的误差及注意事项</td><td>角度测量的误差及注意事项</td><td></td><td></td></tr>
<tr><td rowspan="3">8</td><td rowspan="3">其他</td><td>是否具有团队意识、计划组织及协作、口头表达和人际交流能力</td><td></td><td></td></tr>
<tr><td>是否具有良好的职业道德和敬业精神，爱惜仪器、工具的意识</td><td></td><td></td></tr>
<tr><td>能否按时完成任务</td><td></td><td></td></tr>
<tr><td>组长签字</td><td></td><td>教师签字</td><td></td><td>年 月 日</td></tr>
</table>

5.4 评价与教学反馈

5.4.1 评价单

评价单同任务1。

5.4.2 教学反馈单

任务5	角度测量		学时	16
班级		学号		姓名	
调查方式	对学生知识掌握、能力培养的程度,学习与工作的方法及环境进行调查				

序号	调查内容	是	否
1	你知道地球形状和大小吗?		
2	你知道大地水准面和铅垂线的概念及作用吗?		
3	你知道我国高程系统、独立的平面坐标系,水平面替代水准面对D、h的影响吗?		
4	你理解误差的来源、分类,衡量误差的标准吗?		
5	你会用等精度平差计算吗?		
6	你会水平角的测角原理吗?		
7	你能用测回法观测、记录、计算和全圆观测法吗?		
8	你知道角度测量的误差及注意事项吗?		
9	你对本任务的学习满意吗?		
10	你对本任务的教学方式满意吗?		
11	你对小组的学习和工作满意吗?		
12	你对教学环境适应吗?		
13	你有爱惜仪器、工具的意识吗?		
其他改进教学的建议:			

被调查人签名		调查时间	年 月 日

任务6 距离测量

6.1 资讯与调查

6.1.1 任务单

<table>
<tr><th>任务6</th><th colspan="4">距离测量</th><th>学时</th><th>8</th></tr>
<tr><td colspan="7">布置任务</td></tr>
<tr><td>学习目标</td><td colspan="6">1. 知道量距的工具及种类
2. 会钢尺量距的一般方法的操作与计算
3. 知道钢尺量距的精密方法的计算及尺长方程的含义
4. 知道距离测量中的误差来源、注意事项
5. 知道视距测量的原理
6. 知道光电测距的原理
7. 会操作全站仪进行光电测距
8. 知道光电测距中的注意事项
9. 具有良好的职业道德和敬业精神，爱惜仪器、工具的意识
10. 具有操作技巧分析和归纳的能力，善于创新和总结经验</td></tr>
<tr><td>任务描述</td><td colspan="6">1. 工作任务——距离测量
分别采用钢尺、经纬仪和全站仪，以一个三角形或四边形测量其边长为工作任务，使学生学会距离测量的基础知识、仪器构造与应用、边长测量与计算的方法、测量误差知识、仪器的检验等方面的能力，比较三种测量的精度和适用范围。
2. 操作技术要求
(1)每测回往返测距相差 1/3000 之内。
(2)三种方法测距相差不得超过 1/200。
(3)点位选择要合理，便于开展工作。
(4)区分钢尺是刻线尺还是端点尺。
(5)钢尺量距时不宜全部卷出，因尺末端连接处不牢固，量距时不宜受力。
(6)竖向读盘读数对视距测量结果的影响。
(7)不同竖盘读数得到视距测量相同。
(8)明确各边观测顺序。
(9)必须照准棱镜的中心。
(10)棱镜的放置要注意。</td></tr>
<tr><td rowspan="2">学时安排</td><td>资讯与调查</td><td>制定计划</td><td>方案决策</td><td>项目实施</td><td>检查测试</td><td>项目评价</td></tr>
<tr><td></td><td></td><td></td><td></td><td></td><td></td></tr>
<tr><td>推荐阅读资料</td><td colspan="6">请参见任务 1</td></tr>
<tr><td>对学生的要求</td><td colspan="6">请参见任务 1</td></tr>
</table>

6.1.2　资讯单

任务 6	距离测量	学时	8
资讯方式	查阅书籍、利用国家、省精品课程资源学习		
资讯问题	1. 量距的工具及种类有哪些？ 2. 钢尺量距的一般方法有哪些？并如何进行计算？ 3. 钢尺量距的精密方法的计算和尺长方程的含义如何？ 4. 距离测量中的误差来源有哪些？需要哪些注意事项？ 5. 视距测量的原理是什么？ 6. 视距测量误差来源及注意事项有哪些？ 7. 光电测距的原理是什么？ 8. 全站仪光电测距法的操作方法如何？ 9. 光电测距中的注意事项有哪些？		

6.1.3　信息单

6.1.3.1　钢尺量距

（1）量距工具

钢尺、皮尺、玻璃纤维卷尺。如图 6.1 所示。

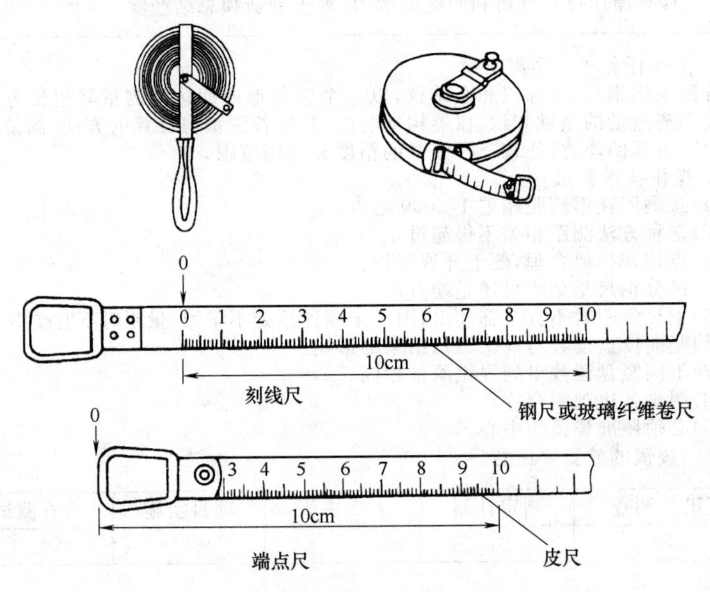

图 6.1　刻线尺与端点尺

（2）辅助工具（图 6.2）

测钎：用于标定尺段的起、终点；花杆：用于标定直线；弹簧秤；温度计。

（3）直线定线

1）定义：在待测两点的直线上标定若干点，以便分段丈量，此项工作称为直线定线。

2）方法：目估定线法。如图 6.3 所示。

（4）过山头定线

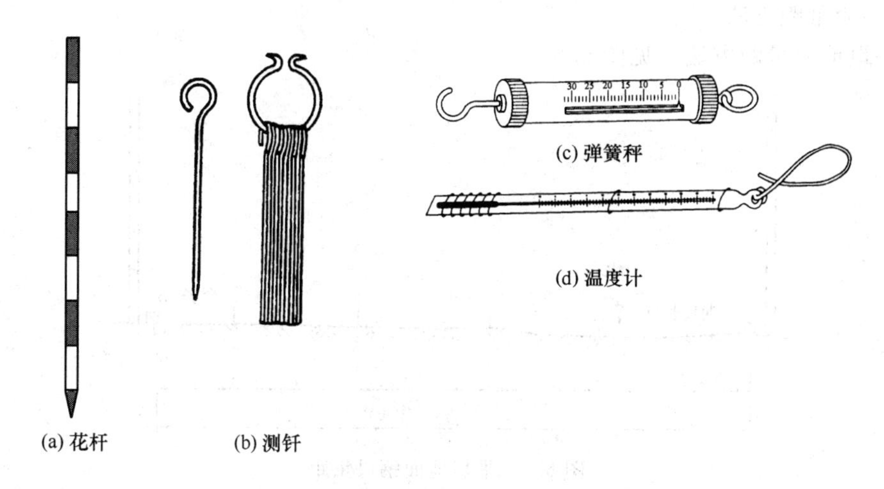

图 6.2　距离测量辅助工具

图 6.3　目估定线法

如图 6.4 所示。甲、乙两人相互指挥，逐步到达 A、B 的连线上，数学上称为逐渐趋近法。

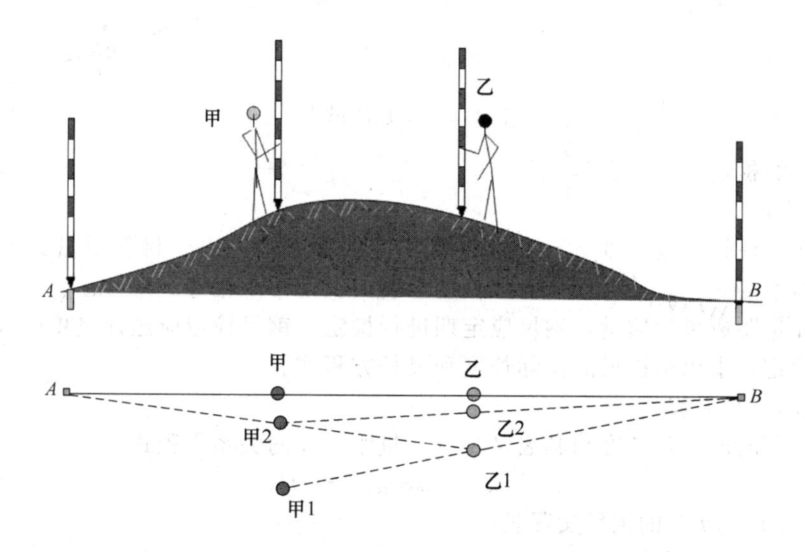

图 6.4　过山头定线

(5) 一般量距方法

1) 平坦地面量距方法，见图 6.5。

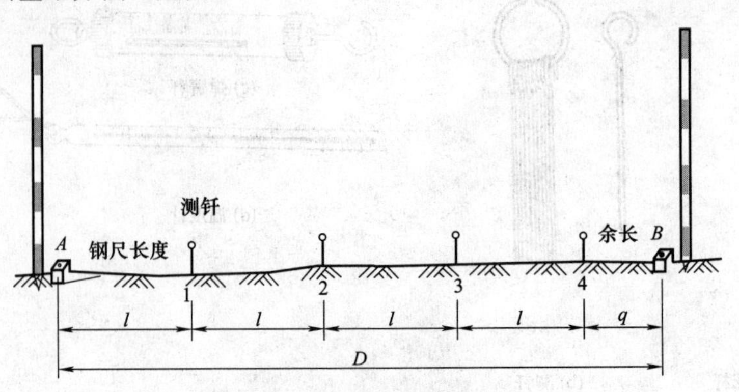

图 6.5 平坦地面钢尺量距

2) 倾斜地面量距方法

① 斜量法（图 6.6） $D=L\cos\alpha$

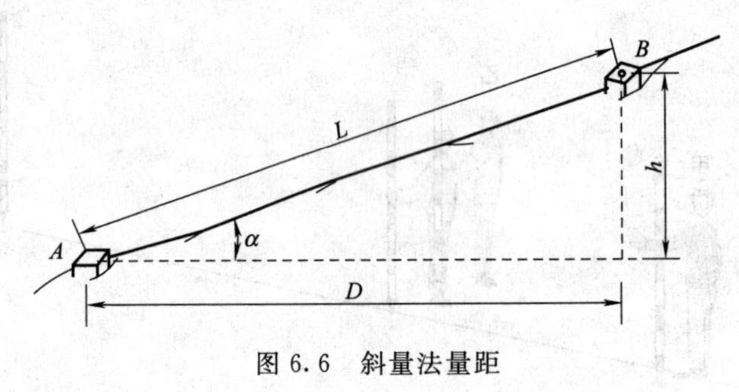

图 6.6 斜量法量距

② 平量法（图 6.7）

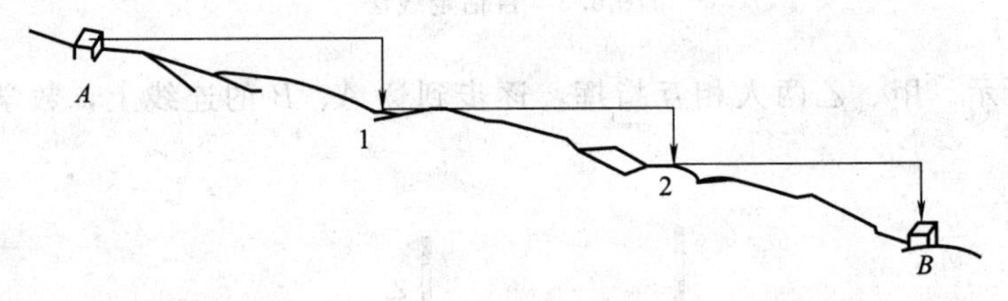

图 6.7 平量法量距

(6) 钢尺的检定

1) 钢尺检定。

钢尺尺面上注记长度（如 30m、50m 等）叫名义长度。由于材料质量、制造误差和使用中变形等因素的影响，使钢尺的实际长度与名义长度常不相等。

为了保证量距成果的质量，钢尺应定期进行检定。钢尺检定应送计量单位或设有比长台的测绘单位检定，求出被检尺的实际长度和尺长方程式。

2) 钢尺的尺长方程式。

钢尺在量距时的实际长度与其名义长度、量距温度的关系方程式。

$$l_t=l_0+\Delta l+\alpha(t-t_0)l_0$$

式中 l_t——温度为 t 时的钢尺实际长度；

l_0——钢尺名义长度；

Δl——钢尺的尺长改正，$\Delta l=l-l_0$，l 为钢尺在温度 t_0 时的长度；

α——钢尺膨胀系数，即温度升降 1° 1m 钢尺伸缩的长度，其值一般为 1.15×10^{-5}～1.25×10^{-5}；

t_0——钢尺检定时的温度；

t——量距时的温度。

例如： $l_t=30-0.006+1.25\times10^{-5}\times(t-20℃)\times30$

(7) 钢尺的精密量距

精密量距的步骤如下。

1) 定线 用经纬仪定线。见图 6.8。

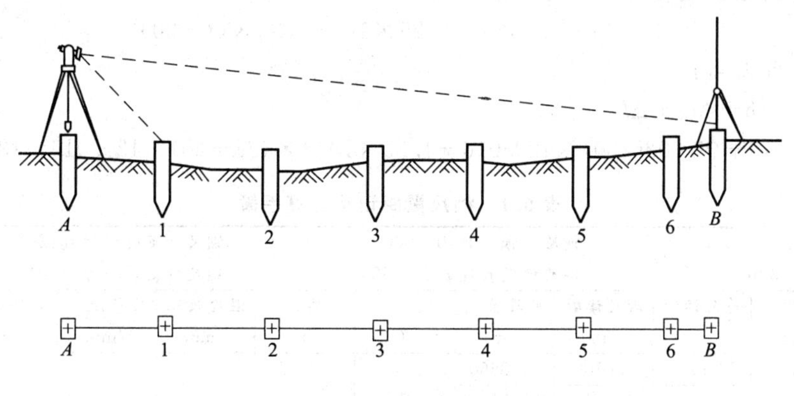

图 6.8 经纬仪定线

2) 量距 用串尺法，每尺段串动尺子量 3 次，用弹簧秤控制拉力，并读丈量时的温度。见图 6.9。

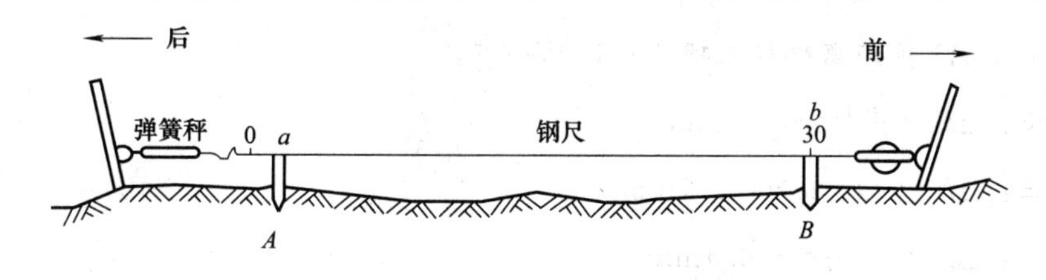

图 6.9 钢尺量距

A、B 之间的距离＝前端尺读数 b－后端尺读数 a

3) 测量各桩顶的高差 用水准测定高差，以便作倾斜改正。

4) 量距成果整理

① 对每尺段都要作三项改正

尺长改正： $$\Delta l_d=\frac{\Delta l}{l_0}\cdot D'$$

温度改正： $$\Delta l_t=\alpha(t-t_0)D' \quad \alpha=1.25\times10^{-5}$$

倾斜改正： $$\Delta l_h=-\frac{h^2}{2D'}\text{（恒为负）}$$

改正后距离： $$D=D'+\Delta l_d+\alpha(t-t_0)l_0+\Delta l_h$$

将改正后的各尺段长相加便得距离全长。

② 量距精度计算

往返较差的相对误差： $K=\frac{|D_{往}-D_{返}|}{\frac{D_{往}+D_{返}}{2}}=\frac{|\Delta D|}{D}=\frac{1}{D/\Delta D}$

③ 钢尺量距记录计算手簿见表 6.1

④ 例题

【例 6.1】 检定 30m 钢尺的实际长度为 30.0025m，检定时的温度 t_0 为 20℃，用该钢尺丈量某段距离为 120.016m，丈量时的温度 t 为 28℃，已知钢尺的膨胀系数 α 为 1.25×10^{-5}，求该钢尺的尺长方程式和该段的实际距离为多少？

解：

根据给定的已知数据可写出尺长方程式：

$$l_t=30+0.0025+1.25\times10^{-5}\times30\times(t-20)$$

该段的实际距离：

$D=120.016+\Delta l_d+\Delta l_t$

$=120.016+(0.0025/30)\times120.016+1.25\times10^{-5}\times(28-20)\times120.016=120.038$ (m)

表 6.1 钢尺量距记录计算手簿

钢尺编号：No：11　　钢尺膨胀系数：0.000012　　钢尺检定时温度 t_0：20℃

钢尺名义长度 l_0：30m　　钢尺检定长度 l：30.0025m　　钢尺检定时拉力：100N

尺段编号	实测次数	前尺读数 /m	后尺读数 /m	尺段长度 /m	温度 /℃	高差 /m	温度改正 /mm	尺长改正 /mm	倾斜改正 /mm	改后尺段长 /m
A1	1	29.9360	0.0700	29.8660	25.8	−0.152	+2.1	+2.5	−0.4	29.8724
	2	29.9460	0.0710	29.8750						
	3	29.9300	0.0664	29.8636						
	平均			29.8682						
…	……	……	……	……	…	…	…	……	……	……
总和										198.2838

对表 6.1 中 A1 段距离进行三项改正计算如下：

尺长改正：$\Delta l_d=\frac{\Delta l}{l_0}l=+2.5\text{mm}$

温度改正：$\Delta l_t=\alpha(t-t_0)l=2.1\text{mm}$

倾斜改正：$\Delta l_h=-\frac{h^2}{2l}=-0.4\text{mm}$

改正后距离：$d=L+\Delta l_d+\alpha\ (t-t_0)l_0+\Delta l_h=29.8682+0.0021+(-0.0004)+0.0025=29.8724$ (m)

(8) 钢尺量距误差及注意事项

1) 定线误差：所量的为折线，结果偏大。目估定线偏差<0.1m，影响极小。

2) 尺长误差：高精度量距应加尺长改正。

3) 温度测定误差：应测定钢尺本身的温度。

4) 拉力不均匀误差：高精度量距应使用弹簧秤控制拉力。

5) 钢尺倾斜误差：高精度量距应加倾斜改正。

6) 钢尺对点及读数误差：误差性质是属偶然误差，丈量时应认真，采用多次丈量。

6.1.3.2 视距测量

(1) 原理

是利用望远镜内的视距装置配合视距尺，根据几何光学和三角测量原理同时测定距离和高差的方法。

图 6.10 中望远镜的视准轴垂直于标尺，L_1 为物镜，其焦距为 f_1，L_2 为调焦透镜，焦

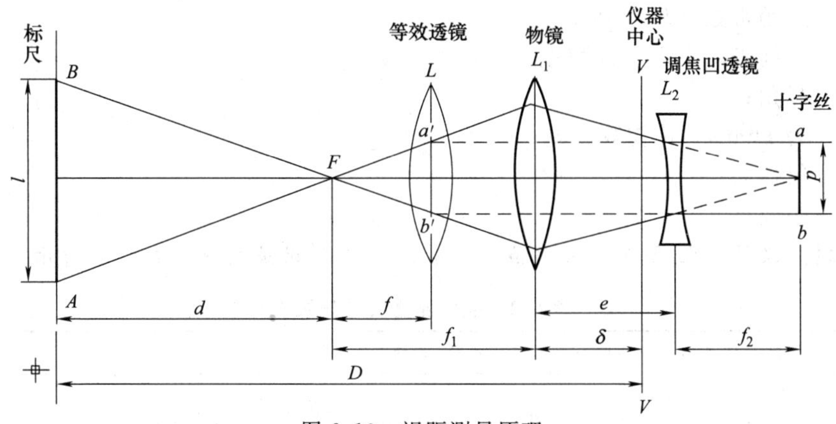

图 6.10 视距测量原理

距为 f_2，调节 L_2 可以改变 L_1 与 L_2 之间的距离 e。图 6.10 中虚线表示的透镜 L 称等效透镜，它是 L_1 与 L_2 两个透镜共同作用的结果。等效透镜的焦距 f，经推算得：$f=\frac{f_1 f_2}{f_1+f_2-e}$，称之为等效焦距。改变 e 值，就可改变等效焦距，从而使远近不同的目标清晰地成像在十字丝平面上。

从图中$\triangle AFB \sim \triangle a'Fb'$可得：$d=\frac{f}{p}l$

式中，f 为等效焦距；l 为视距尺间隔；p 为上下丝间距。

仪器竖轴至标尺的距离 D 为：$D=d+f_1+\delta=\frac{f}{p}l+f_1+\delta$

令$\frac{f}{p}=K$ 称视距乘常数；$f_1+\delta=C$，称视距加常数。在设计时可使 $K=100$，$C=0$，则视距公式为 $D=Kl=100l$。

(2) 倾斜地面视距测量

如图 6.11 所示。

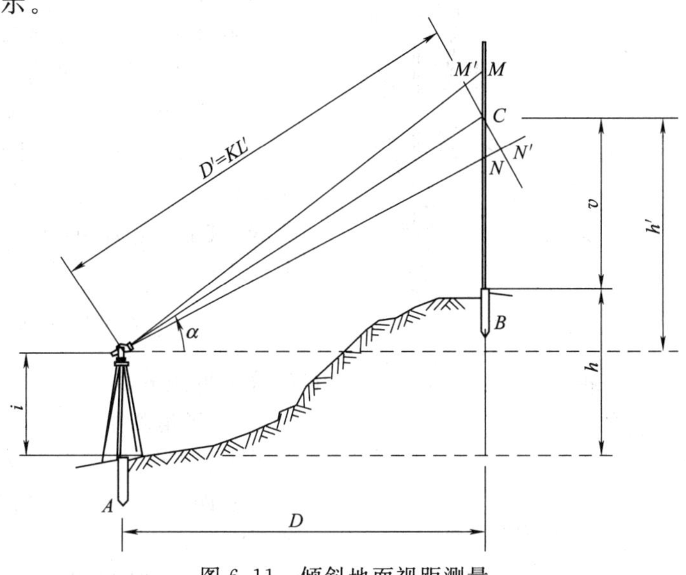

图 6.11 倾斜地面视距测量

水平距 D 公式： $D=Kl\cos^2\alpha$

高差 h 公式： $h=h'+i-v=D\tan\alpha+i-v$

式中 K——视距常数，$K=100$；

l——尺间隔，上下丝读数差，即 $l=MN$；

α——竖角；

h'——为 $D\tan\alpha$，称初算高差；

i——仪器高；

v——中丝高。

【例 6.2】 仪器架在 A 点，对 B 点进行视距测量，记录数据如表 6.2 所示。

表 6.2 视距测量实习记录表

测站名称：A 仪器高：1.40m 测站高程：50.00m 班级： 小组：

测点名称	测量次数	竖盘位置	标尺读数			尺间隔 L/m	竖盘读数	指标差/(″)	竖角 α	水平距离 D/m	高差 h/m	高程 H/m
			上丝/m	下丝/m	中丝/m		(° ′ ″)		(° ′ ″)			
B	1	L	1.791	1.009	1.400	0.782	88 30 30	−10	+1 29 20	78.15	+2.03	52.03
		R	1.792	1.010	1.400		271 29 10					
	2	L	2.392	1.609	2.000	0.783	88 05 26	−10	+1 54 24	78.21	+2.00	52.00
		R	2.393	1.610	2.000		271 54 14					

说明：第 1 次，中丝对标尺仪器高位置观测，竖角 $\alpha=\frac{1}{2}(\alpha_L+\alpha_R)$，指标差 $x=\frac{1}{2}(L+R-360°)$。

第 2 次，中丝对标尺 2m 位置观测。

(3) 视距测量误差

① 读数误差　尺间隔由上下丝读数之差求得，计算距离时用尺间隔乘 100，因此读数误差将扩大 100 倍影响所测的距离。即读数误差为 1mm，影响距离误差为 0.1m。

② 标尺倾斜的误差：$\Delta l=\pm\frac{l'\delta}{\rho}\tan\alpha$。各符号见图 6.12。

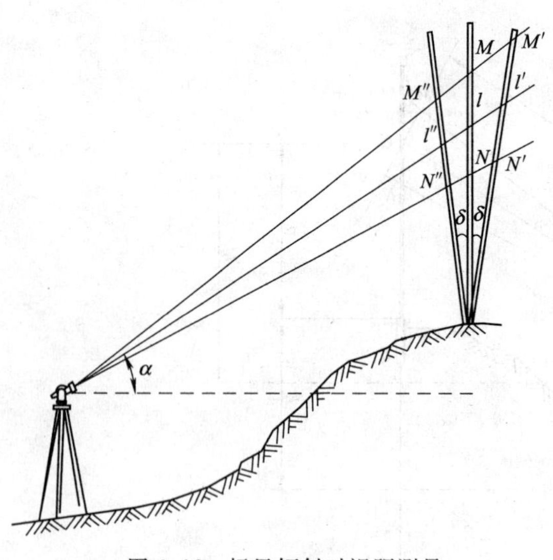

图 6.12 标尺倾斜时视距测量

③ 竖角测量的误差　竖角测量的误差对距离影响不大，对高差影响较大，每百米高差误差为 3cm。根据分析和实验数据证明，视距测量的精度一般约达 1/300。

6.1.3.3 全站仪测距

(1) 概况

钢尺量距劳动强度大，工作效率低，精度不高。光电测距仪具有测程远、精度高、作业速度快等优点。

① 按载波分类

$$\left\{\begin{array}{l}微波测距仪\\ \left.\begin{array}{l}激光测距仪\\ 红外测距仪\end{array}\right\}光电测距\end{array}\right.$$

② 按测程分类

$$\begin{cases}短程 & D<3\text{km}\\ 中程 & 3\text{km}<D<15\text{km}\\ 远程 & D>15\text{km}\end{cases}$$

③ 按测距精度分

Ⅰ级：$|m_D|\leqslant 5\text{mm}$

Ⅱ级：$5\text{mm}\leqslant|m_D|\leqslant 10\text{mm}$

Ⅲ级：$\geqslant 10\text{mm}$

（2）光电测距原理

1）脉冲法测距（图6.13）：直接测定光脉冲在测线两端往返传播的时间 t，求出距离 D 的方法。

$$D=\frac{1}{2}Ct$$

式中，$C=C_0/n$；C_0 为光在真空中的速度；n 为大气的折射率；t 为发射脉冲与接收脉冲的时间差。

图6.13 红外光电测距仪脉冲法原理图

2）相位法测距（图6.14）：如图6.15所示，设测距仪在 A 点发出的调制光，被 B 点反光镜反射后，又回到 A 点所经过的时间为 t。设 AB 距离为 D，调制光来回经过 $2D$ 的路程，调制光的周期为 2π，它的波长为 λ，接收时的相位比发射时的相位延迟了 ϕ，波的个数为 $\phi/2\pi$，它必然包含整波 N 及尾数 ΔN 数，则 $2D=\lambda\dfrac{\phi}{2\pi}=\lambda(N+\Delta N)$

相位法测距公式：

$$D=\frac{\lambda}{2}(N+\Delta N)$$

式中，$\dfrac{\lambda}{2}$相当于测尺长，令其等于 L_S，则 $D=L_S(N+\Delta N)$

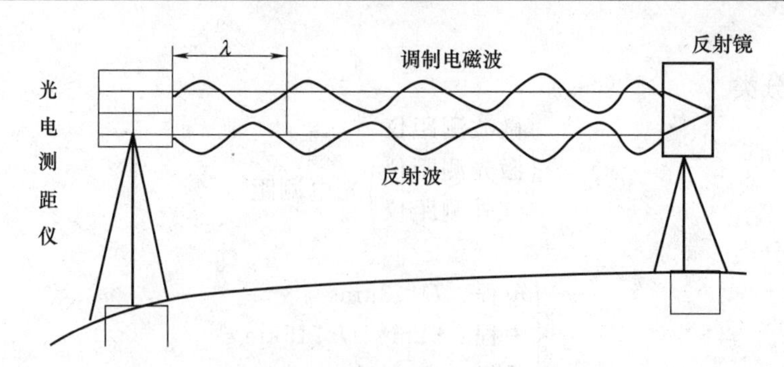

图 6.14　相位法测距图

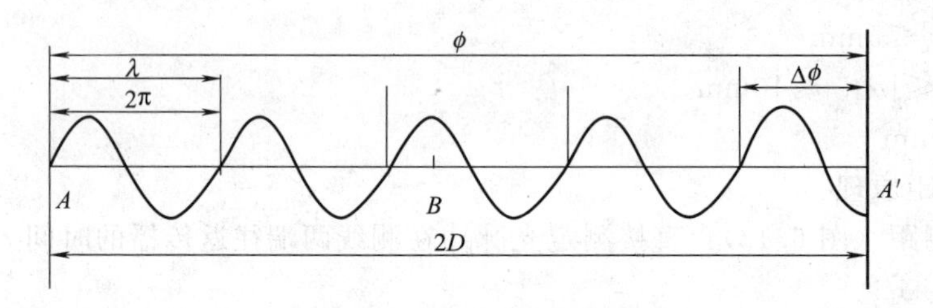

图 6.15　相位法测距原理

3）南方全站仪（图 6.16）

南方测距仪字母含义如下：

POWER—电源开关；V/H—天顶距、水平角输入键；T/P/C—温度、气压、棱镜常数输入键；SIG—电池电压、光强显示键；AVE—单次测量、平均测距键；MSR—连续测距键；ENT—输入、清除输入；X. Y. Z—测站三维坐标输入；X/Y/Z—显示目标三维坐标；S/H/V—S 斜距、H 平距、V 高差；SO—定线放样预置；TRK—跟踪测距；RST—照明开关、复位。

棱镜用于全站仪测距，如图 6.17 所示。

图 6.16　南方全站仪

图 6.17　棱镜示意图

6.1.3.4　测距仪测距精度公式

（1）测距仪的标称精度公式

$$m_D=\pm(a+bD)$$

式中，a 为固定误差，以 mm 为单位；b 为比例误差，以 mm/km 为单位；D 为以 km 为单位的距离。

或写成：
$$m_D=\pm(a+b\text{ppm}\cdot D)$$

式中，ppm 为百万分之一，即 10^{-6}。

例如：某测距仪精度公式为 $m_D=\pm(5\text{mm}+5\text{ppm}\cdot D)$

则表示该仪器的固定误差为 5mm，比例误差为 5×10^{-6}。若用此仪器测定 1km 距离，其误差为 $m_D=\pm(5\text{mm}+5\times10^{-6}\times1\text{km})=\pm10\text{mm}$。

（2）光电测距的误差

主要有三种：固定误差、比例误差及周期误差。

1）固定误差　它与被测距离无关，主要包括仪器对中误差、仪器加常数测定误差及测相误差。测相误差主要有数字测相系统误差、照准误差和幅相误差。

2）比例误差　它与被测距离成正比，主要包括：

① 大气折射率的误差，在测线一端或两端测定的气象因素不能完全代表整个测线上平均气象因素。

② 调制光频率测定误差，调制光频率决定测尺的长度。

3）周期误差　由于送到仪器内部数字检相器不仅有测距信号，还有仪器内部的窜扰信号，而测距信号的相位随距离值在 0°～360°内变化。因而合成信号的相位误差大小也以测尺为周期而变化，故称周期误差。

6.1.3.5　可能出现的问题

1）钢尺使用的类型。

在测量前区分端点尺和刻线尺，测量时应注意零点所放的位置，避免因此产生的粗差。

2）标尺应保持竖直。

标尺使用时保持竖直，标尺不竖直，在视距观察时，尺间隔变大而使最后结果不准确。

其余可能出现的问题可参阅任务 5 的 5.1.3.9 内容。

6.2　计划与决策

6.2.1　计划单

计划单同任务 1。

6.2.2　决策单

决策单同任务 1。

6.3　实施与检查

6.3.1　实施单

实施单同任务 1。

6.3.2 检查单

<table>
<tr><td colspan="2">任务 6</td><td colspan="2">距离测量</td><td>学时</td><td>8</td></tr>
<tr><td colspan="2">班级</td><td colspan="2"></td><td>组号</td><td></td></tr>
<tr><td colspan="2">小组成员
及分工</td><td colspan="4"></td></tr>
<tr><td colspan="2">检查方式</td><td colspan="4">按任务单规定的检查项目、内容进行小组检查和教师检查</td></tr>
<tr><td>序号</td><td colspan="2">检查项目</td><td>检查内容</td><td>小组检查</td><td>教师检查</td></tr>
<tr><td rowspan="2">1</td><td colspan="2" rowspan="2">知道量距的工具及种类</td><td>是否知道量距的工具名称</td><td></td><td></td></tr>
<tr><td>是否知道量距工具的种类及作用</td><td></td><td></td></tr>
<tr><td rowspan="2">2</td><td colspan="2" rowspan="2">会钢尺量距的一般方法的操作与计算</td><td>是否知道钢尺量距的一般方法</td><td></td><td></td></tr>
<tr><td>是否知道钢尺量距的计算</td><td></td><td></td></tr>
<tr><td rowspan="3">3</td><td colspan="2" rowspan="3">知道钢尺量距的精密方法的计算及尺长方程的含义</td><td>钢尺量距的精密方法的计算</td><td></td><td></td></tr>
<tr><td>尺长方程式</td><td></td><td></td></tr>
<tr><td>尺长改正</td><td></td><td></td></tr>
<tr><td rowspan="2">4</td><td colspan="2" rowspan="2">知道距离测量中的误差来源、注意事项</td><td>距离测量中的误差来源如何</td><td></td><td></td></tr>
<tr><td>是否知道距离测量中注意事项</td><td></td><td></td></tr>
<tr><td>5</td><td colspan="2">知道视距测量的原理</td><td>是否知道视距测量的原理</td><td></td><td></td></tr>
<tr><td>6</td><td colspan="2">知道光电测距的原理</td><td>是否知道光电测距的原理</td><td></td><td></td></tr>
<tr><td>7</td><td colspan="2">会操作全站仪进行光电测距</td><td>能否进行全站仪测距</td><td></td><td></td></tr>
<tr><td>8</td><td colspan="2">知道光电测距中的注意事项</td><td>是否知道光电测距中的注意事项</td><td></td><td></td></tr>
<tr><td rowspan="3">9</td><td colspan="2" rowspan="3">其他</td><td>是否具有团队意识、计划组织及协作、口头表达和人际交流能力</td><td></td><td></td></tr>
<tr><td>是否具有良好的职业道德和敬业精神，爱惜仪器、工具的意识</td><td></td><td></td></tr>
<tr><td>能否按时完成任务</td><td></td><td></td></tr>
<tr><td colspan="2">组长签字</td><td></td><td>教师签字</td><td colspan="2">年 月 日</td></tr>
</table>

6.4　评价与教学反馈

6.4.1　评价单

评价单同任务1。

6.4.2　教学反馈单

<table>
<tr><td>任务6</td><td colspan="3">距离测量</td><td>学时</td><td>8</td></tr>
<tr><td>班级</td><td></td><td>学号</td><td></td><td>姓名</td><td></td></tr>
<tr><td>调查方式</td><td colspan="5">对学生知识掌握、能力培养的程度，学习与工作的方法及环境进行调查</td></tr>
<tr><td>序号</td><td colspan="3">调查内容</td><td>是</td><td>否</td></tr>
<tr><td>1</td><td colspan="3">你知道量距的工具及种类吗？</td><td></td><td></td></tr>
<tr><td>2</td><td colspan="3">你会钢尺量距的一般方法的操作与计算吗？</td><td></td><td></td></tr>
<tr><td>3</td><td colspan="3">你会钢尺量距的精密方法的计算及知道尺长方程的含义吗？</td><td></td><td></td></tr>
<tr><td>4</td><td colspan="3">你领会距离测量中的误差来源、注意事项吗？</td><td></td><td></td></tr>
<tr><td>5</td><td colspan="3">你知道视距测量的原理吗？</td><td></td><td></td></tr>
<tr><td>6</td><td colspan="3">你知道光电测距的原理吗？</td><td></td><td></td></tr>
<tr><td>7</td><td colspan="3">你会全站仪光电测距法的操作方法吗？</td><td></td><td></td></tr>
<tr><td>8</td><td colspan="3">你知道光电测距中的注意事项吗？</td><td></td><td></td></tr>
<tr><td>9</td><td colspan="3">你对本任务的学习满意吗？</td><td></td><td></td></tr>
<tr><td>10</td><td colspan="3">你对本任务的教学方式满意吗？</td><td></td><td></td></tr>
<tr><td>11</td><td colspan="3">你对小组的学习和工作满意吗？</td><td></td><td></td></tr>
<tr><td>12</td><td colspan="3">你对教学环境适应吗？</td><td></td><td></td></tr>
<tr><td>13</td><td colspan="3">你有爱惜仪器、工具的意识吗？</td><td></td><td></td></tr>
<tr><td colspan="6">其他改进教学的建议：</td></tr>
<tr><td>被调查人签名</td><td colspan="2"></td><td>调查时间</td><td colspan="2">年　月　日</td></tr>
</table>

学习情境三

建筑物定位与放线

任务 7　建筑物定位

7.1　资讯与调查

7.1.1　任务单

<table>
<tr><td>任务 7</td><td colspan="4">建筑物定位</td><td>学时</td><td>6</td></tr>
<tr><td colspan="7">布置任务</td></tr>
<tr><td>学习目标</td><td colspan="6">1. 能分析民用建筑的类型、结构以及施工测量的方法和精度要求
2. 能叙述建筑物定位的主要技术要求
3. 会拟定建筑物定位的测设方案
4. 能够根据已知控制点进行建筑物定位
5. 会根据原有建筑物和道路中线进行建筑物定位
6. 具有独立工作的能力
7. 具有团队意识、计划组织及协作、口头表达和人际交流能力
8. 具有举一反三、融会贯通的能力
9. 具有良好的职业道德和敬业精神，爱惜仪器、工具的意识
10. 具有操作技巧分析和归纳的能力，善于创新和总结经验</td></tr>
<tr><td>任务描述</td><td colspan="6">1. 工作任务——建筑物定位
通过学习经纬仪测绘法、全站仪测绘法进行民用建筑物定位，熟悉施工图纸，根据设计要求和实地情况拟定定位方法。学会测设方法及规范性等注意事项，养成良好的团队协作精神。
2. 操作技术要求
(1)要熟悉操作流程，对于全站仪要熟悉屏幕上各菜单键的使用。
(2)要严格对中，保证测站点跟仪器中心在同一铅垂线上。
(3)架好仪器进行定位时水平制动螺旋要固定，纵向螺旋要松开。
(4)每次定位放点时要检查气泡是否居中。
(5)用经纬仪进行定位时，皮尺或钢卷尺要拉直，末端扶尺者用手指头按住尺子，观测者观测时要使得望远镜中十字丝单丝平分或双丝夹准目标，一条直线上进行多次定位时尺子的起点都取在测站点。
(6)用全站仪进行定位时，观测者观测时要尽量使得望远镜中十字丝单丝平分或双丝夹准棱镜的中心。
(7)用全站仪进行观测时，棱镜杆必须扶直，有必要时用三脚架棱镜杆
(8)旋转 90°时必须进行盘左盘右观测法。
(9)距离误差应满足允许值。</td></tr>
<tr><td rowspan="2">学时安排</td><td>资讯与调查</td><td>制定计划</td><td>方案决策</td><td>项目实施</td><td>检查测试</td><td>项目评价</td></tr>
<tr><td></td><td></td><td></td><td></td><td></td><td></td></tr>
<tr><td>推荐阅读资料</td><td colspan="6">请参见任务 1</td></tr>
<tr><td>对学生的要求</td><td colspan="6">请参见任务 1</td></tr>
</table>

7.1.2　资讯单

任务7	建筑物定位	学时	6
资讯方式	查阅书籍、利用国家、省精品课程资源学习		
资讯问题	1. 会操作经纬仪和全站仪吗？ 2. 会使用全站仪中进行建筑物定位的菜单键吗？ 3. 会阅读施工图吗？ 4. 会拟定建筑物定位方案吗？ 5. 会根据已知控制点进行定位吗？ 6. 会根据原有建筑物和道路中线进行定位吗？ 7. 会检测定位点吗？		

7.1.3　信息单

7.1.3.1　测设前的准备工作

1）熟悉图纸。设计图纸是施工测量的依据，在测设前，应熟悉建筑物的设计图纸，了解施工的建筑物与相邻地物的相互关系，以及建筑物的尺寸和施工的要求等。测设时必须具备下列图纸资料。

总平面图（图7.1）是施工测设的总体依据，建筑物就是根据总平面图上所给的尺寸关系进行定位的。

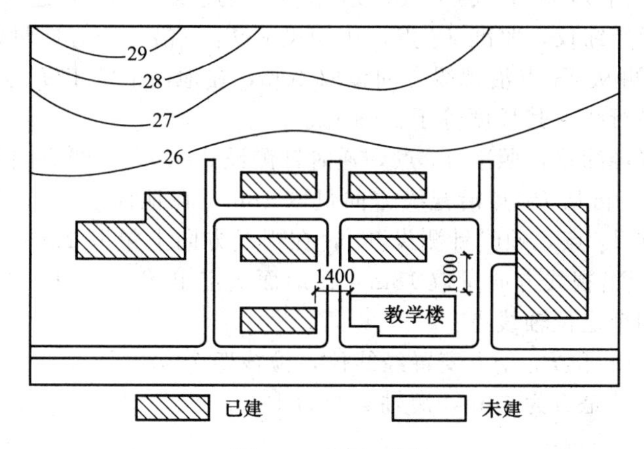

图7.1　总平面图

建筑平面图，给出建筑物各定位轴线间的尺寸关系及室内地坪标高等。

基础平面图，给出基础轴线间的尺寸关系和编号。

基础详图（即基础大样图），给出基础设计宽度、形式及基础边线与轴线的尺寸关系。

立面图和剖面图，它们给出基础、地坪、门窗、楼板、屋架和屋面等设计高程，是高程测设的主要依据。

2）现场踏勘。目的是为了解现场的地物、地貌和原有测量控制点的分布情况，并调查与施工测量有关的问题。

3）平整和清理施工现场。以便进行测设工作。

4）拟定测设计划和绘制测设草图。对各设计图纸的有关尺寸及测设数据应仔细核对，以免出现差错。

7.1.3.2 民用建筑物的定位

建筑物的定位，就是把建筑物外廓各轴线交点测设在地面上，然后再根据这些点进行细部放样。由于设计条件和现场条件不同，建筑物的定位方法也有所不同，以下为四种常见的定位方法。

1）根据控制点定位。

如果待定位建筑物的定位点设计坐标已知，且附近有高级控制点可供利用，可根据实际情况选用极坐标法、角度交会法或距离交会法来测设定位点。在这三种方法中，极坐标法是用得最多的一种定位方法。

2）根据建筑方格网和建筑基线定位。

如果待定位建筑物的定位点设计坐标已知，且建筑场地已设有建筑方格网或建筑基线，可利用直角坐标法测设定位点。

3）根据原有建筑物关系定位。

如果设计图上只给出新建筑物与附近的相互关系，而没有提供建筑物定位点的坐标，周围又没有测量控制点、建筑方格网和建筑基线可供利用，可根据原有建筑物的边线将新建筑物的定位点测设出来。

如图 7.2 所示，拟建建筑物的外墙边线与原有建筑物的外墙边线在同一条直线上，两栋建筑物的间距为 10m，拟建建筑物四周长轴为 40m，短轴为 18m，轴线与外墙边线间距为 0.12m，可按下述方法测设其四个轴线的交点。

① 沿原有建筑物的两侧外墙拉线，用钢尺顺线从墙角往外量一段较短的距离（这里设为 2m)，在地面上定出 T_1 和 T_2 两个点，T_1 和 T_2 的连线即为原有建筑物的平行线。

② 在 T_1 点安置经纬仪，照准 T_2 点，用钢尺从 T_2 点沿视线方向量取 10m＋0.12m，在地面上定出 T_3 点，再从 T_3 点沿视线方向量取 40m，在地面上定出 T_4 点，T_3 和 T_4 的连线即为拟建建筑物的平行线，其长度等于长轴尺寸。

③ 在 T_3 点安置经纬仪，照准 T_4 点，逆时针测设 90°，在视线方向上量取 2m＋0.12m，在地面上定出 P_1 点，再从 P_1 点沿视线方向量取 18m，在地面上定出 P_4 点。同理，在 T4 点安置经纬仪，照准 T_3 点，顺时针测设 90°，在视线方向上量取 2m＋0.12m，在地面上定出 P_2 点，再从 P_2 点沿视线方向量取 18m，在地面上定出 P_3 点。则 P_1、P_2、P_3 和 P_4 点即为拟建建筑物的四个定位轴线点。

④ 在 P_1、P_2、P_3 和 P_4 点上安置经纬仪，检核四个大角是否为 90°，用钢尺丈量四条轴线的长度，检核长轴是否为 40m，短轴是否为 18m。

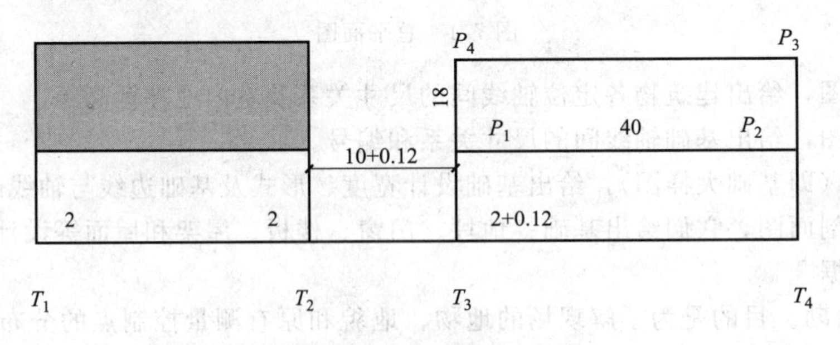

图 7.2 根据原有建筑物的关系定位

4）根据道路的关系定位。

如果设计图纸上只给出新建筑物与附近道路的相互关系，而没有提供建筑物定位点的坐标，周围又没有测量控制点、建筑方格网和建筑基线可供利用，可根据原有道路中心线将新建筑物的定位点测设出来。

拟建建筑物的轴线与道路中心线平行，轴线与道路中心线的距离见图 7.3，测设方法如下：

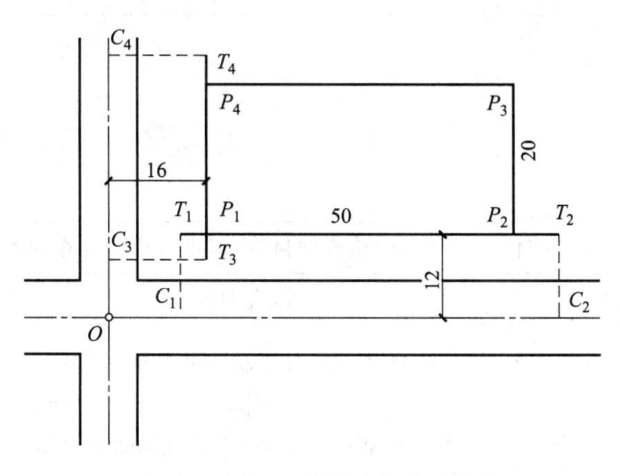

图 7.3 根据原有道路的关系定位

① 在每条道路上选择两个合适的位置，分别用钢尺测量该处道路的宽度，并找出道路中心点 C_1、C_2、C_3 和 C_4。

② 分别在 C_1、C_2 两个中心点上安置经纬仪，测设 90°，用钢尺测设水平距离 12m，在地面上得到道路中心线的平行线 T_1T_2，同理做出 C_3 和 C_4 的平行线 T_3T_4。

③ 用经纬仪向内延长或向外延长这两条线，其交点即为拟建建筑物的第一个定位点 P_1，再从 P_1 沿长轴方向量取 50m 做 T_3T_4 的平行线，得到第二个定位点 P_2。

④ 分别在 P_1 和 P_2 点安置经纬仪，测设直角和水平距离 20m，在地面上定出 P_3 和 P_4 点。在 P_1、P_2、P_3 和 P_4 点上安置经纬仪，检核角度是否为 90°，用钢尺丈量四条轴线的长度，检核长轴是否为 50m，短轴是否为 20m。

7.2 计划与决策

7.2.1 计划单

计划单同任务 1。

7.2.2 决策单

决策单同任务 1。

7.3 实施与检查

7.3.1 实施单

实施单同任务 1。

7.3.2 检查单

<table>
<tr><td>任务 7</td><td colspan="2">建筑物定位</td><td>学时</td><td>6</td></tr>
<tr><td>班级</td><td colspan="2"></td><td>组号</td><td></td></tr>
<tr><td>小组成员
及分工</td><td colspan="4"></td></tr>
<tr><td>检查方式</td><td colspan="4">按任务单规定的检查项目、内容进行小组检查和教师检查</td></tr>
<tr><td>序号</td><td>检查项目</td><td>检查内容</td><td>小组检查</td><td>教师检查</td></tr>
<tr><td rowspan="2">1</td><td rowspan="2">阅读施工图纸</td><td>能否正确算出轴线的长度</td><td rowspan="2"></td><td rowspan="2"></td></tr>
<tr><td>能否计算出拟建建筑物轴线与原有建筑物的间距</td></tr>
<tr><td rowspan="2">2</td><td rowspan="2">仪器操作</td><td>能否熟练使用经纬仪操作</td><td rowspan="2"></td><td rowspan="2"></td></tr>
<tr><td>能否熟练使用全站仪操作</td></tr>
<tr><td rowspan="2">3</td><td rowspan="2">熟练使用钢卷尺和扶棱镜</td><td>能否正确拉伸钢卷尺或皮尺</td><td rowspan="2"></td><td rowspan="2"></td></tr>
<tr><td>能否正确扶好棱镜、立好棱镜杆</td></tr>
<tr><td rowspan="2">4</td><td rowspan="2">检查定位点</td><td>能否正确量出定位点的边长</td><td rowspan="2"></td><td rowspan="2"></td></tr>
<tr><td>能否正确量出相邻边的角度</td></tr>
<tr><td>5</td><td>学会误差的计算</td><td>能否正确计算出误差值</td><td></td><td></td></tr>
<tr><td rowspan="3">6</td><td rowspan="3">其他</td><td>是否具有团队意识、计划组织及协作、口头表达和人际交流能力</td><td rowspan="3"></td><td rowspan="3"></td></tr>
<tr><td>是否具有良好的职业道德和敬业精神，爱惜仪器、工具的意识</td></tr>
<tr><td>能否按时完成任务</td></tr>
<tr><td>组长签字</td><td></td><td>教师签字</td><td colspan="2">年 月 日</td></tr>
</table>

7.4　评价与教学反馈

7.4.1　评价单

评价单同任务 1。

7.4.2　教学反馈单

<table>
<tr><th>任务 7</th><th colspan="3">建筑物定位</th><th>学时</th><th colspan="2">6</th></tr>
<tr><th>班级</th><th></th><th>学号</th><th></th><th>姓名</th><th colspan="2"></th></tr>
<tr><td>调查方式</td><td colspan="6">对学生知识掌握、能力培养的程度，学习与工作的方法及环境进行调查</td></tr>
<tr><td>序号</td><td colspan="4">调查内容</td><td>是</td><td>否</td></tr>
<tr><td>1</td><td colspan="4">你会进行施工现场踏勘吗？</td><td></td><td></td></tr>
<tr><td>2</td><td colspan="4">你会阅读建筑施工图纸吗？</td><td></td><td></td></tr>
<tr><td>3</td><td colspan="4">你会计算相关的尺寸吗？</td><td></td><td></td></tr>
<tr><td>4</td><td colspan="4">你会用经纬仪进行定位操作吗？</td><td></td><td></td></tr>
<tr><td>5</td><td colspan="4">你会用全站仪进行定位操作吗？</td><td></td><td></td></tr>
<tr><td>6</td><td colspan="4">你能正确检核结果吗？</td><td></td><td></td></tr>
<tr><td>7</td><td colspan="4">你具有团队意识、计划组织与协作、口头表达及人际交流能力吗？</td><td></td><td></td></tr>
<tr><td>8</td><td colspan="4">你具有操作技巧分析和归纳的能力，善于创新和总结经验吗？</td><td></td><td></td></tr>
<tr><td>9</td><td colspan="4">你对本任务的学习满意吗？</td><td></td><td></td></tr>
<tr><td>10</td><td colspan="4">你对本任务的教学方式满意吗？</td><td></td><td></td></tr>
<tr><td>11</td><td colspan="4">你对小组的学习和工作满意吗？</td><td></td><td></td></tr>
<tr><td>12</td><td colspan="4">你对教学环境适应吗？</td><td></td><td></td></tr>
<tr><td>13</td><td colspan="4">你有爱惜仪器、工具的意识吗？</td><td></td><td></td></tr>
<tr><td colspan="7">其他改进教学的建议：</td></tr>
<tr><td>被调查人签名</td><td colspan="2"></td><td>调查时间</td><td colspan="3">年　月　日</td></tr>
</table>

任务8　建筑物放线

8.1　资讯与调查

8.1.1　任务单

<table>
<tr><th>任务 8</th><th>建筑物放线</th><th>学时</th><th>4</th></tr>
<tr><td colspan="4">布置任务</td></tr>
<tr><td>学习目标</td><td colspan="3">1. 能分析民用建筑的类型、结构以及施工测量的方法和精度要求
2. 能叙述建筑物放线的主要技术要求
3. 会拟定建筑物放线的测设方案
4. 会根据已测设好的建筑物定位点进行建筑物放线
5. 会测设细部轴线交点和引测轴线
6. 具有独立工作的能力
7. 具有团队意识、计划组织及协作、口头表达和人际交流能力
8. 具有举一反三、融会贯通的能力
9. 具有良好的职业道德和敬业精神，爱惜仪器、工具的意识
10. 具有操作技巧分析和归纳的能力，善于创新和总结经验</td></tr>
<tr><td>任务描述</td><td colspan="3">1. 工作任务——建筑物放线
学习通过经纬仪测绘法、全站仪测绘法进行民用建筑物放线，熟悉施工图纸，根据设计要求和实地情况拟定放线方法。熟悉测设方法，了解测设的规范要求，养成良好的团队协作精神。
2. 操作技术要求
(1)要熟悉操作流程，对于全站仪要熟悉屏幕上各菜单键的使用。
(2)要严格对中，保证测站点跟仪器中心在同一铅垂线上。
(3)架好仪器进行放线时水平制动螺旋要固定，纵向螺旋要松开。
(4)每次细部轴线测设时要检查气泡是否居中。
(5)用经纬仪进行细部轴线测设时，皮尺或钢卷尺要拉直，末端扶尺者用手指头按住尺子，观测者观测时要使得望远镜中十字丝单丝平分或双丝夹准目标，一条直线上进行多次定位时尺子的起点都取在测站点。
(6)用全站仪进行放线时，观测者观测时要尽量使得望远镜中十字丝单丝平分或双丝夹准棱镜的中心。
(7)用全站仪进行观测时，棱镜尽量放场地地面上，如果不方便需用棱镜杆的话，棱镜杆必须扶直。
(8)旋转 90°时必须进行盘左盘右观测法。
(9)距离误差应满足允许值。</td></tr>
<tr><td>学时安排</td><td colspan="3"><table><tr><td>资讯与调查</td><td>制定计划</td><td>方案决策</td><td>项目实施</td><td>检查测试</td><td>项目评价</td></tr><tr><td></td><td></td><td></td><td></td><td></td><td></td></tr></table></td></tr>
<tr><td>推荐阅读资料</td><td colspan="3">请参见任务 1</td></tr>
<tr><td>对学生的要求</td><td colspan="3">请参见任务 1</td></tr>
</table>

8.1.2　资讯单

任务 8	建筑物放线	学时	4
资讯方式	查阅书籍、利用国家、省精品课程资源学习		
资讯问题	1. 会用经纬仪、全站仪进行放线吗？ 2. 会阅读施工图吗？ 3. 会根据施工图计算基本尺寸关系吗？ 4. 会拟定建筑物放线方案吗？ 5. 会测设细部轴线和引测轴线吗？ 6. 会设置龙门板吗？ 7. 会检测放线轴线交点吗？		

8.1.3　信息单

建筑物的放线是指根据现场已测设好的建筑物定位点，详细测设其他各轴线交点的位置，并将其延长到安全的地方做好标志。然后以细部轴线为依据，按基础宽度和放坡要求用白灰撒出基础开挖边线。放样方法如下。

8.1.3.1　测设细部轴线交点

如图 8.1 所示，Ⓐ轴、Ⓔ轴、①轴和⑦轴是四条建筑物的外墙主轴线，其轴线交点 A1、A7、E1、E7 是建筑物的定位点，这些定位点已在地面上测设完毕，各主次轴线间隔如图 8.1 所示，现欲测设次要轴线的交点。

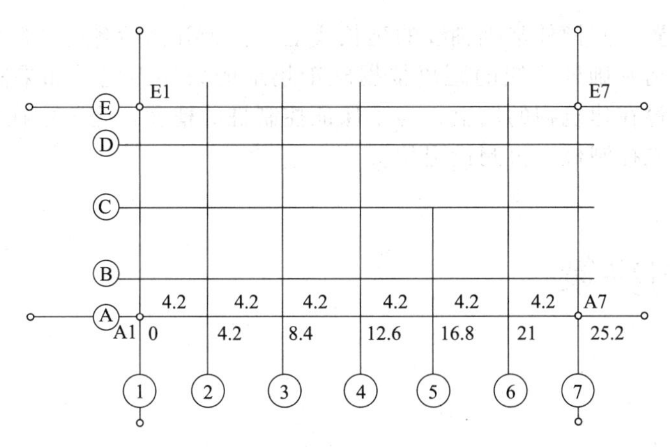

图 8.1　测设细部轴线交点

在 A1 点上安置经纬仪，照准 A7 点，把钢尺的零端对准 A1 点，沿视线方向拉钢尺，在钢尺上读数等于①轴和②轴间距（4.2m）的地方打下木桩，打的过程中要经常用仪器检查桩顶是否偏离视线方向，钢尺读数是否还在桩顶上，如有偏移要及时调整。打好桩后，用经纬仪视线指挥在桩顶上画一条纵线，再拉好钢尺，在读数等于轴间距处画一条横线，两线交点即Ⓐ轴与②轴的交点。

在测设Ⓐ轴与③轴的交点时，方法同上，注意仍然要将钢尺的零端对准 A1 点，并沿视线方向拉钢尺，而钢尺读数应为①轴和③轴间距（8.4m），这种做法可以减少钢尺对点误差，避免轴线总长度增长或减短。如此依次测设Ⓐ轴与其他有关轴线的交点。测设完最后一个交点后，用钢尺检查相邻轴线桩的间距是否等于设计值，误差应小于 1/3000。

测设完Ⓐ轴上的轴线点后，用同样的方法测设Ⓔ轴、①轴和⑦轴上的轴线点。

8.1.3.2 龙门板和轴线控制桩的设置

建筑物定位以后，所测设的轴线交点桩（或称角桩），在开挖基础时将被破坏。施工时为了能方便地恢复各轴线的位置，一般是把轴线延长到安全地点，并作好标志。延长轴线的方法有两种：龙门板法和轴线控制桩法。

龙门板法适用于一般小型的民用建筑物，为了方便施工，在建筑物四角与隔墙两端基槽开挖边线以外约 1.5～2m 处钉设龙门桩。桩要钉得竖直、牢固，桩的外侧面与基槽平行。根据建筑场地的水准点，用水准仪在龙门桩上测设建筑物±0.000 标高线。根据±0.000 标高线把龙门板钉在龙门桩上，使龙门板的顶面在一个水平面上，且与±0.000 标高线一致。用经纬仪将各轴线引测到龙门板上。如图 8.2 所示。

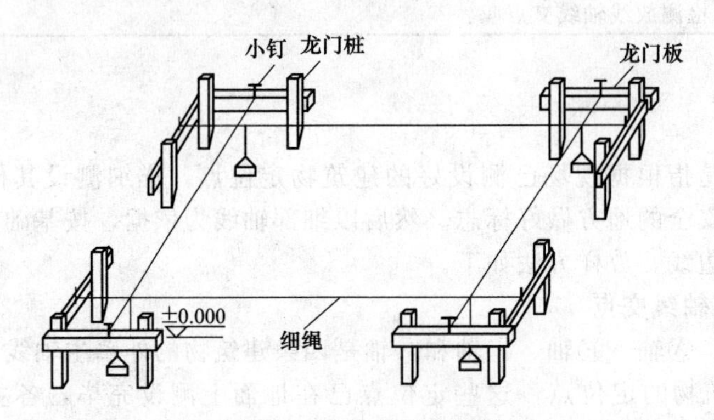

图 8.2 龙门桩与龙门板

轴线控制桩设置在基槽外基础轴线的延长线上，作为开槽后各施工阶段确定轴线位置的依据。轴线控制桩离基础外边线的距离根据施工场地的条件而定。如果附近有已建的建筑物，也可将轴线投设在建筑物的墙上。为了保证控制桩的精度，施工中往往将控制桩与定位桩一起测设，有时先控制桩，再测设定位桩。

8.2 计划与决策

8.2.1 计划单

计划单同任务 1。

8.2.2 决策单

决策单同任务 1。

8.3 实施与检查

8.3.1 实施单

实施单同任务 1。

8.3.2　检查单

<table>
<tr><td colspan="2">任务 8</td><td colspan="2">建筑物放线</td><td>学时</td><td>4</td></tr>
<tr><td colspan="2">班级</td><td colspan="2"></td><td>组号</td><td></td></tr>
<tr><td colspan="2">小组成员及分工</td><td colspan="4"></td></tr>
<tr><td colspan="2">检查方式</td><td colspan="4">按任务单规定的检查项目、内容进行小组检查和教师检查</td></tr>
<tr><td>序号</td><td>检查项目</td><td colspan="2">检查内容</td><td>小组检查</td><td>教师检查</td></tr>
<tr><td rowspan="2">1</td><td rowspan="2">阅读施工图纸</td><td colspan="2">能否正确算出细部轴线的长度</td><td></td><td></td></tr>
<tr><td colspan="2">能否计算出各细部轴线之间的间距</td><td></td><td></td></tr>
<tr><td rowspan="2">2</td><td rowspan="2">仪器操作</td><td colspan="2">能否熟练用经纬仪进行定线</td><td></td><td></td></tr>
<tr><td colspan="2">能否熟练用全站仪进行定线</td><td></td><td></td></tr>
<tr><td rowspan="2">3</td><td rowspan="2">熟练使用钢卷尺和扶棱镜</td><td colspan="2">能否正确拉伸钢卷尺或皮尺</td><td></td><td></td></tr>
<tr><td colspan="2">能否正确扶好棱镜、立好棱镜杆</td><td></td><td></td></tr>
<tr><td rowspan="2">4</td><td rowspan="2">检查放线点</td><td colspan="2">能否正确量出放样点的边长</td><td></td><td></td></tr>
<tr><td colspan="2">能否正确量出相邻边的角度</td><td></td><td></td></tr>
<tr><td>5</td><td>学会误差的计算</td><td colspan="2">能否正确计算出误差值</td><td></td><td></td></tr>
<tr><td rowspan="3">6</td><td rowspan="3">其他</td><td colspan="2">是否具有团队意识、计划组织及协作、口头表达和人际交流能力</td><td></td><td></td></tr>
<tr><td colspan="2">是否具有良好的职业道德和敬业精神，爱惜仪器、工具的意识</td><td></td><td></td></tr>
<tr><td colspan="2">能否按时完成任务</td><td></td><td></td></tr>
<tr><td>组长签字</td><td></td><td>教师签字</td><td></td><td colspan="2">年　月　日</td></tr>
</table>

8.4　评价与教学反馈

8.4.1　评价单

评价单同任务1。

8.4.2　教学反馈单

<table>
<tr><td>任务8</td><td colspan="3">建筑物放线</td><td>学时</td><td colspan="2">4</td></tr>
<tr><td>班级</td><td></td><td>学号</td><td></td><td>姓名</td><td colspan="2"></td></tr>
<tr><td>调查方式</td><td colspan="6">对学生知识掌握、能力培养的程度，学习与工作的方法及环境进行调查</td></tr>
<tr><td>序号</td><td colspan="4">调查内容</td><td>是</td><td>否</td></tr>
<tr><td>1</td><td colspan="4">你会进行龙门桩设置吗？</td><td></td><td></td></tr>
<tr><td>2</td><td colspan="4">你会阅读建筑施工图纸吗？</td><td></td><td></td></tr>
<tr><td>3</td><td colspan="4">你会计算相关尺寸吗？</td><td></td><td></td></tr>
<tr><td>4</td><td colspan="4">你会用经纬仪进行定线操作吗？</td><td></td><td></td></tr>
<tr><td>5</td><td colspan="4">你会用全站仪进行定线操作吗？</td><td></td><td></td></tr>
<tr><td>6</td><td colspan="4">你会正确检核结果吗？</td><td></td><td></td></tr>
<tr><td>7</td><td colspan="4">你具有团队意识、计划组织与协作、口头表达及人际交流能力吗？</td><td></td><td></td></tr>
<tr><td>8</td><td colspan="4">你具有操作技巧分析和归纳的能力，善于创新和总结经验吗？</td><td></td><td></td></tr>
<tr><td>9</td><td colspan="4">你对本任务的学习满意吗？</td><td></td><td></td></tr>
<tr><td>10</td><td colspan="4">你对本任务的教学方式满意吗？</td><td></td><td></td></tr>
<tr><td>11</td><td colspan="4">你对小组的学习和工作满意吗？</td><td></td><td></td></tr>
<tr><td>12</td><td colspan="4">你对教学环境适应吗？</td><td></td><td></td></tr>
<tr><td>13</td><td colspan="4">你有爱惜仪器、工具的意识吗？</td><td></td><td></td></tr>
<tr><td colspan="7">其他改进教学的建议：</td></tr>
<tr><td>被调查人签名</td><td colspan="2"></td><td>调查时间</td><td colspan="3">年　月　日</td></tr>
</table>

学习情境四

小区域地形测绘

- 任务9　导线测量
- 任务10　大比例尺地形图测绘

任务9 导线测量

9.1 资讯与调查

9.1.1 任务单

<table>
<tr><th>任务9</th><th colspan="4">导线测量</th><th>学时</th><th>8</th></tr>
<tr><td colspan="7">布置任务</td></tr>
<tr><td>学习目标</td><td colspan="6">1. 能分析平面控制测量、高程控制测量、小区域平面控制测量
2. 能描述导线的布设形式
3. 会进行导线测量的外业观测
4. 会进行附合导线的内业计算
5. 会进行闭合导线的内业计算
6. 具有独立工作的能力
7. 具有团队意识、计划组织及协作、口头表达和人际交流能力
8. 具有举一反三、融会贯通的能力
9. 具有良好的职业道德和敬业精神，爱惜仪器、工具的意识
10. 具有操作技巧分析和归纳的能力，善于创新和总结经验</td></tr>
<tr><td>任务描述</td><td colspan="6">1. 工作任务——导线测量
通过学习经纬仪测绘法、全站仪测绘法进行导线测量，熟悉导线外业观测方法，根据设计要求和实地情况拟定导线布设形式。熟悉导线测量方法及规范，养成良好的团队协作精神。
2. 操作技术要求
(1)要熟悉操作流程，仪器对中整平要吻合。
(2)盘左观测左目标时水平度盘读数最好置零。
(3)会运用测回法进行转折角观测。
(4)观测水平角时要瞄准目标的底部。
(5)用全站仪进行观测相邻导线点距离时，尽量直接把棱镜对准导线点放在地面上，如果不方便需用棱镜杆的话，棱镜杆必须扶直。
(6)使用全站仪观测相邻导线点距离时，要读取屏幕上 HD 数值，即水平距离。
(7)相邻导线点的水平距离要观测两次然后取平均值。
(8)角度误差应满足精度要求。
(9)距离误差应满足精度要求。</td></tr>
<tr><td rowspan="2">学时安排</td><td>资讯与调查</td><td>制定计划</td><td>方案决策</td><td>项目实施</td><td>检查测试</td><td>项目评价</td></tr>
<tr><td></td><td></td><td></td><td></td><td></td><td></td></tr>
<tr><td>推荐阅读资料</td><td colspan="6">请参见任务 1</td></tr>
<tr><td>对学生的要求</td><td colspan="6">请参见任务 1</td></tr>
</table>

9.1.2　资讯单

任务9	导线测量	学时	8
资讯方式	查阅书籍、利用国家、省精品课程资源学习		
资讯问题	1. 会操作经纬仪、全站仪吗？ 2. 会运用经纬仪进行测回法观测水平角吗？ 3. 知道导线的布设形式吗？ 4. 会对导线点进行选取吗？ 5. 会用全站仪进行水平距离测量吗？ 6. 会观测闭合导线吗？ 7. 会对闭合导线和附合导线进行内业计算吗？		

9.1.3　信息单

9.1.3.1　导线外业观测

（1）导线的布设形式

根据测区的不同情况和要求，导线的布设形式主要有下列三种。

1）闭合导线（图9.1）

它有三个检核条件：一个多边形内角和两个坐标增量。

2）附合导线（图9.2）

它有三个检核条件：一个坐标方位角和两个坐标增量。

3）支导线（图9.3）

由于支导线只有必要的起算数据，没有检核条件，故导线点的个数不宜超过3个。

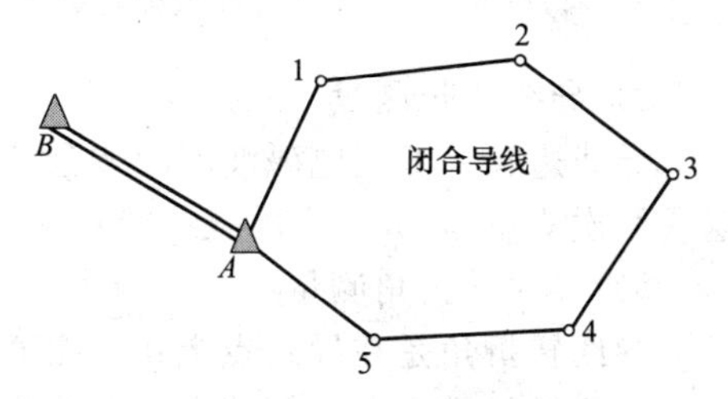

图9.1　闭合导线

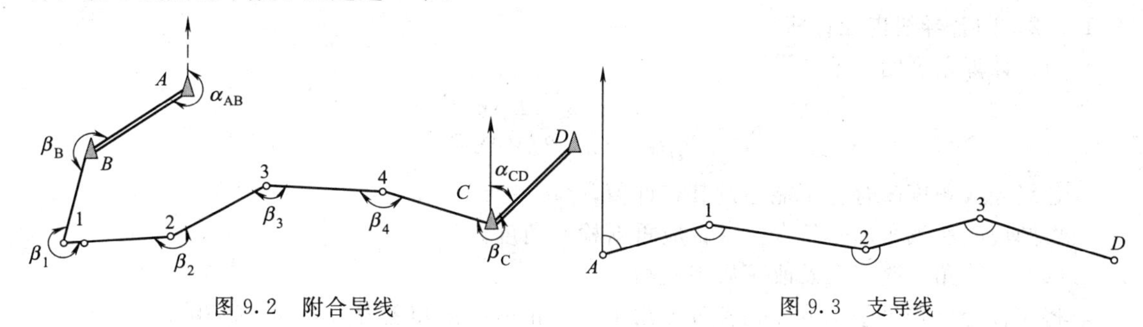

图9.2　附合导线　　图9.3　支导线

（2）导线测量的外业工作

1）踏勘选点及建立标志

收集测区原有的地形图和控制点的资料，在图上规划导线布设线路，然后到现场踏勘选点。选点时应注意以下几个方面：

① 相邻导线点之间通视良好，便于角度和距离测量；

② 点位应选在土质坚实，视野开阔处，以便于保存点的标志和安置仪器；

③ 点位应分布均匀，便于控制整个测区，进行碎部测量。

导线点位选定后，根据现场条件，用油漆、木桩、混凝土标石（图9.4）或大铁钉等标志点点位。

导线点埋设后，为了便于在观测和使用时寻找，可以在点位附近的房角、电线杆等明显地物上用油漆标明指示导线点与该明显地物的方向和距离，并绘制点位略图，即“点之记”，如图 9.5 所示，在图上应有导线点编号、地名、路名、单位名等注记，并量出导线点至邻近若干地物特征点的距离，以便于今后寻找和使用。

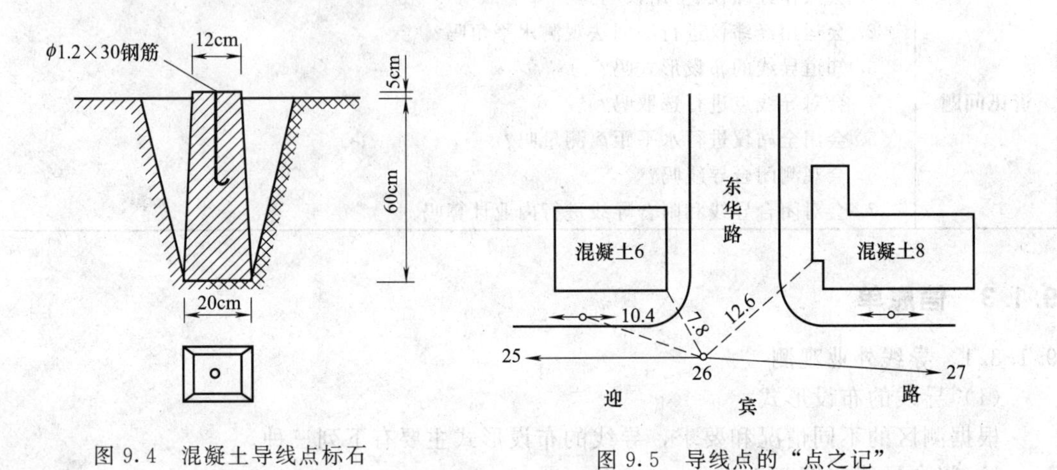

图 9.4　混凝土导线点标石　　图 9.5　导线点的“点之记”

2）导线边长测量

导线边长一般用电磁波测距或全站仪观测，图根导线测量也可以用经过检定的钢卷尺往返或两次丈量。

3）导线转折角测量

导线转折角是在导线点上由相邻两导线边构成的水平角。导线的转折角分为左角和右角，在导线前进方向左侧的水平角称为左角，在导线前进方向右侧的称为右角。

导线的转折角测量可以用 DJ2、DJ6 级光学经纬仪、电子经纬仪或全站仪采用测回法观测水平角。

9.1.3.2　闭合导线内业计算

（1）计算角度闭合差

$$f_\beta = \sum\beta_{测} - \sum\beta_{理}$$
$$\sum\beta_{理} = (n-2)\times180°$$

各级导线角度闭合差不能超过其容许值，$f_{\beta允} = \pm60\sqrt{n}$。

否则说明所测角度不符合要求，应重新检测角度。

（2）计算角度改正数及改正后观测角

将闭合差反符号平均分配到各观测角中。改正后内角和应为 $(n-2)\times180°$。

（3）计算坐标方位角

根据起始边的已知坐标方位角及改正角按下列公式推算其他各导线边的坐标方位角。

$$\alpha_{前} = \alpha_{后} + \beta_{左} - 180°（适用于测左角）$$
$$\alpha_{前} = \alpha_{后} - \beta_{右} + 180°（适用于测右角）$$

在推算过程中必须注意：

1）如果算出的 $\alpha_{前} > 360°$，则应减去 360°。

2）如果 $\alpha_{前} < 0°$，则应加 360°。

3）闭合导线各边坐标方位角的推算，最后推算出起始边坐标方位角，它应与原有的已

表 9.1 闭合导线坐标计算

仪器型号：________ 班级：________ 组号：________ 观测日期：____年____月____日

观 测 者：________ 记录者：________ 计算者：________

点号	测角 /(° ′ ″)	角度改正数/(″)	改正后角度 /(° ′ ″)	坐标方位角 α /(° ′ ″)	距离 D/m	坐标增量计算值		改正后坐标增量		坐标值	
						Δx /m	Δy /m	$\Delta x'$ /m	$\Delta y'$ /m	x /m	y /m
(1)	(2)	(3)	(4)=(2)+(3)	(5)	(6)	(7)	(8)	(9)	(10)	(11)	(12)
A	—	—	—							870.00	652.00
				133 46 40	239.18	+0.06 −165.48	+0.02 +172.69	−165.42	+172.71		
B	87 30 03	−9	87 29 54							704.58	824.71
				41 16 34	239.73	+0.07 +180.17	+0.02 +158.18	+180.24	+158.20		
C	107 20 10	−10	107 20 00							884.82	982.91
				328 36 34	232.39	+0.06 +198.38	+0.02 −121.04	+198.44	−121.02		
D	75 55 45	−10	75 55 35							1083.26	861.89
				224 32 09	299.30	+0.08 −213.34	+0.03 −209.92	−213.26	−209.89		
A	89 14 40	−9	89 14 31							870.00	652.00
				133 46 40	—						
B	—	—	—								
				—	—	—	—	—	—		
总和	360 00 38	−38	360 00 00	—	1010.60	−0.27	−0.09	0	—		

知坐标方位角值相等，否则应重新检查计算。

（4）计算纵横坐标增量

$$\Delta x_{12}=D_{12}\cos\alpha_{12}$$
$$\Delta y_{12}=D_{12}\sin\alpha_{12}$$

（5）计算坐标增量闭合差、全长闭合差及相对误差

闭合导线纵、横坐标增量代数和的理论值应为零，实际上由于量边的误差和角度闭合差调整后的残余误差，往往不等于零，而产生纵坐标增量闭合差与横坐标增量闭合差，即

$$f_x=\sum\Delta x_{测}$$
$$f_y=\sum\Delta y_{测}$$

导线全长闭合差为：

$$f_D=\sqrt{f_x^2+f_y^2}$$

导线全长相对误差为：

$$K=\frac{f_D}{\sum D}=\frac{1}{\sum D/f_D}$$

（6）计算坐标增量改正数

$$V_{xi}=-\frac{f_x}{\sum D}D_i$$
$$V_{yi}=-\frac{f_y}{\sum D}D_i$$

（7）计算改正后坐标增量

$$\Delta x'_{ij}=\Delta x_{ij}+V_{x_{ij}}$$
$$\Delta y'_{ij}=\Delta y_{ij}+V_{y_{ij}}$$

（8）计算各点坐标

$$x_{前}=x_{后}+\Delta x_{改}$$
$$y_{前}=y_{后}+\Delta y_{改}$$

9.1.3.3 附合导线内业计算

附合导线的坐标计算步骤与闭合导线相同。仅由于两者形式不同，致使角度闭合差与坐标增量闭合差和计算稍有区别。闭合导线坐标计算步骤见表 9.1。

（1）计算角度闭合差

$$f_\beta=\alpha_{始}+\sum\beta_{左}-n\times180°-\alpha_{终}$$

（2）计算坐标增量闭合差、全长闭合差及相对误差

$$f_x=\sum\Delta x_{测}-(x_{终}-x_{始})$$
$$f_y=\sum\Delta y_{测}-(y_{终}-y_{始})$$

9.2 计划与决策

9.2.1 计划单

计划单同任务 1。

9.2.2 决策单

决策单同任务 1。

9.3　实施与检查

9.3.1　实施单

实施单同任务1。

9.3.2　检查单

任务9	导线测量		学时	8
班级			组号	
小组成员及分工				
检查方式	按任务单规定的检查项目、内容进行小组检查和教师检查			
序号	检查项目	检查内容	小组检查	教师检查
1	踏勘选点、建立标志	导线点是否选在坚实地面上		
		导线点标志是否规范		
2	仪器操作	能否熟练使用测回法观测水平角		
		能否熟练使用全站仪测距		
3	立标杆、扶棱镜	能否正确把标杆立在导线点上		
		能否正确扶好棱镜		
4	误差检核	能否正确算出观测误差		
		能否判断误差是否在容许值之内		
5	内业成果计算	能否正确进行导线内业计算		
6	其他	是否具有团队意识、计划组织及协作、口头表达和人际交流能力		
		是否具有良好的职业道德和敬业精神，爱惜仪器、工具的意识		
		能否按时完成任务		
组长签字		教师签字		年　月　日

9.4 评价与教学反馈

9.4.1 评价单

评价单同任务1。

9.4.2 教学反馈单

<table>
<tr><td>任务9</td><td colspan="3">导线测量</td><td>学时</td><td colspan="2">8</td></tr>
<tr><td>班级</td><td></td><td>学号</td><td></td><td>姓名</td><td colspan="2"></td></tr>
<tr><td>调查方式</td><td colspan="6">对学生知识掌握、能力培养的程度,学习与工作的方法及环境进行调查</td></tr>
<tr><td>序号</td><td colspan="4">调查内容</td><td>是</td><td>否</td></tr>
<tr><td>1</td><td colspan="4">你会踏勘选点吗?</td><td></td><td></td></tr>
<tr><td>2</td><td colspan="4">你会正确对导线点建立标志吗?</td><td></td><td></td></tr>
<tr><td>3</td><td colspan="4">你会用经纬仪进行测回法观测水平角吗?</td><td></td><td></td></tr>
<tr><td>4</td><td colspan="4">你会用全站仪测距吗?</td><td></td><td></td></tr>
<tr><td>5</td><td colspan="4">你会记录导线计算表格吗?</td><td></td><td></td></tr>
<tr><td>6</td><td colspan="4">你会进行导线内业成果计算吗?</td><td></td><td></td></tr>
<tr><td>7</td><td colspan="4">你具有团队意识、计划组织与协作、口头表达及人际交流能力吗?</td><td></td><td></td></tr>
<tr><td>8</td><td colspan="4">你具有操作技巧分析和归纳的能力,善于创新和总结经验吗?</td><td></td><td></td></tr>
<tr><td>9</td><td colspan="4">你对本任务的学习满意吗?</td><td></td><td></td></tr>
<tr><td>10</td><td colspan="4">你对本任务的教学方式满意吗?</td><td></td><td></td></tr>
<tr><td>11</td><td colspan="4">你对小组的学习和工作满意吗?</td><td></td><td></td></tr>
<tr><td>12</td><td colspan="4">你对教学环境适应吗?</td><td></td><td></td></tr>
<tr><td>13</td><td colspan="4">你有爱惜仪器、工具的意识吗?</td><td></td><td></td></tr>
<tr><td colspan="7">其他改进教学的建议:</td></tr>
<tr><td colspan="2">被调查人签名</td><td colspan="2"></td><td>调查时间</td><td colspan="2">年 月 日</td></tr>
</table>

任务10　大比例尺地形图测绘

10.1　资讯与调查

10.1.1　任务单

<table>
<tr><th>任务10</th><th colspan="3">大比例尺地形图测绘</th><th colspan="2">学时</th><th>10</th></tr>
<tr><td colspan="7">布置任务</td></tr>
<tr><td>学习目标</td><td colspan="6">1. 能叙述比例尺类型
2. 能列举地物、地貌的类型
3. 能看懂地形图
4. 会用经纬仪测绘法测绘地形图
5. 会用全站仪测绘地形图
6. 具有独立工作的能力
7. 具有团队意识、计划组织及协作、口头表达和人际交流能力
8. 具有举一反三、融会贯通的能力
9. 具有良好的职业道德和敬业精神，爱惜仪器、工具的意识
10. 具有操作技巧分析和归纳的能力，善于创新和总结经验</td></tr>
<tr><td>任务描述</td><td colspan="6">1. 工作任务——大比例尺地形图测绘
学习通过经纬仪测绘法、全站仪测绘法进行大比例尺地形图测绘，熟悉测绘方法，根据测区要求和实地情况选定控制点和碎部点。学会测绘方法及规范性等注意事项，养成良好的团队协作精神。
2. 操作技术要求
(1)要正确地在测区选择好控制点。
(2)要熟悉操作流程，对于全站仪要熟悉屏幕上各菜单键的使用。
(3)要严格对中，保证测站点与仪器中心在同一铅垂线上。
(4)每个测区在第一个控制点测绘时要照准北方向或后视。
(5)观测碎部点时，尽量瞄准棱镜中心，棱镜杆要立直。
(6)转站时要重新后视。
(7)当碎部点不方便观测时，要利用皮尺或钢卷尺量距。
(8)要遵循先控制后碎部、先整体后局部的观测原则。
(9)观测应满足允许值。</td></tr>
<tr><td rowspan="2">学时安排</td><td>资讯与调查</td><td>制定计划</td><td>方案决策</td><td>项目实施</td><td>检查测试</td><td>项目评价</td></tr>
<tr><td></td><td></td><td></td><td></td><td></td><td></td></tr>
<tr><td>推荐阅读资料</td><td colspan="6">请参见任务1</td></tr>
<tr><td>对学生的要求</td><td colspan="6">请参见任务1</td></tr>
</table>

10.1.2 资讯单

任务 10	大比例尺地形图测绘	学时	10
资讯方式	查阅书籍、利用国家、省精品课程资源学习		
资讯问题	1. 会进入测区踏勘选定控制点并建立标志吗？ 2. 会阅读地形图吗？ 3. 会拟订测绘方案吗？ 4. 会在控制点上进行转站吗？ 5. 会用全站仪测绘大比例尺地形图吗？ 6. 能够根据地形图进行简单应用吗？ 7. 会把全站仪中的数据导入电脑吗？		

10.1.3 信息单

10.1.3.1 地形图和比例尺

(1) 地形图

地物：指地面上天然或人工形成的物体，如海洋、河流、湖泊、道路、房屋、桥梁等。地貌：地面高低起伏的自然形态，如高山、丘陵、平原、洼地等。地物和地貌统称为地形。

地形图是通过实地测量，将地面上各种地物、地貌的平面位置按一定的比例尺，用地形图图式统一规定的符号和注记，缩绘在图纸上的正射投影图。图 10.1 为四化镇地形图。

(2) 比例尺

地形图的比例尺：地形图上任一线段的长度 d 与地面上相应线段的实际水平距离 D 之比。

1) 比例尺的种类

① 数字比例尺　数字比例尺一般用分子为 1 的分数形式表示。设图上某一直线的长度为 d，地面上相应线段的水平长度为 D，则图的比例尺为

$$\frac{d}{D}=\frac{1}{D/d}=\frac{1}{M}$$

式中，M 为比例尺分母。当图上 1cm 代表地面上水平长度 10m（即 1000cm）时比例尺就是 1∶1000。由此可见，分母 1000 就是将实地水平长度缩绘在图上的倍数。

比例尺的大小是以比例尺的比值来衡量的，分数值越大（分母 M 越小），比例尺越大。为了满足经济建设和国防建设的需要，测绘和编制了各种不同比例尺的地形图。通常称 1∶1000000、1∶500000 和 1∶200000 为小比例尺地形图；1∶100000、1∶50000 和 1∶25000为中比例尺地形图；1∶10000、1∶5000、1∶2000、1∶1000 和 1∶500 为大比例尺地形图。建筑类各专业通常使用大比例尺地形图。

② 图示比例尺　为了用图方便，以及减弱由于图纸伸缩而引起的误差，在绘制地形图时，常在图上绘制图示比例尺。1∶1000 的图示比例尺，绘制时先在图上绘两条平行线，再把它分成若干相等的线段，称为比例尺的基本单位，一般为 2cm；将左端的一段基本单位又分成十等分，每等分的长度相当于实地 2m。而每一基本单位所代表的实地长度为 2cm×1000＝2000cm＝20m。

2) 比例尺的精度

一般认为，人的肉眼能分辨的图上最小距离是 0.1mm，因此通常把图上 0.1mm 所表示

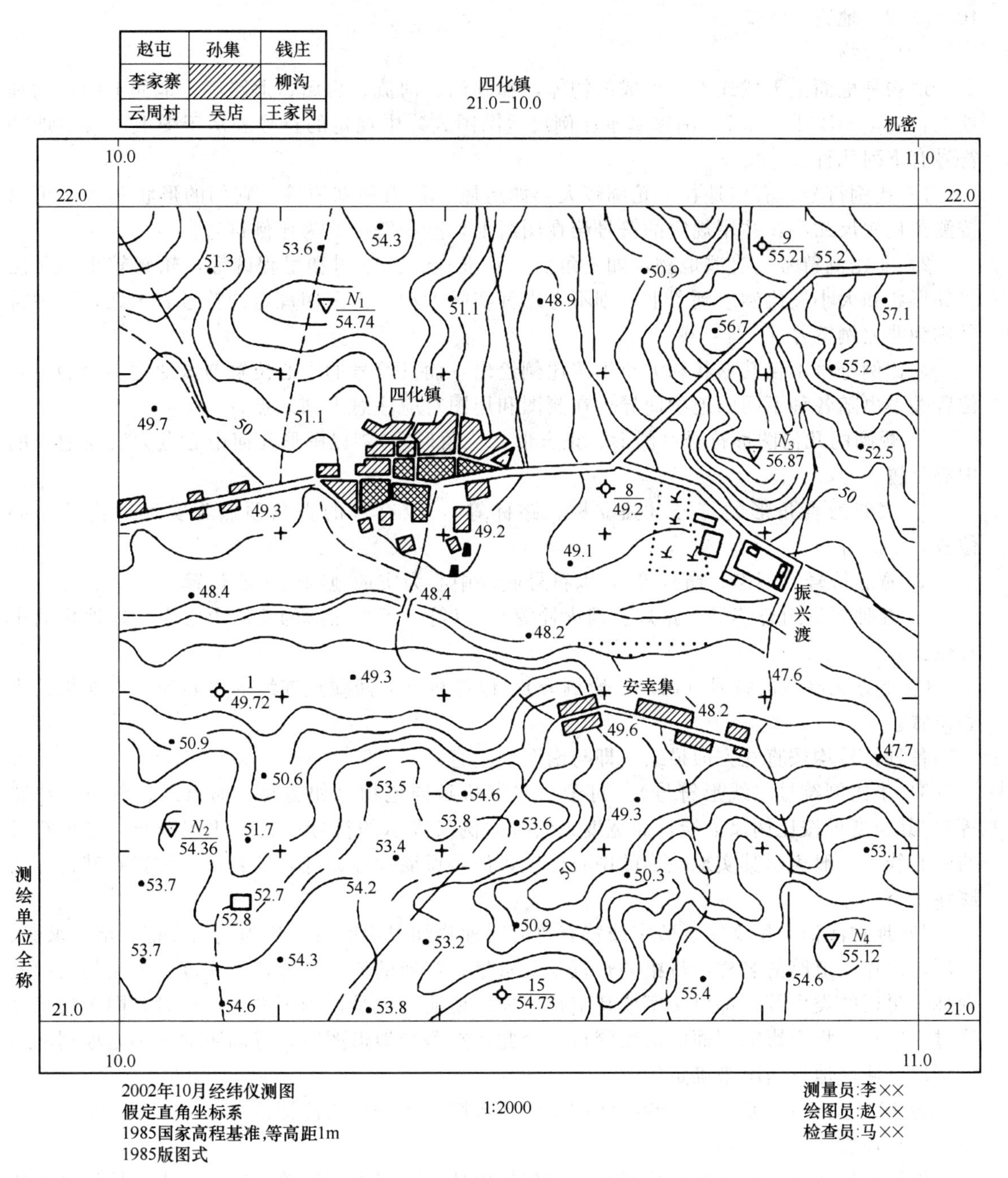

图 10.1　四化镇地形图

的实地水平长度，称为比例尺的精度。根据比例尺的精度，可以确定在测图时量距应准确到什么程度。例如，测绘 1∶1000 比例尺地形图时，其比例尺的精度为 0.1m，故量距的精度只需 0.1m，小于 0.1m 在图上表示不出来。另外，当设计规定需在图上能量出的实地最短长度时，根据比例尺的精度，可以确定测图比例尺。比例尺越大，表示地物和地貌的情况越详细，精度越高。但是必须指出，同一测区，采用较大比例尺测图往往比采用较小比例尺测图的工作量和投资将增加数倍，因此采用哪一种比例尺测图，应从工程规划、施工实际需要的精度出发，不应盲目追求更大比例尺的地形图。

10.1.3.2 地物、地貌

(1) 地物

地物是地面上天然或人工形成的物体，如湖泊、河流、房屋、道路等。地面上的地物和地貌，应按 GB/T 20257《国家基本比例尺地图图式》中规定的符号表示于图上。其中地物符号有下列几种。

1) 比例符号 有些地物的轮廓较大，如房屋、稻田和湖泊等，它们的形状和大小可以按测图比例尺缩小，并用规定的符号绘在图纸上，这种符号称为比例符号。

2) 非比例符号 有些地物，如三角点、水准点、独立树和里程碑等，轮廓较小，无法将其形状和大小按比例绘到图上，则不考虑其实际大小，而采用规定的符号表示之，这种符号称为非比例符号。

非比例符号不仅其形状和大小不按比例绘出，而且符号的中心位置与该地物实地的中心位置关系也随各种不同的地物而异，在测图和用图对应注意下列几点；

① 规则的几何图形符号（圆形、正方形、三角形等），以图形几何中心点为实地地物的中心位置。

② 底部为直角形的符号（独立树、路标等），以符号的直角顶点为实地地物的中心位置。

③ 宽底符号（烟囱、岗亭等），以符号底部中心为实地地物的中心位置。

④ 几种图形组合符号（路灯、消火栓等），以符号下方图形的几何中心为实地地物的中心位置。

⑤ 下方无底线的符号（山洞、窑洞等），以符号下方两端点连线的中心为实地地物的中心位置。

各种符号均按直立方向描绘，即与南图廓垂直。

3) 半比例符号（线形符号） 对于一些带状延伸地物（如道路、通讯线、管道、铁路等)，其长度可按比例尺缩绘，而宽度无法按比例尺表示的符号称为半比例符号。这种符号的中心线，一般表示其实地地物的中心位置，但是城墙和垣栅等，地物中心位置在其符号的底线上。

4) 地物注记 用文字、数字或特有符号对地物加以说明者，称为地物注记。诸如城镇、工厂、河流、道路的名称；桥梁的长宽及载重量；江河的流向、流速及深度；道路的去向及森林、果树的类别等，都以文字或特定符号加以说明。但是，当等高距过小时，图上的等高线过于密集，将会影响图面的清晰醒目。因此，在测绘地形图时，等高距的大小是根据测图比例尺与测区地形情况来确定的。

表 10.1 为 1：500、1：1000、1：2000 地形图图式符号与注记。

(2) 地貌

地貌是指地表面的高低起伏状态，它包括山地、丘陵和平原等。在图上表示地貌的方法很多，而测量工作中通常用等高线表示，因为用等高线表示地貌，不仅能表示地面的起伏形态，并且还能表示出地面的坡度和地面点的高程。本节讨论用等高线表示地貌的方法。

1) 等高线的概念 等高线是地面上高程相同的点所连接而成的连续闭合曲线。设有一座位于平静湖水中的小山头，山顶被湖水恰好淹没时的水面高程为 100m。然后水位下降 5m，露出山头，此时水面与山坡就有一条交线，而且是闭合曲线，曲线上各点的高程是相等的，这就是高程为 95m 的等高线。随后水位又下降 5m，山坡与水面又有一条交线，这就是高程为 90m 的等高线。依此类推，水位每降落 5m，水面就与地表面相交留下一条等高线，从而得到一组高差为 5m 的等高线。设想把这组实地上的等高线沿铅垂线方向投影到水

表 10.1　1∶500、1∶1000、1∶2000 地形图图式符号与注记

编号	符号名称	1∶500　1∶1000	1∶2000
1	一般房屋 混——房屋结构 3——房屋层数	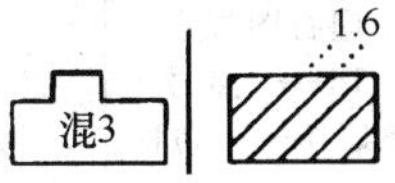 混3	1.6
2	简单房屋	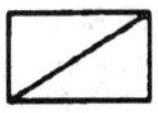	
3	建筑中的房屋	 建	
4	破坏房屋	 破	
5	棚房	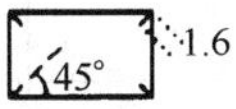 45° 1.6	
6	架空房屋	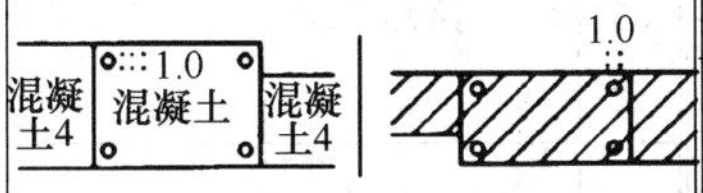 混凝土4　1.0 混凝土　混凝土4	1.0
7	廊房	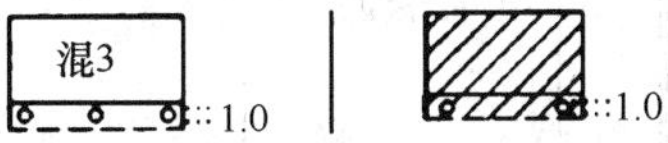 混3　1.0	1.0
8	台阶	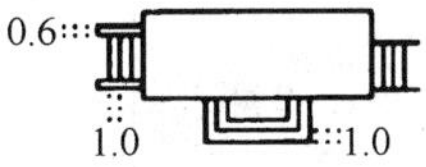 0.6　1.0　1.0	
9	无看台的露天体育场	 体育场	
10	游泳池	 泳	
11	过街天桥	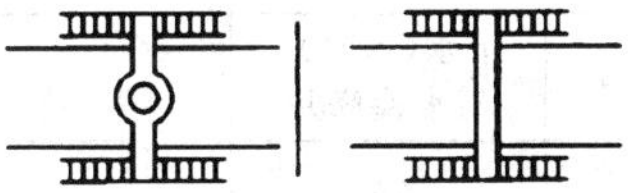	
12	高速公路 a——收费站 0——技术等级代码	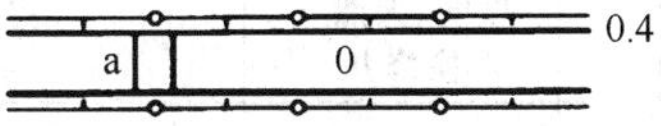 a　0　0.4	
13	等级公路 2——技术等级代码 (G325)——国道路线编码	 0.2　0.4　2(G325)	
14	乡村路 a. 依比例尺的 b. 不依比例尺的	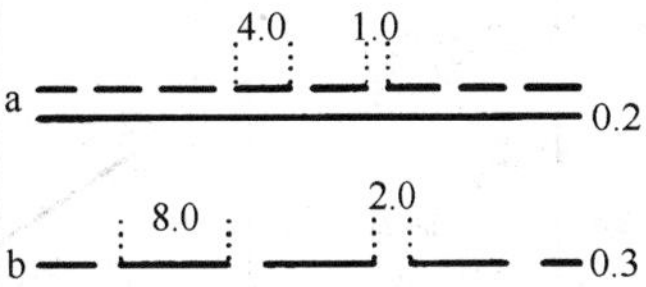 a　4.0　1.0　0.2 b　8.0　2.0　0.3	
15	小路	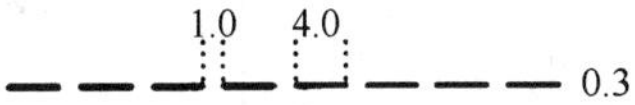 1.0　4.0　0.3	
16	内部道路	 1.0　1.0	
17	阶梯路	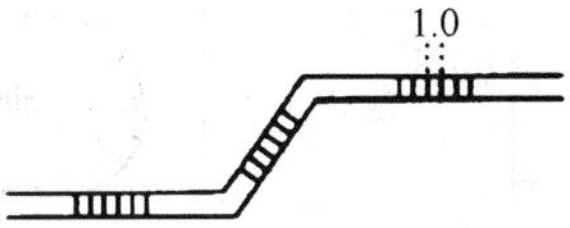 1.0	
18	打谷场、球场	 球	
19	旱地	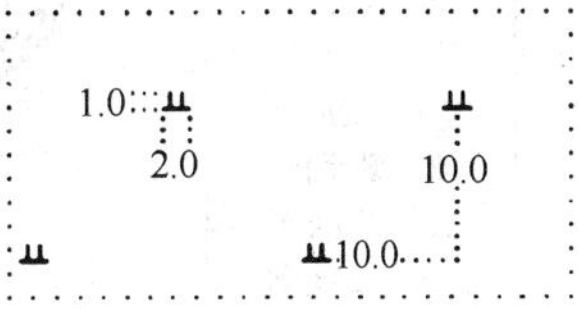 1.0　2.0　10.0　10.0	
20	花圃	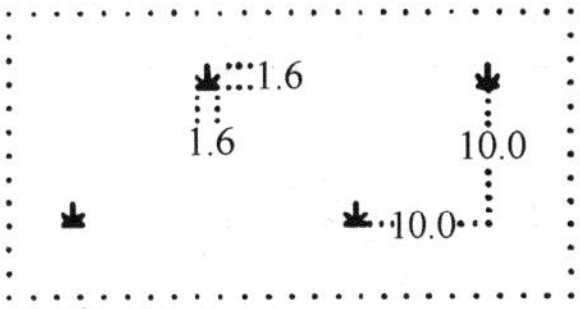 1.6　1.6　10.0　10.0	
21	有林地	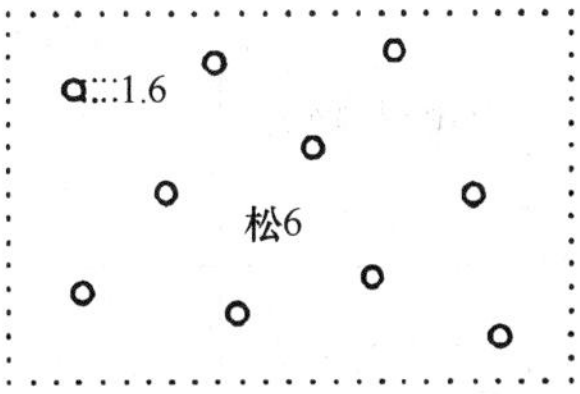 1.6　松6	
22	人工草地	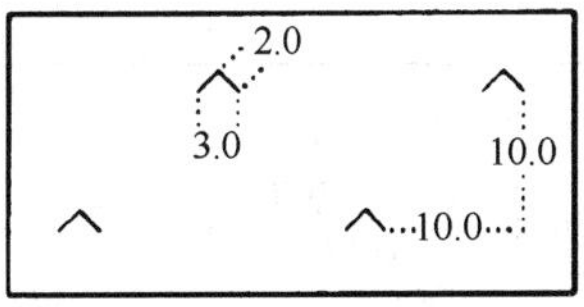 2.0　3.0　10.0　10.0	

续表

编号	符号名称	1∶500　1∶1000	1∶2000	编号	符号名称	1∶500　1∶1000	1∶2000
23	稻田	0.2　3.0　1.0　10.0　10.0		31	埋石图根点 16——点号 84.46——高程	1.6　2.6　16/84.46	
				32	不埋石图根点 25——点号 62.74——高程	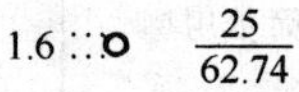 1.6　25/62.74	
24	常年湖	青湖		33	水准点 Ⅱ京石5——等级、点名、点号 32.804——高程	 2.0　Ⅱ京石5/32.804	
25	池塘	塘　塘		34	加油站	 1.6　3.6　1.0	
				35	路灯	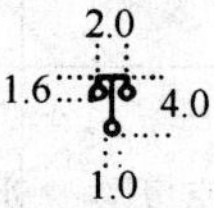 2.0　1.6　4.0　1.0	
26	常年河 a. 水涯线 b. 高水界 c. 流向 d. 潮流向 涨潮 落潮	a　b　0.15　3.0　c　1.0　0.5　d　7.0		36	独立树 a. 阔叶 b. 针叶 c. 果树 d. 棕榈、椰子、槟榔	a　1.6　2.0　3.0　1.0 b　1.6　3.0　1.0 c　1.6　3.0　1.0 d　2.0　3.0　1.0	
27	喷水池	1.0　3.6		37	独立树 棕榈、椰子、槟榔	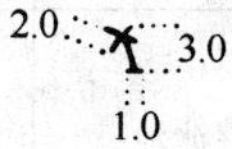 2.0　3.0　1.0	
28	GPS控制点	3.0　B 14/495.267		38	上水检修井	 2.0	
				39	下水（污水）、雨水检修井	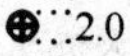 2.0	
29	三角点 凤凰山——点名 394.468——高程	3.0　凤凰山/394.468		40	下水暗井	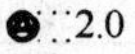 2.0	
				41	煤气、天然气检修井	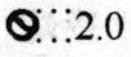 2.0	
				42	热力检修井	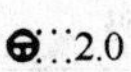 2.0	
30	导线点 116——等级，点号 84.46——高程	2.0　116/84.46		43	电信检修井 a. 电信人孔 b. 电信手孔	a 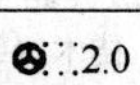　2.0 b 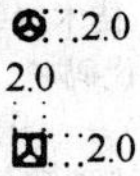　2.0　2.0	

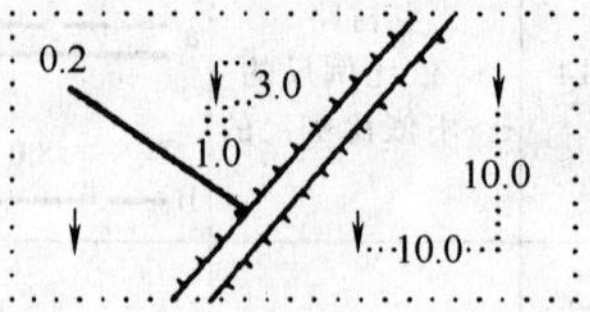

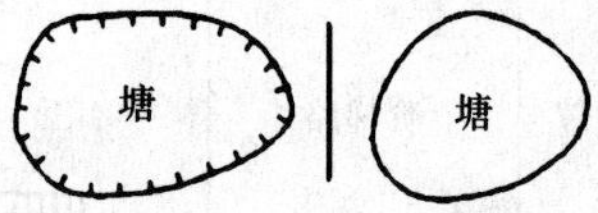

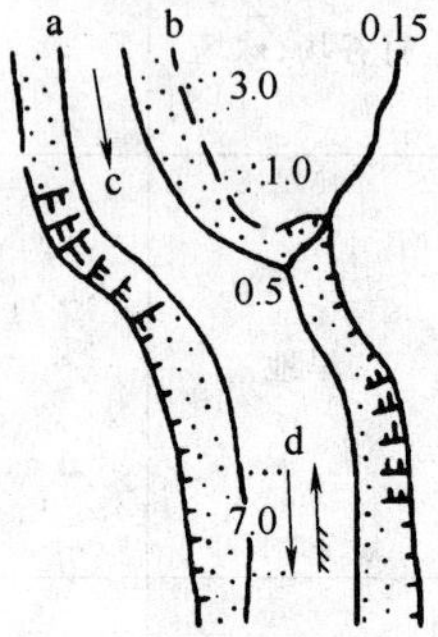

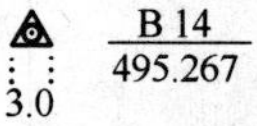

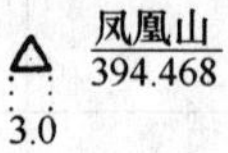

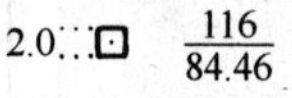

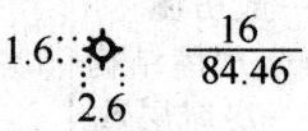

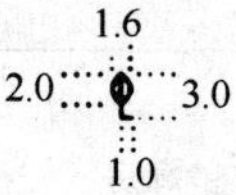

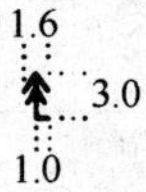

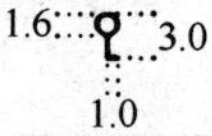

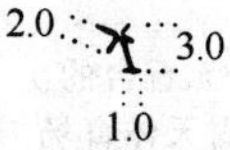

续表

编号	符号名称	1∶500　1∶1000	1∶2000
44	电力检修井	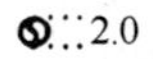 2.0	
45	地面下的管道	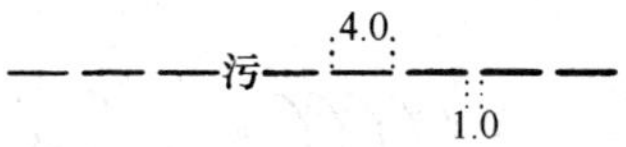 污 4.0 1.0	
46	围墙 a. 依比例尺的 b. 不依比例尺的	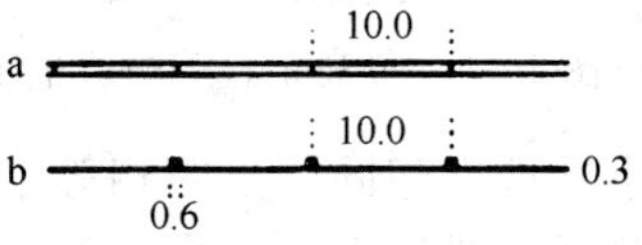 a 10.0 b 10.0 0.3 0.6	
47	挡土墙	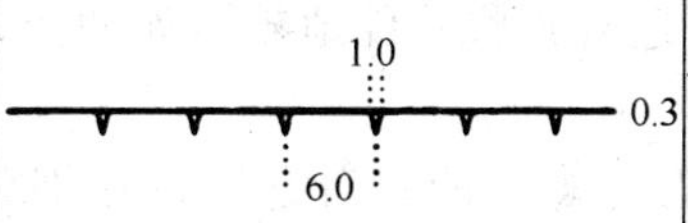 1.0 0.3 6.0	
48	栅栏、栏杆	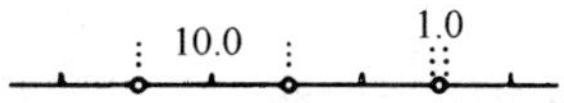 10.0 1.0	
49	篱笆	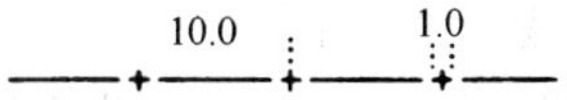 10.0 1.0	
50	活树篱笆	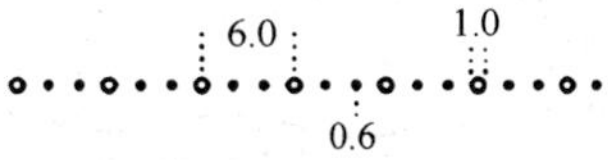 6.0 1.0 0.6	
51	铁丝网	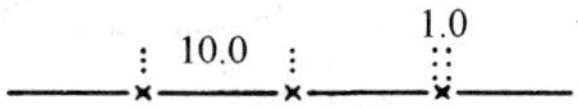 10.0 1.0	
52	通信线 地面上的	4.0	
53	电线架		
54	配电线 地面上的	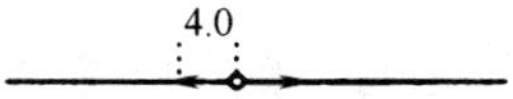 4.0	
55	陡坎 a. 加固的 b. 未加固的	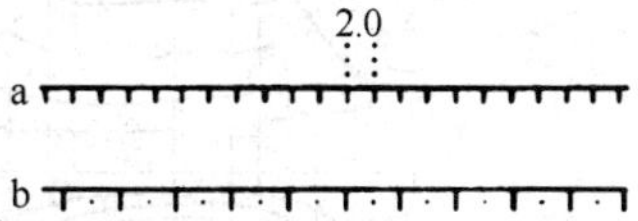 2.0 a b	
56	散树、行树 a. 散树 b. 行树	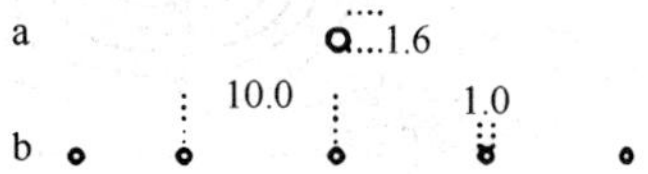 a 1.6 b 10.0 1.0	
57	一般高程点及注记 a. 一般高程点 b. 独立性地物的高程	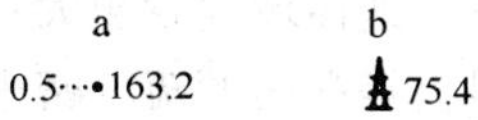 a 0.5…•163.2	b 75.4
58	名称说明注记	友谊路　中等线体4.0(18k) 团结路　中等线体3.5(15k) 胜利路　中等线体2.75(12k)	
59	等高线 a. 首曲线 b. 计曲线 c. 间曲线	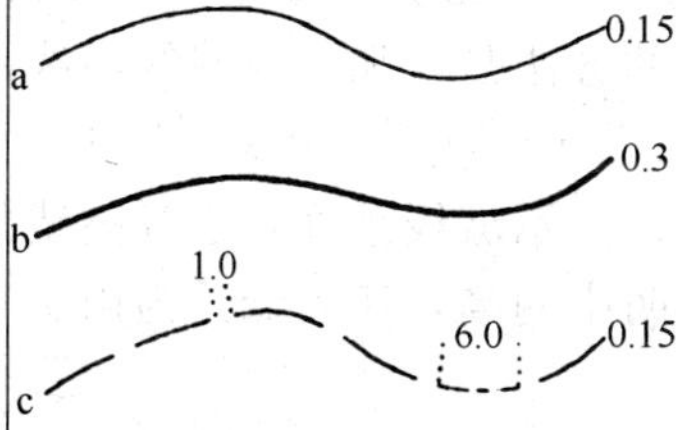 a 0.15 b 0.3 c 1.0 6.0 0.15	
60	等高线注记	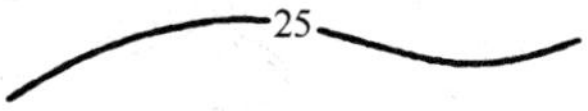 25	
61	示坡线	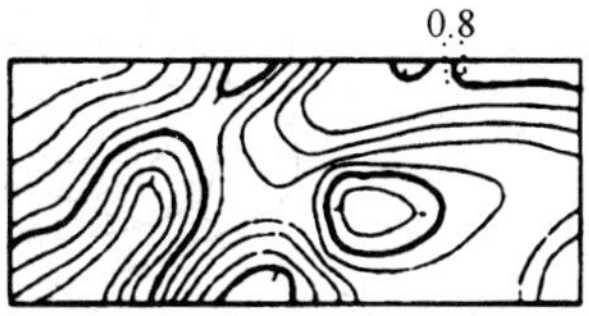 0.8	
62	梯田坎	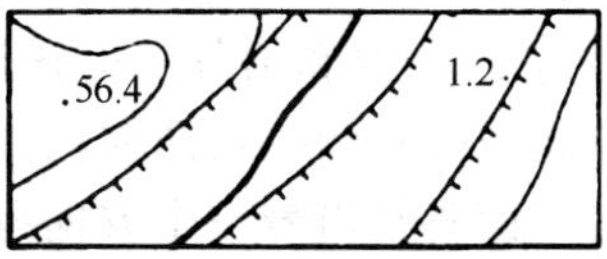 56.4 1.2	

平面 H 上，并按规定的比例尺缩绘到图纸上，就得到用等高线表示该山头地貌的等高线图。如图 10.2 所示。

2）等高距和等高线平距　相邻等高线之间的高差称为等高距，常以 h 表示。在同一幅地形图上，等高距是相同的。

相邻等高线之间的水平距离称为等高线平距，常以 d 表示。因为同一张地形图内等高距是相同的，所以等高线平距 d 的大小直接与地面坡度有关。如图 10.3 所示，等高线平距

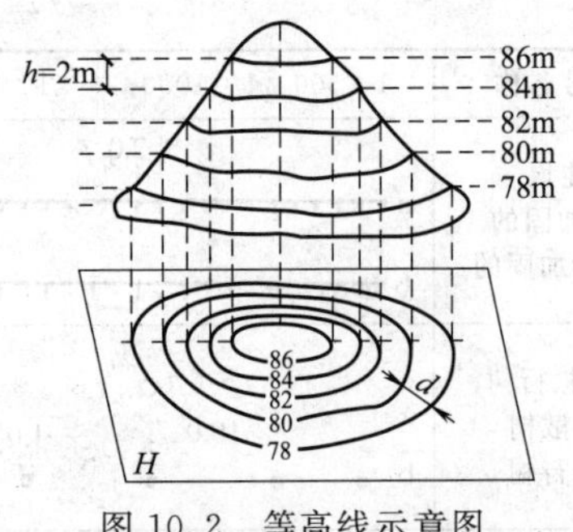

图 10.2　等高线示意图

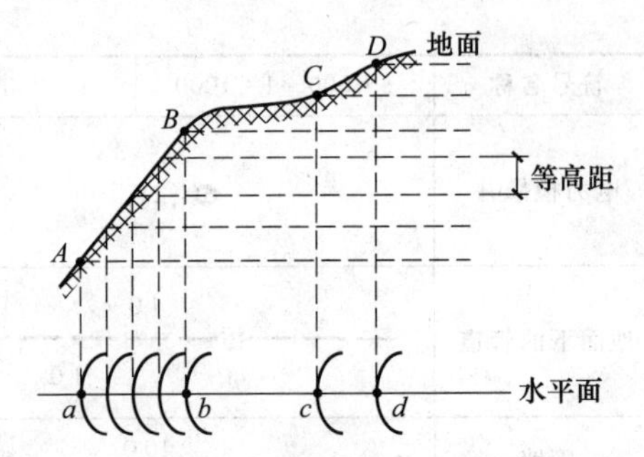

图 10.3　等高距、等高线平距与地面坡度关系

越小，地面坡度就越大；平距越大，则坡度越小；坡度相同，平距相等。因此，可以根据地形图上等高线的疏、密来判定地面坡度的缓、陡。同时还可以看出：等高距越小，显示地貌就越详细；等高距越大，显示地貌就越简略。还有某些特殊地貌，如冲沟、滑坡等，其表示方法参见地形图图式。

3）典型地貌的等高线　地面上地貌的形态是多样的，对它进行仔细分析后，就会发现它们不外是几种典型地貌的综合。了解和熟悉用等高线表示典型地貌的特征，将有助于识读、应用和测绘地形图。典型地貌有下列几种：

① 山头和洼地　山头和洼地的等高线都是一组闭合曲线。在地形图上区分山头或洼地的方法是：凡是内圈等高线的高程注记大于外圈者为山头（图 10.4），小于外圈者为洼地（图 10.5）。如果等高线上没有高程注记，则用示坡线来表示。

示坡线是垂直于等高线的短线，用以指示坡度下降的方向。示坡线从内圈指向外圈，说明中间高，四周低，为山头。示坡线从外圈指向内圈，说明四周高，中间低，故为洼地。

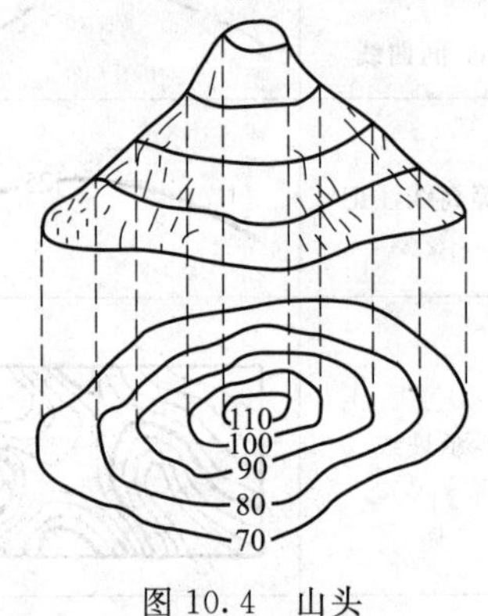

图 10.4　山头

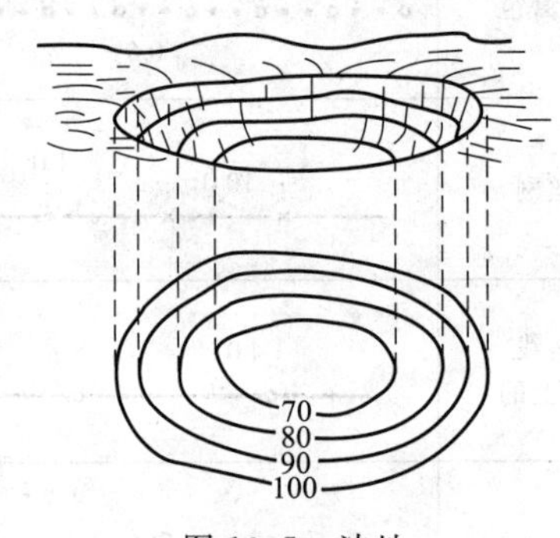

图 10.5　洼地

② 山脊和山谷　山脊是沿着一个方向延伸的高地。山脊的最高棱线称为山脊线。山脊等高线表现为一组凸向低处的曲线。

山谷是沿着一个方向延伸的洼地，位于两山脊之间。贯穿山谷最低点的连线称为山谷线。山谷等高线表现为一组凸向高处的曲线。

山脊附近的雨水必然以山脊线为分界线，分别流向山脊的两侧，因此，山脊又称分水线。而在山谷中，雨水必然由两侧山坡流向谷底，向山谷线汇集，因此，山谷线又称集水线。

③ 鞍部　鞍部是相邻两山头之间呈马鞍形的低凹部位。鞍部往往是山区道路通过的地方，也是两个山脊与两个山谷会合的地方。鞍部等高线的特点是在一圈大的闭合曲线内，套有两组小的闭合曲线。见图 10.6。

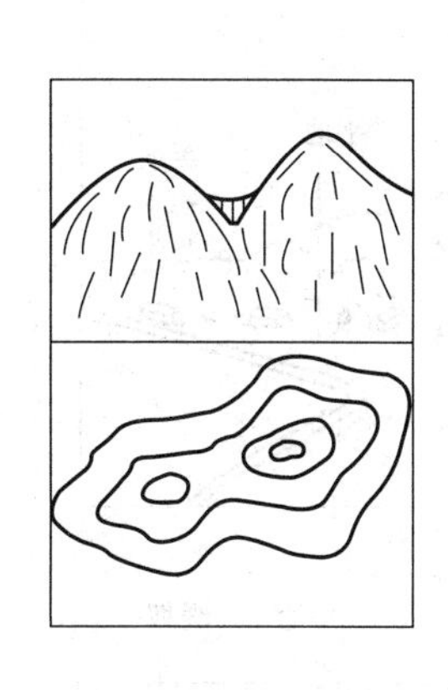

图 10.6　鞍部

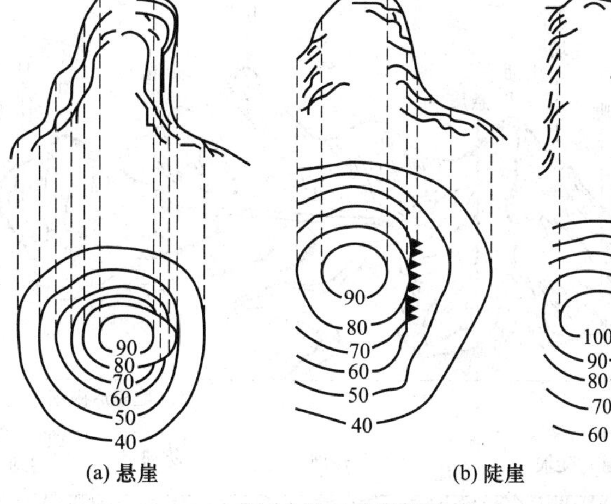

图 10.7　悬崖和陡崖

④ 悬崖和陡崖　悬崖是上部突出，下部凹进的陡崖，这种地貌的等高线出现相交。俯视时隐蔽的等高线用虚线表示。见图 10.7（a）。

陡崖是坡度在 70°以上的陡峭崖壁，有石质和土质之分。见图 10.7（b）。

4）等高线的分类

① 首曲线　在同一幅图上，按规定的等高距描绘的等高线称首曲线，也称基本等高线。它是宽度为 0.15mm 的细实线。

② 计曲线　为了读图方便，凡是高程能被 5 倍基本等高距整除的等高线加粗描绘，称为计曲线。

③ 间曲线和助曲线　当首曲线不能显示地貌的特征时，按二分之一基本等高距描绘的等高线称为间曲线，在图上用长虚线表示。有时为显示局部地貌的需要，可以按四分之一基本等高距描绘的等高线，称为助曲线。一般用短虚线表示。

5）等高线的特性

① 同一条等高线上各点的高程都相等。

② 等高线是闭合曲线，如不在本图幅内闭合，则必在图外闭合。

③ 除在悬崖或绝壁处外，等高线在图上不能相交或重合。

④ 等高线的平距小，表示坡度陡，平距大表示坡度缓，平距相等则坡度相等。

⑤ 等高线与山脊线、山谷线成正交。

如图 10.8 为综合性地貌透视图和相应的等高线图，可对照阅读。

10.1.3.3　地形图测绘——经纬仪测绘法

（1）测图前的准备工作

测图前，除做好仪器、工具及资料的准备工作外，还应着重做好测图板的准备工作。它包括图纸的准备，绘制坐标格网及展绘控制点等工作。

1）图纸准备　目前，各测绘部门大多采用聚酯薄膜，其厚度为 0.07～0.1mm，表面经打毛后，便可代替图纸用来测图。聚酯薄膜具有透明度好、伸缩性小、不怕潮湿、牢固耐用等优点。

2）绘制坐标格网　为了准确地将图根控制点展绘在图纸上，首先要在图纸上精确地绘制 10cm×10cm 的直角坐标格网。绘制坐标格网可用坐标仪或坐标格网尺等专用仪器工具。

3）展绘控制点　展点前，要按图的分幅位置，将坐标格网线的坐标值注在相应格网边线的外侧。展点时，先要根据控制点的坐标，确定所在的方格。将图幅内所有控制点展绘在

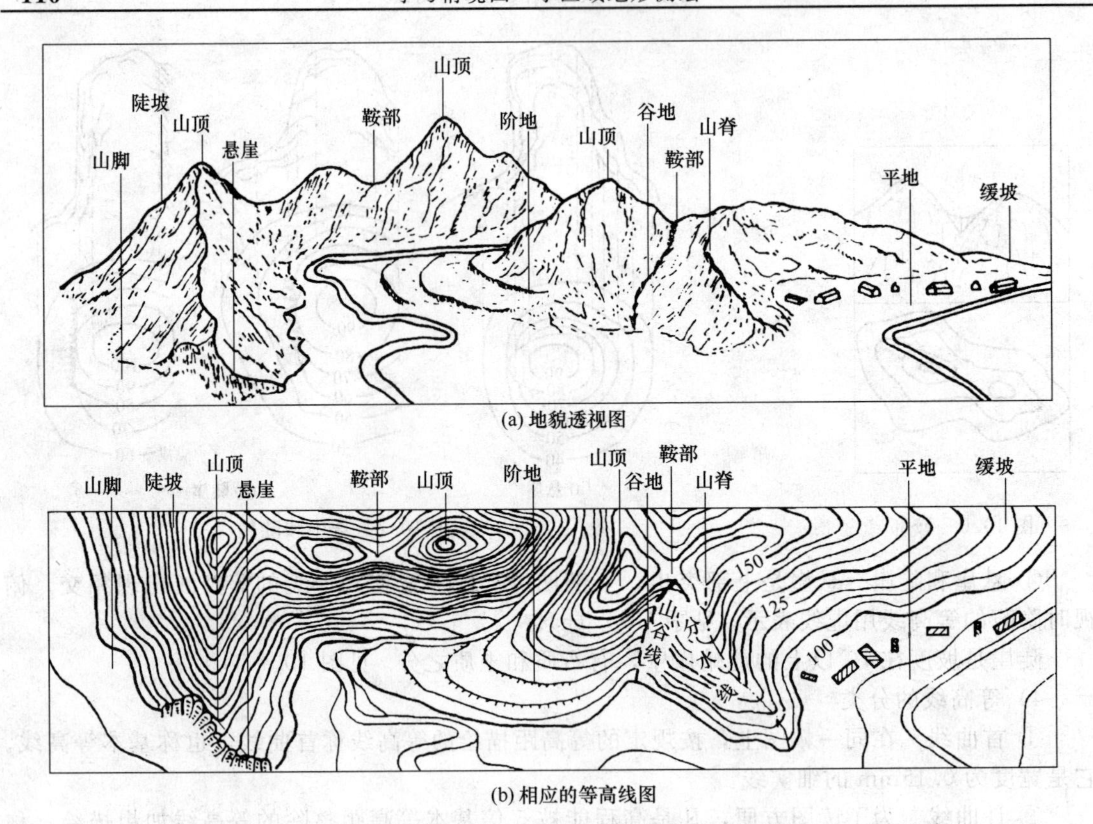

(a) 地貌透视图

(b) 相应的等高线图

图 10.8 综合性地貌透视图和相应的等高线图

图纸上，并在点的右侧以分数形式注明点号及高程。最后用比例尺量出各相邻控制点之间的距离，与相应的实地距离比较，其差值不应超过图上 0.3mm。图 10.9 为控制点展绘示意。

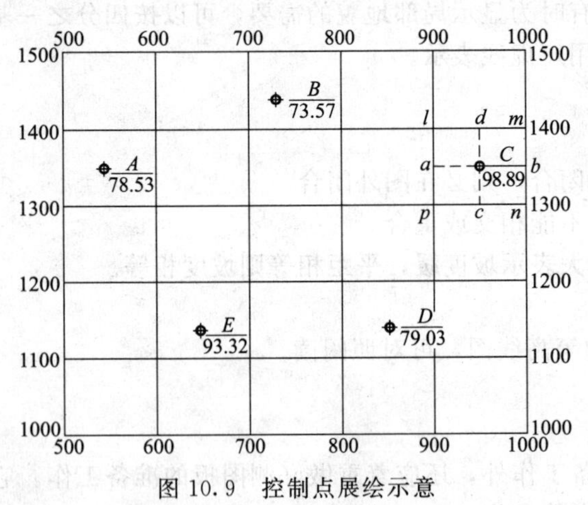

图 10.9 控制点展绘示意

(2) 碎部测量的方法

碎部测量就是测定碎部点的平面位置和高程。下面分别介绍碎部点的选择和碎部测量的方法。

1) 碎部点的选择　前已述及碎部点应选地物、地貌的特征点。对于地物，碎部点应选在地物轮廓线的方向变化处，如房角点、道路转折点、交叉点、河岸线转弯点以及独立地物的中心点等。连接这些特征点，便得到与实地相似的地物形状。由于地物形状极不规则，一般规定主要地物凸凹部分在图上大于 0.4mm 均应表示出来，小于 0.4mm 时，可用直线连接。对于地貌来说，碎部点应选在最能反应地貌特征的山脊线、山谷线等地形线上。如山顶、鞍部、山脊、山谷、山坡、山脚等坡度变化及方向变化处。根据这些特征点的高程勾绘等高线，便是地貌。

2) 经纬仪测绘法　经纬仪测绘法的实质是按极坐标定点进行测图，观测时先将经纬仪安置在测站上，绘图板安置于测站旁，用经纬仪测定碎部点的方向与已知方向之间的夹角、测站点至碎部点的距离和碎部点的高程。然后根据测定数据用量角器和比例尺把碎部点的位置展绘在图纸上，并在点的右侧注明其高程，再对照实地描绘地形。此法操作简单、灵活，适用于各类地区的地形图测绘。操作步骤如下：

① 安置仪器。于测站点 A（控制点）上，量取仪器高 i 填入手簿。

②定向。置水平度盘读数为 $0°00'00''$，后视另一控制点 B。

③ 立尺。立尺员依次将尺立在地物、地貌特征点上。立尺前，立尺员应弄清实测范围和实地情况，选定立尺点，并与观测员、绘图员共同商定跑尺路线。

④ 观测。转动照准部，瞄准标尺，读视距间隔，中丝读数，竖盘读数及水平角。

⑤ 记录。将测得的视距间隔、中丝读数、竖盘读数及水平角依次填入手簿。对于有特殊作用的碎部点，如房角、山头、鞍部等，应在备注中加以说明。

⑥ 计算。依视距，竖盘读数或竖直角度，用计算器计算出碎部点的水平距离和高程。

⑦ 展绘碎部点。用细针将量角器的圆心插在图上测站点 A 处，转动量角器，将量角器上等于水平角值的刻划线对准起始方向线，此时量角器的零方向便是碎部点方向，然后用测图比例尺按测得的水平距离在该方向上定出点的位置，并在点的右侧注明其高程。

同法，测出其余各碎部点的平面位置与高程，绘于图上，并随测随绘等高线和地物。

为了检查测图质量，仪器搬到下一测站时，应先观测前站所测的某些明显碎部点，以检查由两个测站测得该点平面位置和高程是否相同，如相差较大，则应查明原因，纠正错误，再继续进行测绘。

若测区面积较大，可分成若干图幅，分别测绘，最后拼接成全区地形图。为了相邻图幅的拼接，每幅图应测出图廓外 5mm。

10.1.3.4　地形图测绘——全站仪测绘法

全站仪测绘法的原理与经纬仪测绘法是一致的，观测时先将全站仪安置在测站上，用棱镜杆立在碎部点上，另外需一个人在旁边绘制草图，在全站仪中按照正确的顺序依次输入测站点、后视点和放样点，常用的仪器有南方牌全站仪 NTS-360 系列。图 10.10 为南方牌全站仪，图 10.11 为现场测绘地形图。

图 10.10　南方牌全站仪

图 10.11　现场测绘地形图

10.2 计划与决策

10.2.1 计划单

计划单同任务 1。

10.2.2 决策单

决策单同任务 1。

10.3 实施与检查

10.3.1 实施单

实施单同任务 1。

10.3.2 检查单

<table>
<tr><td>任务 10</td><td colspan="3">大比例尺地形图测绘</td><td>学时</td><td>10</td></tr>
<tr><td>班级</td><td colspan="3"></td><td>组号</td><td></td></tr>
<tr><td>小组成员及分工</td><td colspan="5"></td></tr>
<tr><td>检查方式</td><td colspan="5">按任务单规定的检查项目、内容进行小组检查和教师检查</td></tr>
<tr><td>序号</td><td>检查项目</td><td colspan="2">检查内容</td><td>小组检查</td><td>教师检查</td></tr>
<tr><td rowspan="2">1</td><td rowspan="2">学会全站仪测绘地形图操作步骤</td><td colspan="2">能否正确使用全站仪中的菜单键</td><td></td><td></td></tr>
<tr><td colspan="2">能否使用按键程序</td><td></td><td></td></tr>
<tr><td rowspan="2">2</td><td rowspan="2">学会棱镜的使用</td><td colspan="2">能否正确摆放棱镜</td><td></td><td></td></tr>
<tr><td colspan="2">能否正确使用棱镜杆</td><td></td><td></td></tr>
<tr><td rowspan="3">3</td><td rowspan="3">学会草图的绘制</td><td colspan="2">能否正确画出区域的地形轮廓</td><td></td><td></td></tr>
<tr><td colspan="2">能否正确在草图上进行地物注记</td><td></td><td></td></tr>
<tr><td colspan="2">能否正确标注碎部点的点号</td><td></td><td></td></tr>
<tr><td>4</td><td>学会数据导入</td><td colspan="2">能否正确把全站仪中的数据导入电脑</td><td></td><td></td></tr>
<tr><td rowspan="2">5</td><td rowspan="2">绘制地形图</td><td colspan="2">能否正确使用 cass 绘图软件</td><td></td><td></td></tr>
<tr><td colspan="2">能否进行地物地貌的绘制</td><td></td><td></td></tr>
<tr><td rowspan="3">6</td><td rowspan="3">其他</td><td colspan="2">是否具有团队意识、计划组织及协作、口头表达和人际交流能力</td><td></td><td></td></tr>
<tr><td colspan="2">是否具有良好的职业道德和敬业精神，爱惜仪器、工具的意识</td><td></td><td></td></tr>
<tr><td colspan="2">能否按时完成任务</td><td></td><td></td></tr>
<tr><td>组长签字</td><td></td><td>教师签字</td><td></td><td colspan="2">年 月 日</td></tr>
</table>

10.4　评价与教学反馈

10.4.1　评价单

评价单同任务 1。

10.4.2　教学反馈单

<table>
<tr><th>任务 10</th><th colspan="3">大比例尺地形图测绘</th><th>学时</th><th colspan="2">10</th></tr>
<tr><th>班级</th><th></th><th>学号</th><th></th><th>姓名</th><th colspan="2"></th></tr>
<tr><td>调查方式</td><td colspan="6">对学生知识掌握、能力培养的程度，学习与工作的方法及环境进行调查</td></tr>
<tr><td>序号</td><td colspan="4">调查内容</td><td>是</td><td>否</td></tr>
<tr><td>1</td><td colspan="4">你知道比例尺的类型吗？</td><td></td><td></td></tr>
<tr><td>2</td><td colspan="4">你熟悉地物地貌的图示吗？</td><td></td><td></td></tr>
<tr><td>3</td><td colspan="4">你会用全站仪进行地形图测绘吗？</td><td></td><td></td></tr>
<tr><td>4</td><td colspan="4">你会正确使用棱镜吗？</td><td></td><td></td></tr>
<tr><td>5</td><td colspan="4">你会画地形图草图吗？</td><td></td><td></td></tr>
<tr><td>6</td><td colspan="4">你会把全站仪中的数据导入电脑并进行绘制地形图吗？</td><td></td><td></td></tr>
<tr><td>7</td><td colspan="4">你具有团队意识、计划组织与协作、口头表达及人际交流能力吗？</td><td></td><td></td></tr>
<tr><td>8</td><td colspan="4">你具有操作技巧分析和归纳的能力，善于创新和总结经验吗？</td><td></td><td></td></tr>
<tr><td>9</td><td colspan="4">你对本任务的学习满意吗？</td><td></td><td></td></tr>
<tr><td>10</td><td colspan="4">你对本任务的教学方式满意吗？</td><td></td><td></td></tr>
<tr><td>11</td><td colspan="4">你对小组的学习和工作满意吗？</td><td></td><td></td></tr>
<tr><td>12</td><td colspan="4">你对教学环境适应吗？</td><td></td><td></td></tr>
<tr><td>13</td><td colspan="4">你有爱惜仪器、工具的意识吗？</td><td></td><td></td></tr>
<tr><td colspan="7">其他改进教学的建议：</td></tr>
<tr><td>被调查人签名</td><td colspan="2"></td><td colspan="2">调查时间</td><td colspan="2">年　月　日</td></tr>
</table>

学习情境五

土方测量与计算

任务11　地形图的应用

11.1　资讯与调查

11.1.1　任务单

任务11	地形图的应用			学时	4
布置任务					
学习目标	1. 学会地形图应用的基本内容 2. 学会利用地形图确定图上点的坐标和高程、距离、方位、坡度 3. 熟练掌握绘制断面图 4. 学会如何确定汇水面积 5. 学会面积量算的方法，学会具体操作 6. 具有独立工作的能力 7. 具有举一反三、融会贯通的能力 8. 具有操作技巧分析和归纳的能力，善于创新和总结经验				
任务描述	工作任务——地形图的应用的基本内容 能够根据等高线确定高程和斜坡坡度，设计规定坡度的线路，绘制断面图和求面积。				
学时安排	资讯与调查	制定计划	方案决策	项目实施	检查测试	项目评价
推荐阅读资料	请参见任务1				
对学生的要求	请参见任务1				

11.1.2　资讯单

任务11	地形图的应用	学时	4
资讯方式	查阅书籍、利用国家、省精品课程资源学习		
资讯问题	1. 知道地形图的应用的基本内容吗？ 2. 会绘制断面图吗？ 3. 汇水面积如何确定？ 4. 面积量算的方法有哪些？ 5. 图上点的坐标和高程、距离、方位、坡度如何确定？		

11.1.3　信息单

地形图详细、真实地反映了地面上各种地物的分布和地形的起伏状态，因此它是国家各个部门、各项工程建设中必需的资料。在进行国土整治、资源勘查、土地利用、环境保护、矿藏采掘、军事指挥等各项工程时，均需要从地形图上获取信息，作为决策和实施的依据。在园林规划设计和园林施工中经常应用大比例尺地形图，从图上了解地面的地物和地貌的分布、特征等情况比实地更全面，对整体情况的了解更加直观，而且方便。同时可以从图上进行距离、高程、坡度、面积、土方等计算，取得可靠的数据，以便因地制宜地进行合理的规划和设计。

11.1.3.1　地形图的识读

为了正确地应用地形图，首先要读懂地形图，将地形图上的各种符号和注记，变成人们面前的实地立体模型。地形图识读的步骤一般为：图廓外要素的阅读；图廓内要素的判读。

（1）图廓外要素的阅读

图廓外要素是指内图廓之外的要素，图廓外要素是对地形图及地形图所表示的地物、地貌的必要说明。

首先要了解测图时间和测绘单位，以判断地形图的新旧和适用程度；然后要了解地形图的比例尺、坐标系统、高程系统和基本等高距以及图幅范围和接图表。园林工作中经常使用大比例地形图，所以磁北方向的判定也很重要。

（2）图廓内要素的判读

图廓内要素主要是指地物符号和地貌符号，对地物、地貌的判读主要依靠符号和注记。地形图图式，作为地物、地貌的符号集，在地形图阅读时，可以作为判读的工具。

在地物判读时，特别要注意依比例符号和非比例符号的不同表示；其次，要注意地物符号的主次让位的问题，例如铁路和公路并行，地形图上是以铁路中心位置绘铁路符号，而公路符号让位；掌握符号之间不准重叠，低级给高级让位的原则。

在地貌判读时，分清等高线所表达的地貌要素及地性线，便可找出地貌的规律：由山脊线即可看出山脉连绵；由山谷线便可看出水系的分布；由山峰鞍部、洼地和特殊地貌，则可看出地貌的变化。另外，地貌判读，还需对等高线的性质有清楚的认识，对各种典型地貌要熟悉如何用等高线表示，也是非常重要的。

图廓内要素的另一方面是指社会经济要素。社会经济要素的内容有居民地、交通网、水路运输、行政界线及通信线路、高压电线、输油管线等重要管线等。通过对社会经济要素的判读，可以了解图幅范围内地区的社会经济发展情况。

11.1.3.2　根据等高线确定高程和斜坡坡度

（1）根据等高线确定高程

根据地形图上的等高线，可确定任一地面点的高程。如果地面点恰好位于某一等高线上，只要根据注有高程的等高线及基本等高距，便可确定该点的高程。如图 11.1 中，已知基本等高距为 2m 时，则 a 点的高程为 56m。

确定位于相邻两等高线之间的地面点 b 或 c 的高程，如图 11.1 所示，应先过 b 和 c 点，作垂直于两相邻等高线的线段 mn 或 st，再依高差和平距成比例的关系求解。例如，求 b 点高程时，可先确定线段 nb 或 mb 与线段 mn 的比例：$\frac{nb}{mn}=0.7$ 或 $\frac{mb}{mn}=0.3$，则 b 点高程为：$50+(2\times0.7)=51.4$（m），或 $52-(2\times0.3)=51.4$（m）。

如果要确定两点间的高差，则可如上述确定两点的高程后，相减即得。

(2) 根据等高线确定斜坡坡度

从等高线的特性可知，当等高距为一定时，等高线平距愈小，则地面坡度愈大。反之，则地面坡度愈小。通常所说的地面坡度，总是以该地面的最大倾斜线为准的。

如图 11.2 所示，若将局部的自然地表面以倾斜平面 $ABDC$ 来代替。在斜面的水平线 AB 上的 M 点可向不同的方向作直线，与另一水平线 CD 分别相交于 N、P、D 点，便可得倾斜直线 MN、MP 和 MD。若将 M 点投影于水平面 A_1B_1DC 上，可得 M_1 点。各倾斜直线的水平投影 M_1N、M_1P 和 M_1D 即为各倾斜直线的相应平距，分别以 a_1、a_2 和 a_3 表示。若再以 α_1、α_2 和 α_3 表示倾斜直线 MN、MP 和 MD 的倾斜角，以 h 表 MM_1 的高差（等高距），即有 $a_i=h\cot\alpha_i$。由式可知平距 a_i 愈大，则倾斜直线的倾斜角 α_i 愈小；反之，就愈大。显然，其中平距为 a_1 而垂直于水平线 CD 的倾斜直线 MN 具有最大的倾斜角 α_1，亦即垂直于等高线方向的直线 MN 具有最大的倾斜角 α_1。因而该直线 MN 就叫做最大倾斜线（或坡度线）。

通常以最大倾斜线的方向代表该地面的倾斜方向。最大倾斜线的倾斜角，也就代表该地面的倾斜角。

在直角三角形 MM_1N 中，有关系式：

$$i=\tan\alpha_i=\frac{h}{a_i} \tag{11.1}$$

式中，i 为直线的坡度，通常以百分率（%）或千分率（‰）表示。

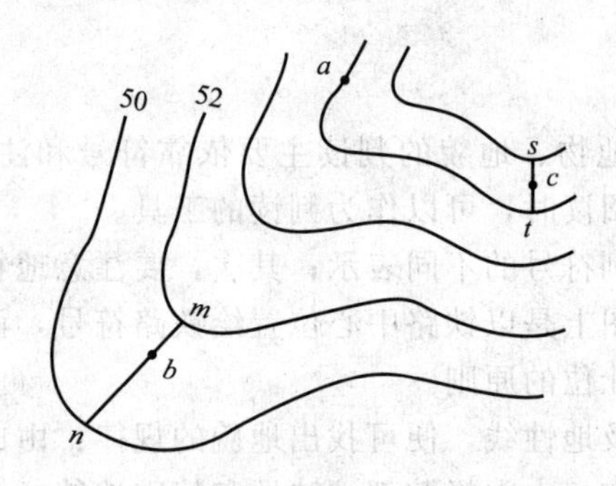

图 11.1 根据等高线确定地面点的高程

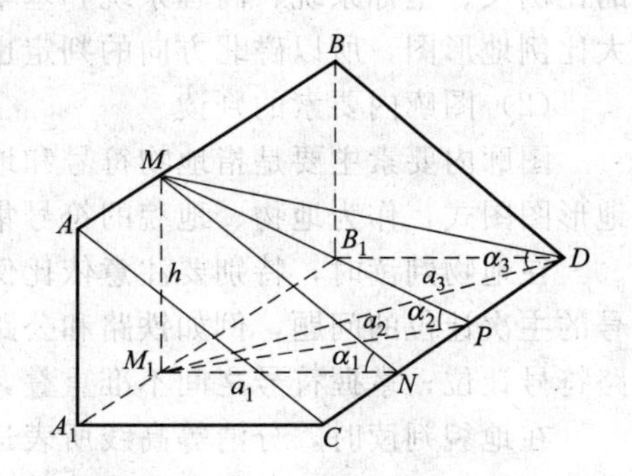

图 11.2 坡度和平距的关系

当根据地形图上的等高线来确定斜坡的坡度时，为了避免计算工作，可按式（11.1）制成坡度尺来量测坡度（或倾斜角）。

坡度尺的作法是：先按公式 $i=h\cot\alpha_i$，求得当 $\alpha=30'$、1°、2°、…、20°时，其相应的平距 a_1、a_2、…、a_{20}。例如，当基本等高距为 2m，倾斜角为 30′时，则平距 $a=2\times114.59=229.18$（m）。同法可算得不同倾斜角的相应平距。

表 11.1 即按等高距 2m 所算出的不同坡度时的相应平距。

表 11.1 等高距 2m 时不同坡度下相应平距

倾斜角 α	30′	1°	2°	3°	4°	5°	10°	12°	15°	17°	20°
等高线平距 a	229.18	114.58	57.3	38.2	28.6	22.9	11.3	9.4	7.5	6.5	5.5

然后在纸上画一直线。以适当长度将直线从左至右等分为若干段，并依次在各分点上注写出倾斜角（或坡度）30′、1°、2°、…、20°等。再过各分点作垂线，按地形图比例尺在各垂线上自各分点开始分别截取相应 a_i 值的线段，并以圆滑曲线连接各线段顶端，此即量测相邻两等高线间坡度的坡度尺，如图 11.3 所示。若再以相邻六根等高线之间的高差为准，

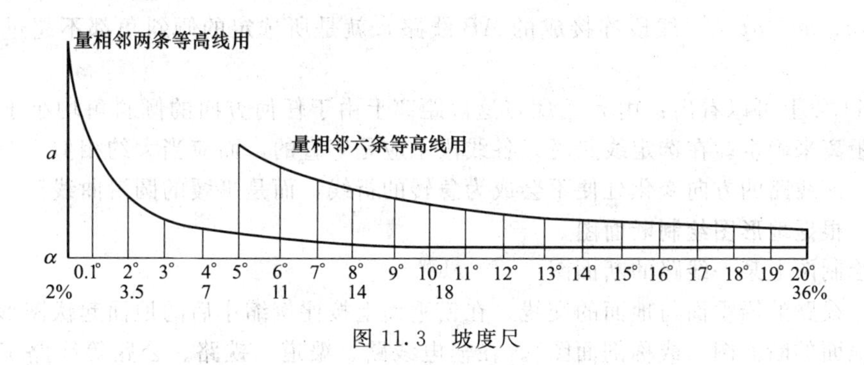

图 11.3　坡度尺

自倾斜角5°起，按公式算出不同倾斜角（或坡度）相应的平距。然后在各垂线上依次截取其值，将各垂线顶端连接成圆滑曲线，便得到量测相邻两加粗等高线间的坡度的坡度尺，如图11.3中所示的右端部分。

使用坡度尺时，先用两脚规在地形图上量出相邻两等高线（或六根等高线）间的长度。然后将两脚规的一脚尖立在坡度尺的底线上，再沿底线平行移动两脚规直至另一脚尖落于曲线上为止。即可在坡度尺上读出倾斜角（α）或坡度（i）。

(3) 设计规定坡度的线路

对管线、渠道、道路等工程进行初步设计时，一般要先在地形图上选线。按照技术要求选定一条合理的线路，应考虑的因素很多。这里只说明根据地形图等高线，按规定的坡度选定其最短线路的方法。

如图11.4所示，设需在该图上选出由点A至B（在该线路的任何地方，其倾斜角都不超3°）的最短线路。此时，通常可首先按公式$a=\frac{h}{i}$计算出相邻两等高线间相应的平距，或以两脚规在坡度尺上截取相当于倾斜角为3°时的相邻两等高线的平距；然后，将两脚规的一脚尖立在图中的A点上，而另一脚则与相邻等高线交于m点；接着，将两脚规的一脚尖立在m点上，另一脚尖又与相邻等高线交于n点。如此继续逐段进行直到B点。这样，

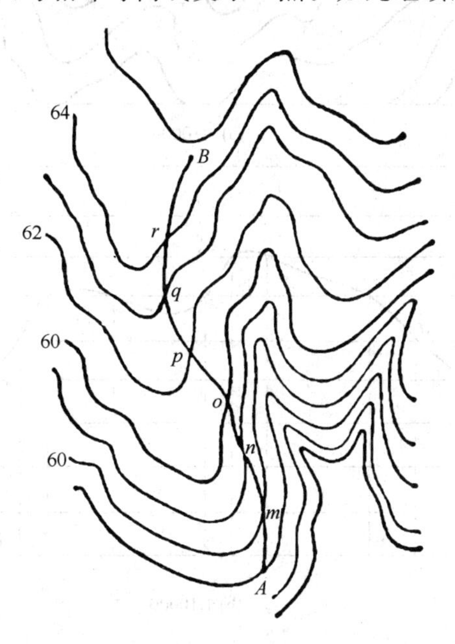

图 11.4　根据等高线确定同坡度线路

由 Am、mn、no、op、…线段连接成的 AB 线路，就是所选定的倾斜角都不超过 3°的最短线路。

从图 11.4 上可以看出：由 r 至 B 点这段距离上由于任何方向的倾斜角均小于 3°，所以应按最短距离来确定。在选定线路时，各线段不应是笔直的，而应当大约相似于等高线的形状。这样，该线路的方向变化处便不会成为急转的折线，而是平缓的圆滑曲线。

11.1.3.3 根据地形图绘制断面图

（1）绘制图上某一线路的断面图

过某一线路的铅垂面与地面的交线，在铅垂面上按比例缩小后的地面起伏图形，就是该线路所经地面的断面图（或称剖面图）。在输电线路、渠道、铁路、公路等线路工程中，根据其断面图可以了解沿线地表面的起伏情况和斜坡坡度。在断面图上可以得到有关数据，并可以进行线路设计。

精确的断面图应在实地直接测定。如果要求不高，则可根据地形图绘制。

绘制断面图时，首先要确定断面图的水平比例尺和垂直比例尺。通常采用与所用地形图比例尺相同的水平比例尺；而垂直比例尺则应比水平比例尺大 10 倍或更大倍数，以便突出地显示地形起伏情况。

如图 11.5（a）为在等高距为 5m 的 1∶10000 比例尺地形图上，沿 AB 方向绘制的断面图。它先在地形图上过 A、B 两点画出断面线 mn。mn 与各等高线的交点为 a、b、c、…、

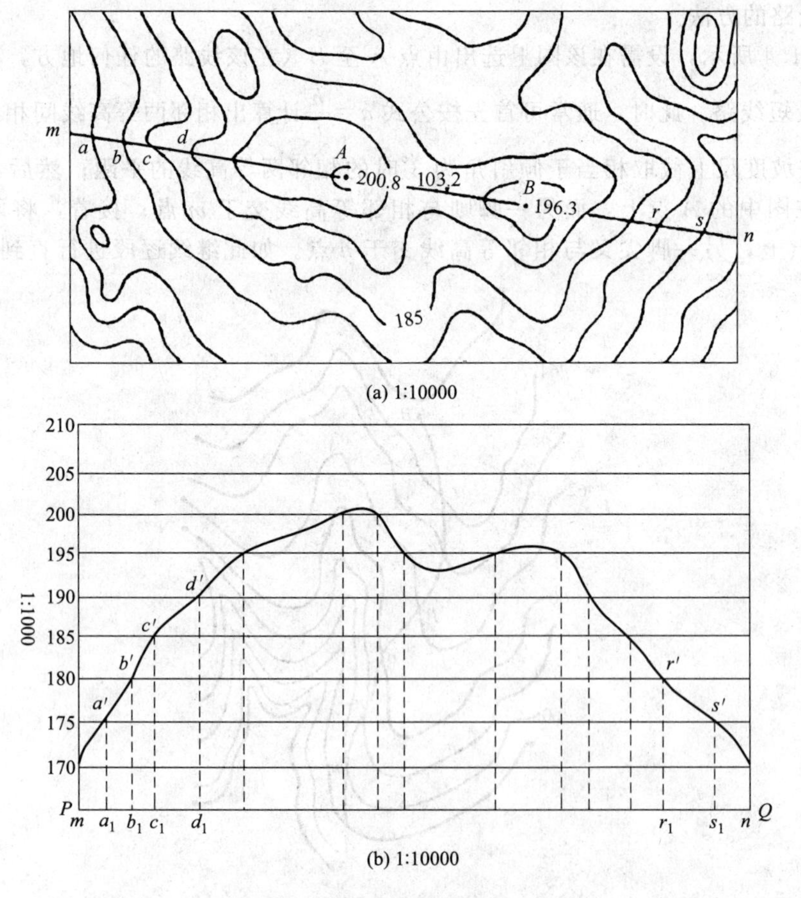

图 11.5 断面图的绘制

r、s。其次，在一张白纸（或透明毫米方格纸）上绘一直线 PQ，并作平行于 PQ 且间隔相等的若干平行线，此即一组水平线，如图 11.5（b）所示。相邻两水平线的间隔为一个等高距，间隔的大小可依等高距和垂直比例尺而定，至于平行线的根数则依断面线上最高点与最低点的高差而定。水平线的高程注记数，其最小和最大值应分别略低和略高于断面线上的最低点、最高点的等高线之高程。如例中为 170m 和 205m。画好水平线并注记相应高程后，再在 PQ 线上依 ma、mb、…、ms 的长度逐一定出断面线上 a、b、…、s 的相应点 a_1、b_1、…、s_1。如果采用透明毫米方格纸时，则可将透明纸盖在图上并使 PQ 线与断面线 mn 重合，直接将 a、b、…、s 各点转绘于 PQ 线上。过线上 a_1、b_1、…、s_1 各点作垂直线，各垂线与相应于各点高程的水平线的交点即断面点 a'、b'、…、s'。然后以平滑曲线连接各断面点，即得沿 AB 方向的地面断面图。

上述绘制方法同样可用于绘制非直线形线路的断面图。例如要绘制图 11.6（a）中 A 到 F 的道路断面图，则可选择道路上有代表性的特征点，如桥梁、路标、交叉路口、里程碑等，将该道路分成若干直线段 AB、BC、…，并依其在断面图底线（PQ）上截取得 a_1、b_1、…各点。然后按各段点高程，可得断面点 a'、b'、…。以平滑曲线连接各断面点，即为该道路的断面图，并在下方用箭头标明各点处道路的转弯方向，如图 11.6（b）所示。

断面图上还需有其他说明注记，不同专业各有其相应的具体规定，不再细述。

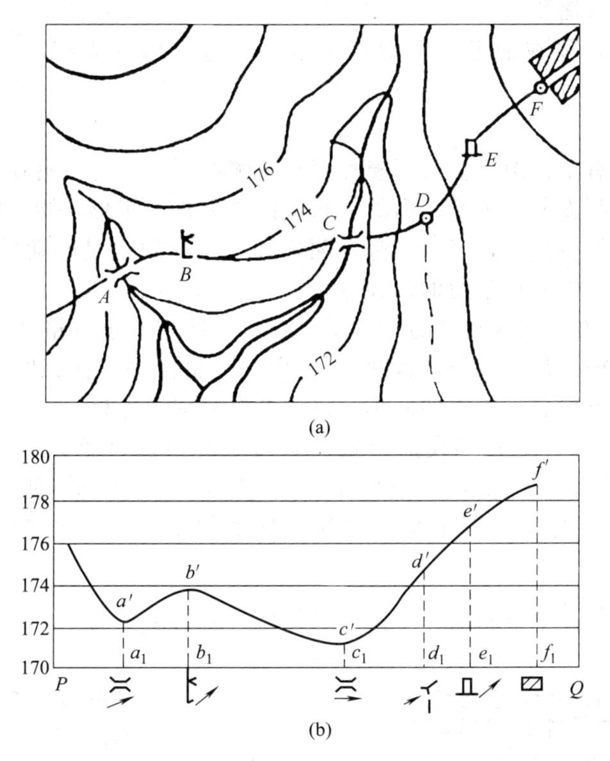

图 11.6　道路的断面图

（2）确定两地面点间是否通视

要根据地形图来确定是否通视，这在两点间的地形起伏比较简明时，很容易通过观察分析予以判断。但在两点间起伏变化较复杂的情况下，往往难于靠直接观察来判断，而需借助于绘制简略断面图或用构成三角形法来确定其是否通视。下面介绍构成三角形法。

如图 11.7 所示，为了判定 A、B 两点（由图知 A 点的高程小于 B 点）是否通视，可在地形图上用直线连接 A、B 两点。然后观察 AB 线上的地形起伏情况，分析可能影响通视的障碍点，设为在 AB 线上的 C 点，并标明其点位于图中。再自点 B 和 C 分别作 AB 的垂线，并按图求得的 B、C 点对 A 点的高差 h_{AB}、h_{AC}，用同一比例缩小在两垂线上截取相应长的线段 BD、CE。最后，连接 A、D 两点，则直线 AD 相当于 A、B 两点实地上的倾斜线。由此可见：若 AD 与垂线 CE 相交，则 A、B 两点不通视；若不相交则通视。本例为不通视情况。很明显：应用此法时，准确地判明障碍点所在位置是至关重要的。

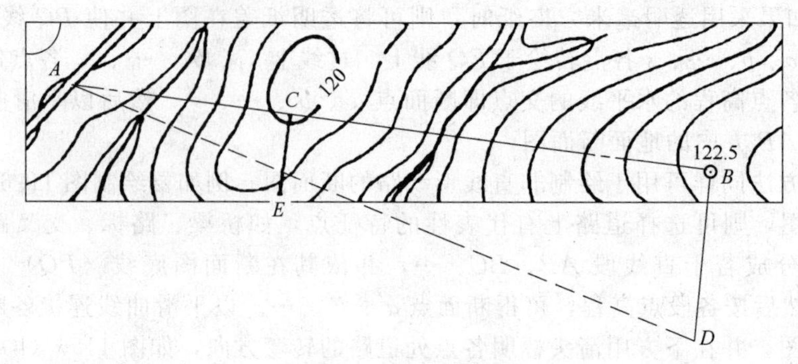

图 11.7　用构成三角形法来确定通视

11.1.3.4　地形图上求面积

在规划设计中，常需在地形图上量算一定轮廓范围内的面积。下面介绍几种常用的方法。

(1) 图解法

图解法是使用绘有单元图形的透明模片蒙在待测图形上，统计落在待测图形轮廓线以内的单元图形个数来量测面积。单元图形的形状可以是方格、矩形、同心圆、圆形、菱形、六角形等。此法优点是设备简单，仅用一张透明模片，主要缺点是劳动量大，但在不少场合，仍有它的实用价值。下面介绍常用的两种方法。

1) 方格网模片　在透明模片上绘有标准的 2mm 见方的小方格网，为便于计数整厘米数起见，每隔五根纵横线加粗一根，如图 11.8 所示。量测图上面积时，将透明模片固定在图上，先数出完整小方格数，不完整的小方格目估合并成整方格。

2) 平行线透明模片　方格网模片的缺点是边缘方格的拼整太多，为克服此缺点，可以使用图 11.9 所示的平行线模片。平行线间隔 H 可采用 2mm。使用时，使被测图形被平行线切成许多等高的梯形。图中平行虚线是梯形的中线，量测各梯形的中线，则图形面积：

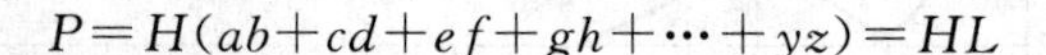

$$P=H(ab+cd+ef+gh+\cdots+yz)=HL$$

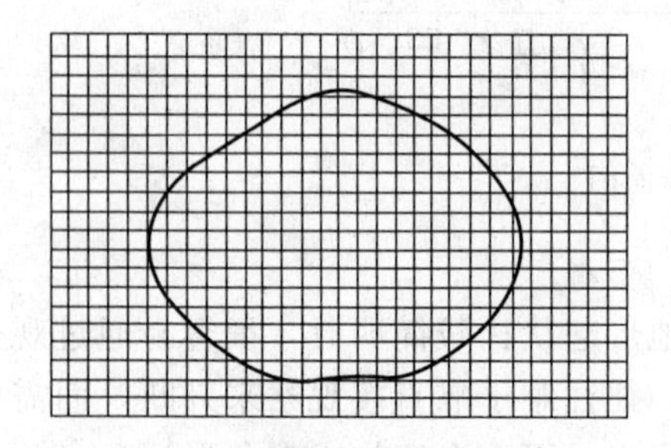

图 11.8　方格网模片量测面积

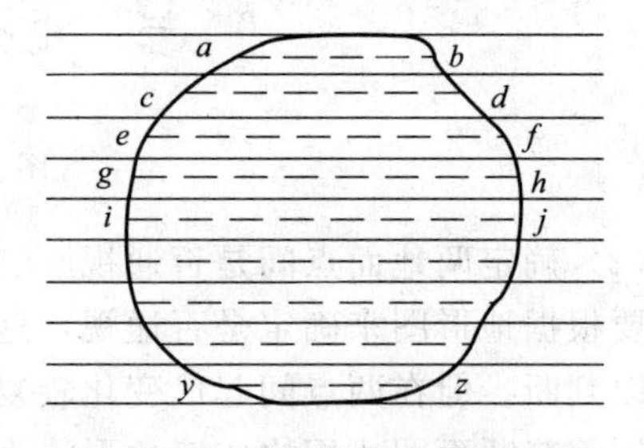

图 11.9　平行线模片量测面积

也就是量测各梯形中线长度，求其和 L 乘上平行线间隔 H，即为被测图形面积。

当缩小平行线间隔时，误差也有所缩小，但工作量将相应增加。

(2) 解析法

如果图形为任意多边形，且各顶点的坐标已在图上标出或已在实地测定，可利用各点坐标以解析法计算面积。

如图 11.10 所示，为一任意四边形，各顶点编号顺时针编为 A、B、C、D。可以看出，面积 $ABCD$ (P) 等于面积 $C'CDD'$ (P_1) 加面积 $D'DAA'$ (P_2) 再减去面积 $C'CBB'$ (P_3) 和面积 $B'BAA'$ (P_4)。

即
$$P=P_1+P_2-(P_3+P_4) \tag{11.2}$$

这里，P 代表该四边形的面积。

设 A、B、C、D 各点的坐标为 (x_1, y_1)、(x_2, y_2)、(x_3, y_3)、(x_4, y_4)，则：

$$\begin{aligned}2P &=(y_3+y_4)(x_3-x_4)+(y_4+y_1)(x_4-x_1)\\ &\quad-(y_3+y_2)(x_3-x_2)-(y_2+y_1)(x_2-x_1)\\ &=-y_3x_4+y_4x_3-y_4x_1+y_1x_4+y_3x_2-y_2x_3+y_2x_1-y_1x_2\\ &=x_1(y_2-y_4)+x_2(y_3-y_1)+x_3(y_4-y_2)+x_4(y_1-y_3)\end{aligned} \tag{11.3}$$

若图形有 n 个顶点，则上式可扩展为：

$$2P=x_1(y_2-y_n)+x_2(y_3-y_1)+\cdots+x_n(y_1-y_{n-1}) \tag{11.4}$$

即
$$P=\frac{1}{2}\sum_{i=1}^{n}x_i(y_{i+1}-y_{i-1}) \tag{11.5}$$

注意，当 $i=1$ 时，y_{i-1} 用 y_n。上式是将各顶点投影于 x 轴算得的。若将各顶点投影于 y 轴，同法可推出

$$P=\frac{1}{2}\sum_{i=1}^{n}y_i(x_{i+1}-x_{i-1}) \tag{11.6}$$

注意，当 $i=1$ 时，式中 x_{i-1} 用 x_n。

式 (11.5) 和式 (11.6) 可以互为计算检核。

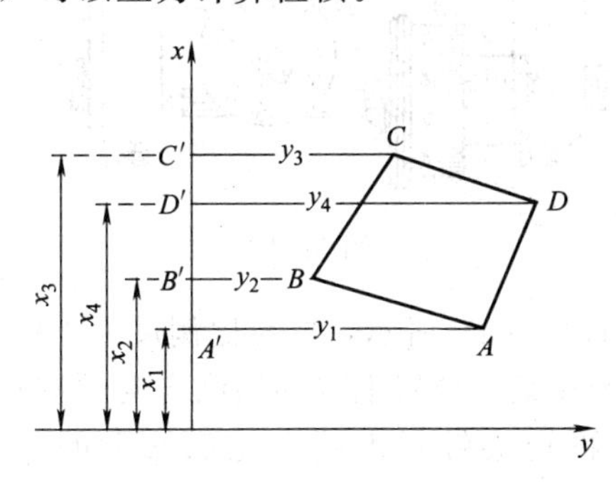

图 11.10　解析法计算面积

(3) 求积仪

求积仪是一种测定图形面积的仪器。它的优点是能用来测定任意形状的图形面积，故得到广泛应用。

1) 求积仪的构造　求积仪由极臂和航臂组成，如图 11.11 所示。在极臂的一端有一重锤，重锤的下面有一短针，使用时短针借重锤的重量刺入图纸固定不动，短针端点称为求积仪的极点。极臂的另一端有一圆头的短柄，短柄可以插在接合套的圆洞内，接合套又套在航臂上，把极臂和航臂连接起来。在航臂一端有一航针，航针旁有一支撑航针的小圆柱和一手

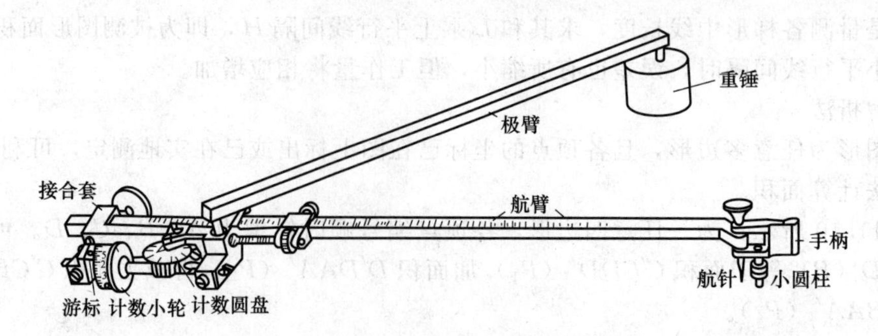

图 11.11 求积仪

柄，用制动螺旋和微动螺旋把接合套和航臂连接在一起。航臂长是指航针尖端至短柄旋转轴的距离。极臂长是指极点至短柄旋转轴的距离。

求积仪最重要的部件是接合套处的计算器件。它包括计数小轮 W、游标 V 和计数圆盘 D。当航臂移动时，计数小轮随着转动。当计数小轮转动一周时，计数圆盘转动一格。计数圆盘共分十格，由 0～9 注有数字。计数小轮分为 10 等分，每一等分又分成 10 个小格。在计数小轮旁附有游标，可直接读出计数小轮上一小格的$\frac{1}{10}$。因此，根据这个计数器件，可读出四位数字，首先从计数圆盘上读得千位数，然后在计数小轮上读取百位数和十位数，最后按游标读取个位数。如图 11.12 的读数为 3708。

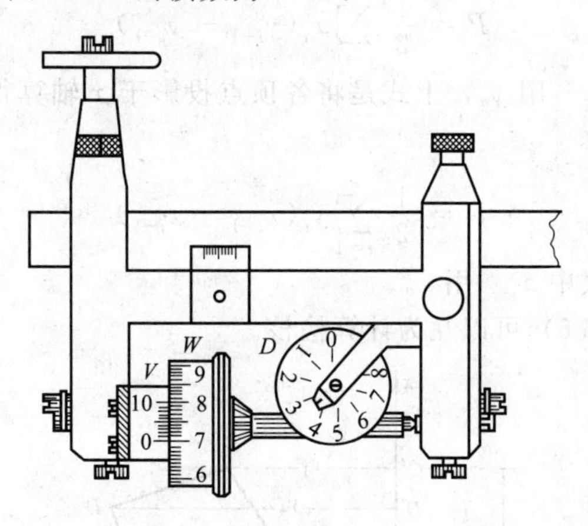

图 11.12

2）求积仪使用 如图 11.13（a）所示，要在比例尺为 1∶M 的地形图上求图形 P 的面积。这时，先把航臂长度固定在某一位置上（利用结合套的制动和微动螺旋），并把求积仪的极点固定在图形 P 以外，再把尖针对准图形轮廓线上的一点（要作记号）作为起点，并把读数记下，如为 n_1，然后以均匀的速度使航针沿图形轮廓线绕行，直至又回到起点位置，再把读数记下，如为 n_2。如果用 C 表示游标读数一个单位所代表的面积，则总面积 P 为：

$$P=C(n_1-n_2) \tag{11.7}$$

对于特定的求积仪来说，分划值 C 是航臂长的函数。仪器说明书中通常给出相应航臂长的 C 值，将 C 代入上式计算得 P，然后将 P 乘以比例尺分母 M 的平方，即得实地面积。

为保证量测面积的精度和可靠性，必须注意下列几点：

① 图纸应平整、无折皱，固定在平整的图板或桌面上。

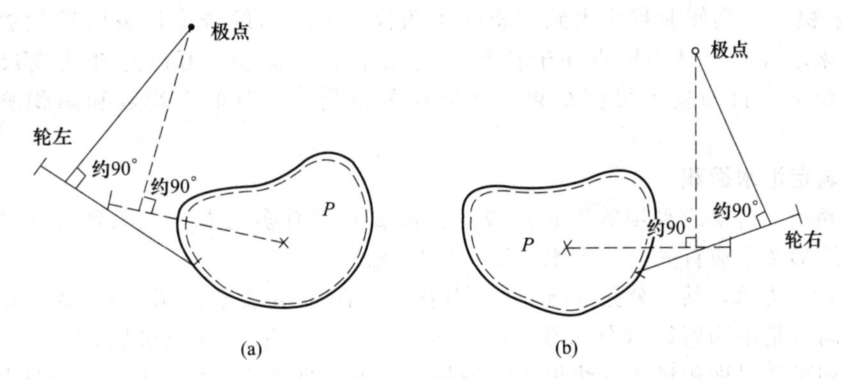

图 11.13　求积仪使用示意图

② 根据待测图形的大小，决定航臂长度，当图形很小时，航臂的长度应缩短。

③ 极点应选在待测图形的对称轴上，且使航针绕行整个图形时，航臂和极臂的夹角尽可能在 30°～150°之间。

④ 航针绕行的起点应选在读数轮转动缓慢的地方，绕行时速度要均匀。

⑤ 为抵消仪器误差以及校核测量结果，要求航臂、极臂位于图形对称轴右边再测一次，如图 11.13（b）所示，比较两边测得的读数差，当仪器满足要求的几何条件以及小心操作时，其差数应在 2～3 个分划值以内，并取平均值作为量测结果。

分划值 C 是求积仪的一个重要参数，必须进行检验和测定。可以用求积仪量测已知面积，按式 $C=\frac{P}{n_2-n_1}$求出。可使用求积仪所附的检验尺为半径作圆，也可精细画 10cm 见方的图形作为已知面积。

3）大面积的测量方法　当需要测量的面积较大，求积仪航臂长度不足以使航针绕图形轮廓线行走全周时，可采取下列方法：

① 将大面积划分为若干块小面积，用极点在图形外安置的求积仪分别求这些小面积，最后把量测结果加起来。

② 在待测的大面积内划出一个或若干个规则图形（四边形、三角形、圆等），用解析法求算面积，剩下的边、角小块面积用求积仪求。

4）求积仪测面积的精度　用求积仪测面积，其精度与图纸、图板的平整度、求积仪的质量和校正情况、作业时的细心程度、被测图形的形状等因素有关。实验指出，一般用如上所述的方法测面积的误差为 $0.03\sqrt{P}$，P 为图上被测图形面积，以 cm^2 为单位。若 $P=150cm^2$，则误差为 $0.37cm^2$，相对误差为$\frac{1}{400}$。

5）新型求积仪和电子求积仪　近年来，仍然基于求积仪的积分求面积原理，研制出不少型号的新型求积仪和电子求积仪。我国生产的某些新型求积仪分别具有下列特点：

① 极臂和航臂用球关节相连接，极臂可从航臂上自由地插上、拔下，当极点安置在航臂的两侧来测定图形面积时，各种机械误差得到补偿。

② 读数轮不直接和图纸表面接触，这样就适用于有微小褶皱、质地太脆、表面粗糙的图纸，在结构上采用摩擦传动，消除了由于间隙等引起的误差。

③ 加装可在极臂下自由通过的托架，允许托架在航臂的两侧，可将极点放在托架两侧来分别测量，取平均值以补偿机械误差。

有些厂家在生产机械求积仪的同时，推出电子求积仪，图 11.14 为日本测机舍生产的

KP80 电子求积仪。其作业程序大致与机械求积仪相似：用航臂上代替航针的放大镜中心绕图形一周来求面积。其不同点在于读数设备用了电子装置，可以选择比例尺和使用单位，能以 8 位数字自动显示量测结果，能储存测得数据，有取平均数和累积测量平均数的功能。

11.1.3.5　确定汇水面积

在修建涵洞、桥梁或水坝等工程建设中，需要知道有多大面积汇水到桥涵和水库的水量，为此在地形图上应首先给出汇水面积、边界线。

如图 11.15 所示，某一公路 ab 经过一山谷，欲在 m 处建造涵洞，md 为一山谷线，注入该山谷的雨水是由山脊线（分水线）bc、cd、de、ef、fg、ga 及公路 ab 所围成的区域，区域汇水面积可通过面积量测方法得出。另外，根据等高线的特性可知，山脊线处处与等高线相垂直，且经过一系列的山头和鞍部。

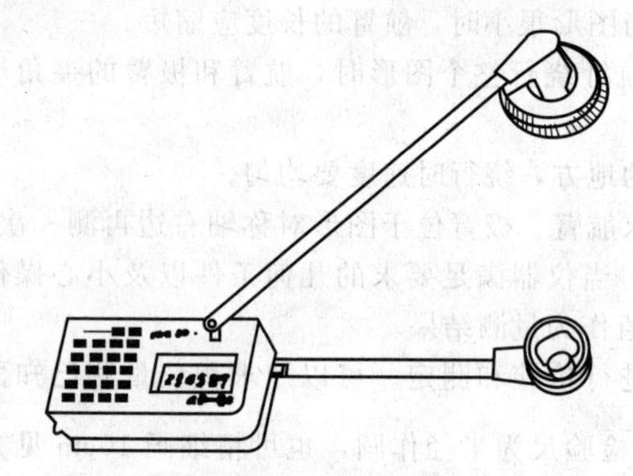

图 11.14　KP80 电子求积仪

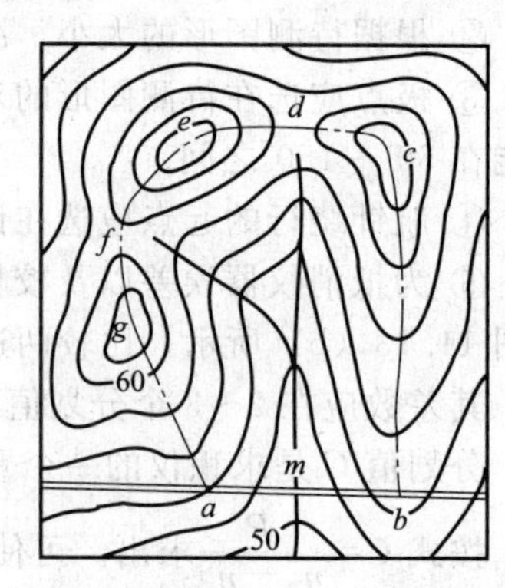

图 11.15　汇水面积确定

11.1.3.6　规划设计时的用地分析

在对城市进行规划设计时，首先要按城市各项建设对地形的要求并结合实地的地形进行分析，以便充分合理地利用和改造原有地形。规划设计所用的地形图，根据城市用地范围的大小，在总体规划阶段，常选用 1∶10000 或 1∶50000 比例尺的地形图；在详细规划阶段，为了满足房屋建筑和各项市政工程初步设计的需要，常选用 1∶2000、1∶1000 或 1∶500 比例尺的地形图。规划设计的用地分析，主要需考虑以下几个方面的问题。

（1）地面坡度

在地形图上进行用地分析时，首先要将用地的区域划分为各种不同坡度的地段，具体划分时是根据图上等高线平距的大小来划分，并用不同的颜色或不同的符号来表示不同坡度的地段。城市建设有些项目对地面的坡度有严格的要求，表 11.2 列出了城市各项建设的适用坡度。

表 11.2　城市各项建设的适用坡度

建设项目	适用坡度	建设项目	适用坡度
工业水平运输	0.5%～2%	铁路站场	0%～0.25%
居住建筑	0.3%～10%	对外主要公路	0.4%～3%
主要公路	0.3%～6%	机场用地	0.5%～1%
次要公路	0.3%～8%	绿化区	任意坡度

（2）建筑通风

山区或丘陵地带的建筑通风，除了季风的影响外，还受建筑用地处因地貌及温差而产生的局部地方风的影响，有时这种地方小气候对建筑通风起着主要作用，因此在山区或丘陵地带作规划设计时，风向与地形的关系是一个不容忽视的问题。

如图 11.16 所示，当风吹向山丘时，由于地形的影响，在山丘周围会产生不同的风向变化。图中将整个山丘分成了以下六个风区：

① 迎风坡区。风向垂直于等高线，如果将建筑物布置成平行于等高线或与等高线斜交，则通风最好。

② 顺风坡区。风向平行于等高线，为了争取良好的通风，宜将建筑物布置成垂直或斜交于等高线。

③ 背风坡区。风吹不到的地方，可布置一些通风要求不高或不需通风的建筑。

④ 涡风区。风向呈旋涡状的地方，亦只宜布置一些通风要求不高的建筑。

⑤ 高压风区。迎风区与涡风区相遇的地方。该地区不宜布置高层建筑，以免背面涡风区产生更大的涡流。

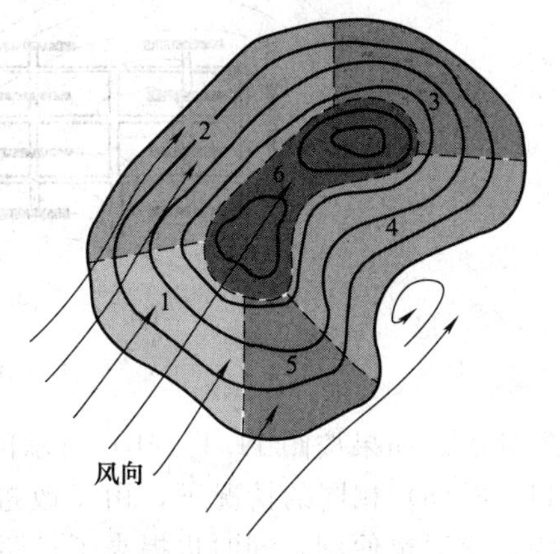

图 11.16　受地形影响的风向区

1—迎风坡区；2—顺风坡区；3—背风坡压；4—涡风区；5—高压风区；6—越山风区

⑥ 越山风区。山顶部分，无论风向朝何方，山顶部分都会有风掠过，因此宜建亭阁。

（3）建筑日照

山区或丘陵地带建筑日照的间距受其坡向影响比较明显。我国处于北半球，一年四季太阳都处于南天空，如图 11.17（a）所示，在南坡（向阳坡），当建筑物平行于等高线布置时，如果其地面坡度越大，则日照间距 D 就可以越小，因此，可以在坡度较大的向阳坡增加建筑密度或布置高层建筑，以充分利用建筑用地。反之，在北坡（背阳坡）布置建筑物时，如图 11.17（b）所示，如果其坡度越大，则所需日照间距 D 也越大，因此在北坡用地布置建筑很不经济，但可规划一些绿化、运动、停车等公共设施场地。

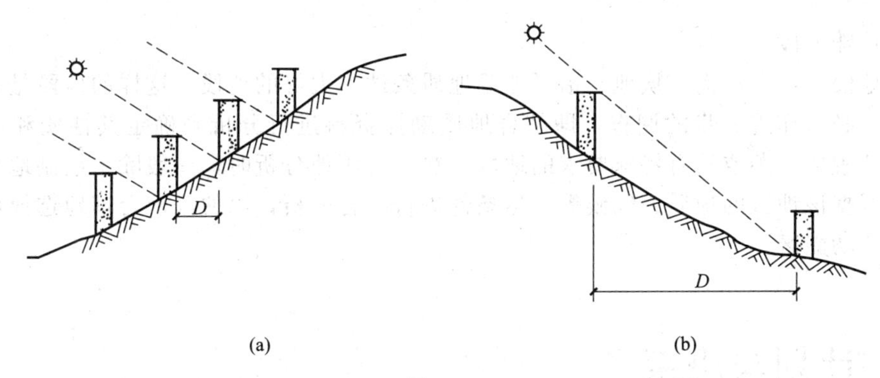

图 11.17

（4）交通及工程量

上述进行用地分析时，除要考虑建筑通风和建筑日照等因素外，还要考虑建筑的交通是否便利，填挖工作量是否较小等问题，尤其在山区进行建筑群体布置时，既要适应地形变化争取绝大部分的建筑有良好的朝向，提高日照、通风的效果外，又要使施工时的填挖工作量较小，居民的交通方便。例如，图 11.18（a）所示的设计方案，将建筑群体布置成规则的行列式，显然既未很好地考虑地形和气候条件，同时也存在施工的工程量较大、用地不经济

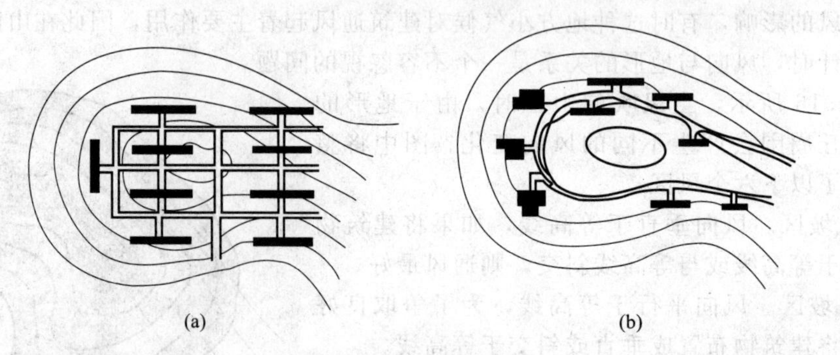

图 11.18　布置方案举例

等缺点。如果按图 11.18（b）所示的结合地形自由式或点式的布置方案，在建筑面积与图 11.18（a）相同的情况下，由于改进了平面布置，既减少了挖方工程量，又增加了房屋间距，交通也便利，同时也提高了日照、通风等效果。

对于服务性建筑的布置，还要结合地形考虑服务半径的大小，使服务区内的居民均感方便。一般顺等高线方向交通便利，其服务半径可以大一些。而垂直于等高线的方向，则坡道或阶梯较多，需要上下，交通不便，其服务半径则应小一些。另外，服务性建筑的布置，不仅要考虑服务半径，还要考虑服务高差。如图 11.19 所示，宜将服务性建筑设在高差中心处，以减小上下坡的高度。

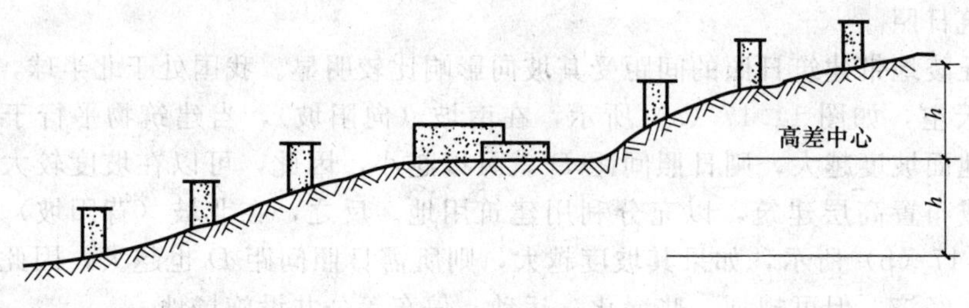

图 11.19

（5）特殊地段

特殊地段指的是冲沟、坎地、沼泽地等地质条件不太好的地段。这样的地段是否可作为建设用地，必须作进一步的调查，即结合地质勘探资料进行分析来确定其性质和用途。因此，对于地貌较复杂或具有特殊要求的地区，在进行用地分析时，一般除了绘制地形分析图外，还要根据该地区的地质、气候等自然条件进行综合分析，以便经济合理地选择城市用地和规划城市功能区。

11.2　计划与决策

11.2.1　计划单

计划单同任务 1。

11.2.2　决策单

决策单同任务 1。

11.3　实施与检查

11.3.1　实施单

实施单同任务 1。

11.3.2　检查单

<table>
<tr><th>任务 11</th><th colspan="2">地形图的应用</th><th>学时</th><th>4</th></tr>
<tr><td>班级</td><td colspan="2"></td><td>组号</td><td></td></tr>
<tr><td>小组成员及分工</td><td colspan="4"></td></tr>
<tr><td>检查方式</td><td colspan="4">按任务单规定的检查项目、内容进行小组检查和教师检查</td></tr>
<tr><td>序号</td><td>检查项目</td><td>检查内容</td><td>小组检查</td><td>教师检查</td></tr>
<tr><td rowspan="2">1</td><td rowspan="2">地形图识图能力</td><td>能正确识读地形图</td><td></td><td></td></tr>
<tr><td>能确定地形图点的坐标、高程以及直线长度、坡度和坐标方位角</td><td></td><td></td></tr>
<tr><td rowspan="3">2</td><td rowspan="3">地形图应用能力</td><td>能根据等高线确定斜坡坡度</td><td></td><td></td></tr>
<tr><td>能绘制断面图</td><td></td><td></td></tr>
<tr><td>能确定汇水范围和面积</td><td></td><td></td></tr>
<tr><td rowspan="3">3</td><td rowspan="3">其他</td><td>是否具有团队意识、计划组织及协作、口头表达和人际交流能力</td><td></td><td></td></tr>
<tr><td>是否具有良好的职业道德和敬业精神，爱惜仪器、工具的意识</td><td></td><td></td></tr>
<tr><td>能否按时完成任务</td><td></td><td></td></tr>
<tr><td>组长签字</td><td></td><td>教师签字</td><td></td><td>年　月　日</td></tr>
</table>

11.4 评价与教学反馈

11.4.1 评价单

评价单同任务 1。

11.4.2 教学反馈单

<table>
<tr><td>任务 11</td><td colspan="3">地形图的应用</td><td>学时</td><td colspan="2">4</td></tr>
<tr><td>班级</td><td></td><td>学号</td><td></td><td>姓名</td><td colspan="2"></td></tr>
<tr><td>调查方式</td><td colspan="6">对学生知识掌握、能力培养的程度，学习与工作的方法及环境进行调查</td></tr>
<tr><td>序号</td><td colspan="4">调查内容</td><td>是</td><td>否</td></tr>
<tr><td>1</td><td colspan="4">能否正确识读地形图？</td><td></td><td></td></tr>
<tr><td>2</td><td colspan="4">能否熟练掌握地形图应用的相关计算方法？</td><td></td><td></td></tr>
<tr><td>3</td><td colspan="4">能否独立完成地形图应用分析？</td><td></td><td></td></tr>
<tr><td>4</td><td colspan="4">能否熟练、合理、安全使用仪器、设备？</td><td></td><td></td></tr>
<tr><td>5</td><td colspan="4">你具有团队意识、计划组织与协作、口头表达及人际交流能力吗？</td><td></td><td></td></tr>
<tr><td>6</td><td colspan="4">你具有操作技巧分析和归纳的能力，善于创新和总结经验吗？</td><td></td><td></td></tr>
<tr><td>7</td><td colspan="4">你对本任务的学习满意吗？</td><td></td><td></td></tr>
<tr><td>8</td><td colspan="4">你对本任务的教学方式满意吗？</td><td></td><td></td></tr>
<tr><td>9</td><td colspan="4">你对小组的学习和工作满意吗？</td><td></td><td></td></tr>
<tr><td>10</td><td colspan="4">你对教学环境适应吗？</td><td></td><td></td></tr>
<tr><td>11</td><td colspan="4">你有爱惜仪器、工具的意识吗？</td><td></td><td></td></tr>
<tr><td colspan="7">其他改进教学的建议：</td></tr>
<tr><td>被调查人签名</td><td colspan="2"></td><td colspan="2">调查时间</td><td colspan="2">年 月 日</td></tr>
</table>

任务 12　平整场地的土方计算

12.1　资讯与调查

12.1.1　任务单

<table>
<tr><th>任务 12</th><th colspan="4">平整场地的土方计算</th><th>学时</th><th>2</th></tr>
<tr><td colspan="7">布置任务</td></tr>
<tr><td>学习目标</td><td colspan="6">1. 能够知道场地平整的相关知识
2. 清楚等高线法的做法
3. 知道方格网法的步骤
4. 具有独立工作的能力
5. 具有团队意识、计划组织及协作、口头表达和人际交流能力
6. 具有举一反三、融会贯通的能力
7. 具有良好的职业道德和敬业精神，爱惜仪器、工具的意识
8. 具有操作技巧分析和归纳的能力，善于创新和总结经验</td></tr>
<tr><td>任务描述</td><td colspan="6">在各项工程建设中，除考虑合理的平面布局外，还应结合原有地形，对地形进行必要的改造，使改造后的地形适合于修建各类建筑，满足交通运输和埋设各类管线的要求。对各项土建工程，在开工之前，首先必须进行工程量大小的预计，其中主要是利用地形图进行填、挖土石方量的概算，比较不同的方案，从中选出既经济又合理的最佳方案。而方格网法就是在场地平整中应用较广泛的一种。</td></tr>
<tr><td rowspan="2">学时安排</td><td>资讯与调查</td><td>制定计划</td><td>方案决策</td><td>项目实施</td><td>检查测试</td><td>项目评价</td></tr>
<tr><td></td><td></td><td></td><td></td><td></td><td></td></tr>
<tr><td>推荐阅读资料</td><td colspan="6">请参见任务 1</td></tr>
<tr><td>对学生的要求</td><td colspan="6">请参见任务 1</td></tr>
</table>

12.1.2　资讯单

<table>
<tr><th>任务 12</th><th>平整场地的土方计算</th><th>学时</th><th>2</th></tr>
<tr><td>资讯方式</td><td colspan="3">查阅书籍、利用国家、省精品课程资源学习</td></tr>
<tr><td>资讯问题</td><td colspan="3">1. 你会准确地识读地形图吗？
2. 地形图有哪些应用？
3. 等高线法怎样实施？
4. 方格网法怎样实施？</td></tr>
</table>

12.1.3　信息单

在各项工程建设中，除考虑合理的平面布局外，还应结合原有地形，对地形进行必要的改造，使改造后的地形适合于修建各类建筑，满足交通运输和埋设各类管线的要求。对各项土建工程，在开工之前，首先必须进行工程量大小的预计，其中主要是利用地形图进行填、挖土石方量的概算，比较不同的方案，从中选出既经济又合理的最佳方案。下面主要介绍方格网法，对等高线法和断面法只作简要的介绍。

12.1.3.1　方格网法

此法适用于大面积的土石方估算情况。

(1) 整理成某一高程的水平面

当地面坡度较小，并顾及已有建筑和拟建建筑物或构筑物的布置情况及特点，将地面整理成某一高程的水平面。水平面的高程可以事先指定，也可以自行拟定。

1) 预先指定水平面的高程　如图 12.1 所示，假定要求将原地形整理成高程为 53m 的水平面。

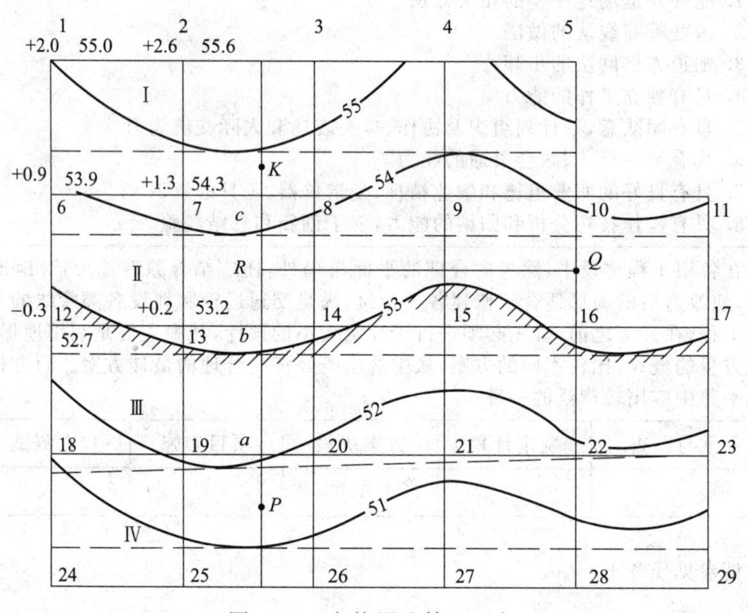

图 12.1　方格网法算土石方

① 确定填、挖边界线。根据设计高程 $H_{设}$，在图 12.1 上绘出高程为 $H_{设}$ 的一条同高程线，在此线上所有的点既不填又不挖，如图 12.1 中的 53m 等高线即为填、挖边界线，亦称零等高线。

② 绘制方格网。方格的边长取决于地形的复杂程度和土石方量估算的精度要求，一般取 10m、20m、50m，根据地形图的比例尺，在图上绘出方格网，并进行编号。为了计算的方便，在同一范围内，方格的边长一般取相同的，但在特殊地形处，也可采用不同的边长。

③ 求各方格网点的高程。根据图上等高线和其他地形点的高程，采用目估内插法求出各方格网点的地面高程 $H_{地}$，并标注于相应顶点的右上方，如图 12.1 所示。

④ 计算各方格网点的填、挖高度。将各方格网点的地面高程减去设计高程，即得各网点的填、挖高度 ($h=H_{地}-H_{设}$)，并注于相应顶点的左上方，正号表示挖，负号表示填。

⑤ 计算各方格的填、挖土石方量。当整个方格都是填方（或挖方）时，如图 12.1 中的

方格Ⅰ，土石方量可用下式计算：

$$v_{挖(或填)}=(h_1+h_2+h_3+h_4)A_{挖(或填)} \tag{12.1}$$

式中　h_1，h_2，h_3，h_4——某一方格 4 个角点挖（或填）的高度，m；

$A_{挖(或填)}$——对应方格的实地面积，m^2。

当某一方格既有挖方又有填方时，如图 12.1 中的方格Ⅱ应分别计算挖、填土石方量的大小。

$$v_{挖(或填)}=\frac{1}{n}\sum_{i=1}^{n-2}(h_i)A_{挖(或填)} \tag{12.2}$$

式中　n——挖（或填）部分对应的多边形边数；

h_i——顶点挖（或填）的高度，m；

$A_{挖(或填)}$——对应多边形的实地面积，m^2。

⑥ 计算总的填、挖土石方量。

$$\left.\begin{aligned}v_{挖总}&=\sum v_{挖}\\v_{填总}&=\sum v_{填}\end{aligned}\right\} \tag{12.3}$$

2）自行拟定水平面的高程　在保持填、挖方基本平衡的条件下，自行计算水平面的设计高程，并分别计算填、挖土石方量的大小。如图 12.1 所示，要求将原地形整理成填、挖基本平衡的水平面（高程并不一定为 53m），其填、挖土石方量的计算方法与前面基本相同。

① 绘制方格网。

② 确定各方格网的高程，标注于相应顶点的右上方。

③ 确定设计高程。先分别计算每一方格 4 个顶点高程的平均值，再把各方格的平均高程加起来除以方格数，即得设计高程。经分析可知，在计算设计高程时，方格网外围角点高程用一次，如图 12.1 中的 1、5、11、24、29 点；边点高程用两次，如 2、3、4、6、…；拐点高程用三次，如 10；中点高程用 4 次，如 7、8、9、…。则设计高程的计算公式可写成：

$$H_{设}=\frac{\sum H_{角}\times1+\sum H_{边}\times2+\sum H_{拐}\times3+\sum H_{中}\times4}{4n} \tag{12.4}$$

式中　n——方格的个数；

$\sum H_{角}$，$\sum H_{边}$，$\sum H_{拐}$，$\sum H_{中}$——各角点、边点、拐点和中点的高程之和。

④ 确定填、挖边界线。根据计算的设计高程 $H_{设}$，在图上标出填、挖边界线（零等高线）。

⑤ 计算各方格网点的填、挖高度，标注于相应顶点的左上方。

⑥ 计算各方格的填、挖方量的大小和总的填、挖土石方量，方法同前。

填、挖土石方量的计算也可按式（12.5）分别进行。

$$\left.\begin{aligned}角点:V_{填(或挖)}&=\sum h_{填(或挖)}\times\frac{1}{4}方格面积\\边点:V_{填(或挖)}&=\sum h_{填(或挖)}\times\frac{2}{4}方格面积\\拐点:V_{填(或挖)}&=\sum h_{填(或挖)}\times\frac{3}{4}方格面积\\中点:V_{填(或挖)}&=\sum h_{填(或挖)}\times\frac{4}{4}方格面积\end{aligned}\right\} \tag{12.5}$$

最后分别计算总的填方量和总的挖方量，计算的结果中填、挖土石方量应基本相等。

（2）整理成一定坡度的倾斜面

当地面坡度较大时，可结合原地形并根据设计要求，按填、挖土石方量基本平衡的原则，将原地形整理成某一坡度的倾斜面。但此时要求的设计的倾斜面必须包含某些固定的点位，如城市规划中已修筑的主、次道路中线点，永久性大型建筑物或构筑物的外墙地坪高程点等，此时应将这些固定点作为设计倾斜面的控制高程点，然后再根据控制高程点的高程，确定设计等高线的平距和方向。

1）整理成规定坡度的倾斜面　如图 12.1 所示，若最大设计坡度为 i_0，最大坡度方向为正南北方向，坡底线设计高程 H_0，欲估算土石方量的大小，具体步骤如下：

① 绘制方格网。方格的一边应与最大坡度方向一致，另一边应垂直于最大坡度方向。

② 确定各方格网点的地面高程。

③ 计算各方格网点的设计高程。

$$H_{设}=H_0+i_0D \tag{12.6}$$

式中　D——方格网点至坡底线的垂直距离。

由式（12.6）可得，同一行上各方格网点的设计高程相同，如图 12.1 中的 24、25、26、…等；同一列上各相邻方格网点间的高差相同，如 2 与 7、7 与 13、13 与 19 等。

④ 计算各方格网点的填、挖高度。

⑤ 计算各方格填、挖方量的大小和总的填、挖土石方量。

2）整理成通过特定点的倾斜面　如图 12.1 所示，若 K、P、Q 为 3 个控制高程点，其地面高程分别为 54.7m、51.4m、53.6m，欲将原地形改造成场地 K、P、Q3 点的倾斜面。

① 确定倾斜面的坡度。根据 P、K 两点的高程计算 P、K 间的平均坡度。

$$i_{PK}=\frac{h_{PK}}{D_{PK}} \tag{12.7}$$

② 确定设计等高线方向。首先在 PK 直线上内插出高程为 H_Q 的 R 点，然后过等高线与 PK 直线的交点 a、b、c、…作平行于 RQ 的直线，即为设计等高线方向。

③ 绘制方格网。方格网的方向应与 PK 的方向一致。

④ 确定各方格网点的地面高程。

⑤ 确定各方格网点的设计高程，根据设计等高线用内插法求得。

⑥ 计算各方格网点的填、挖高度。

⑦ 计算各方格填、挖方量的大小和总的填、挖土石方量。

12.1.3.2　等高线法

当场地地面起伏较大，且仅计算挖方时，可采用等高线法。这种方法是从场地设计高程的等高线开始，算出各等高线所包围的面积，分别将相邻两条等高线所围面积的平均值乘以等高距，就是该两条等高线平面间的土石方量，再求和即得总的挖方量。

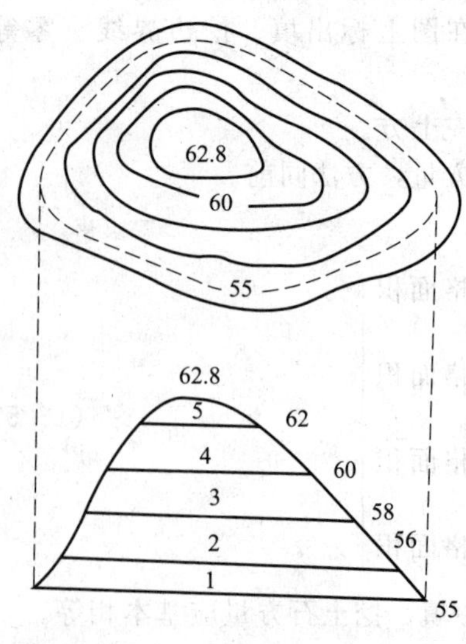

图 12.2　等高线法算土石方

如图 12.2 所示，地形图等高距为 2m，要求平整场地后的设计高程为 55m。先在图中内插设计高程 55m 的等高线（图 12.2 中虚线），再分别求出 55m、56m、58m、60m、62m 5 条等高线所围成的面积 A_{55}、A_{56}、A_{58}、A_{60}、A_{62}，即可算出每层土石方量为：

$$V_1=\frac{1}{2}(A_{55}+A_{56})\times 1$$

$$V_2=\frac{1}{2}(A_{56}+A_{58})\times 2$$

$$V_3=\frac{1}{2}(A_{58}+A_{60})\times 2$$

$$V_4=\frac{1}{2}(A_{60}+A_{62})\times 2$$

$$V_5=\frac{1}{3}A_{62}\times 0.8$$

V_5是 62m 等高线以上山头顶部的土石方量。总挖方量为：

$$\sum V_{挖}=V_1+V_2+V_3+V_4+V_5$$

12.1.3.3　断面法

在道路和管线建设（或坡地的平整）中，沿中线（或挖、填边线）至两侧一定范围内线状地形的土石方计算常用此法。这种方法是在施工场地范围内，利用地形图以一定间距绘出断面图，分别求出各断面由设计高程线与断面曲线（地面高程线）围成的填方面积和挖方面积，然后计算每相邻断面间的填（挖）方量，分别求和即为总填（挖）方量。

如图 12.3 所示，若地形图比例尺为 1 ∶ 1000，矩形范围欲修建一段道路，其设计高程为 47m。为了获得土石方量，先在地形图上绘出相互平行、间隔为 d、一般实地距离为 20～40m 的断面方向线，如 1—1、2—2、…、5—5；按一定比例尺绘出各断面图（纵、横轴比例尺应一致，常用的比例尺为 1∶100 或 1∶200），并将设计高程线展绘在断面图上（见图 12.3 中 1—1、2—2 断面）；然后在断面图上分别求出各断面设计高程线与断面图所包围的填土面积 $A_{填i}$和挖土面积 $A_{挖i}$（i 表示断面编号），最后计算两断面间土石方量。例如，1—1 和 2—2 两断面间的土石方量为：

$$V_{填(1-2)}=\frac{1}{2}(A_{填1}+A_{填2})d$$

$$V_{挖(1-2)}=\frac{1}{2}(A_{挖1}+A_{挖2})d$$

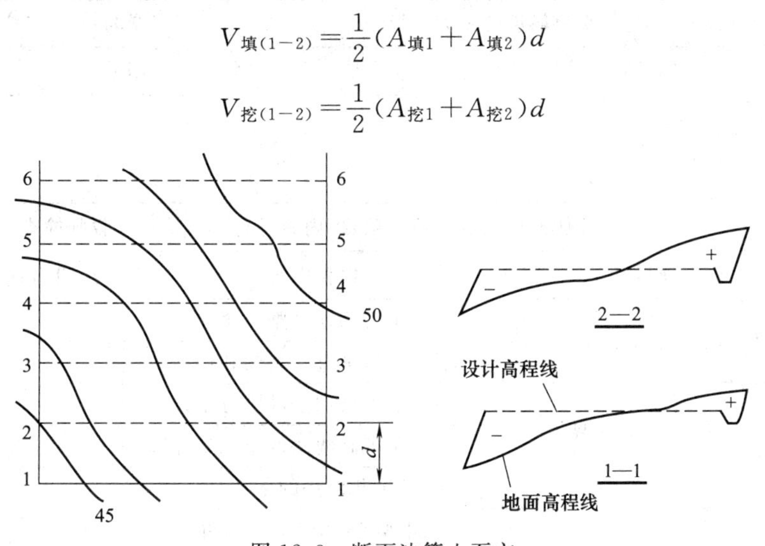

图 12.3　断面法算土石方

同法依次计算出每两相邻断面间的土石方量，最后将填方量和挖方量分别累加，即得总的土石方量。

上述 3 种土石方估算方法各有特点，应根据场地地形条件和工程要求选择合适的方法。当实际工程土石方估算精度要求较高时，往往要到现场实测方格网图（方格点高程）、断面图或地形图。

随着计算机的普及使用，土石方量的计算可采用计算机编程完成，也可利用现有的专业软件，根据实地测定的地面点坐标和设计高程，快速、准确地计算指定范围内的填、挖土石方量，并给出填挖边界线。

12.2 计划与决策

12.2.1 计划单

计划单同任务 1。

12.2.2 决策单

决策单同任务 1。

12.3 实施与检查

12.3.1 实施单

实施单同任务 1。

12.3.2 检查单

任务 12	平整场地的土方计算		学时	2
班级			组号	
小组成员及分工				
检查方式	按任务单规定的检查项目、内容进行小组检查和教师检查			
序号	检查项目	检查内容	小组检查	教师检查
1	场地平整的目的与作用	了解场地平整概念		
		了解场地平整的目的和作用		
2	场地平整时土方量计算方法及其应用	掌握基于方格网法的土方量计算		
		掌握基于等高线法的土方量计算		
		掌握基于断面法的土方量计算		
3	场地平整土方量计算程序化	能熟练使用 Excel 软件		
		利用 Excel 软件编写基于方格网的土石方计算公式		
		能按时完成土方量的计算		
4	其他	是否具有团队意识、计划组织及协作、口头表达和人际交流能力		
		是否具有良好的职业道德和敬业精神、爱惜仪器、工具的意识		
		能否按时完成任务		
组长签字		教师签字		年 月 日

12.4　评价与教学反馈

12.4.1　评价单

评价单同任务 1。

12.4.2　教学反馈单

<table>
<tr><td>任务 12</td><td colspan="3">平整场地的土方计算</td><td>学时</td><td colspan="2">2</td></tr>
<tr><td>班级</td><td></td><td>学号</td><td></td><td>姓名</td><td colspan="2"></td></tr>
<tr><td>调查方式</td><td colspan="6">对学生知识掌握、能力培养的程度，学习与工作的方法及环境进行调查</td></tr>
<tr><td>序号</td><td colspan="4">调查内容</td><td>是</td><td>否</td></tr>
<tr><td>1</td><td colspan="4">了解场地平整的目的与作用吗？</td><td></td><td></td></tr>
<tr><td>2</td><td colspan="4">是否掌握基于方格钢法的土方量计算？</td><td></td><td></td></tr>
<tr><td>3</td><td colspan="4">是否掌握基于等高线法的土方量计算？</td><td></td><td></td></tr>
<tr><td>4</td><td colspan="4">是否掌握基于断面法的土方量计算？</td><td></td><td></td></tr>
<tr><td>5</td><td colspan="4">是否掌握使用 Excel 进行土方量的计算？</td><td></td><td></td></tr>
<tr><td>6</td><td colspan="4">你具有团队意识、计划组织与协作、口头表达及人际交流能力吗？</td><td></td><td></td></tr>
<tr><td>7</td><td colspan="4">你具有操作技巧分析和归纳的能力，善于创新和总结经验吗？</td><td></td><td></td></tr>
<tr><td>8</td><td colspan="4">你对本任务的学习满意吗？</td><td></td><td></td></tr>
<tr><td>9</td><td colspan="4">你对本任务的教学方式满意吗？</td><td></td><td></td></tr>
<tr><td>10</td><td colspan="4">你对小组的学习和工作满意吗？</td><td></td><td></td></tr>
<tr><td>11</td><td colspan="4">你对教学环境适应吗？</td><td></td><td></td></tr>
<tr><td>12</td><td colspan="4">你有爱惜仪器、工具的意识吗？</td><td></td><td></td></tr>
<tr><td colspan="7">其他改进教学的建议：</td></tr>
<tr><td>被调查人签名</td><td colspan="2"></td><td>调查时间</td><td colspan="3">年　月　日</td></tr>
</table>

学习情境六

基础施工测量

- 任务13　基础施工测量前的准备工作
- 任务14　基础施工测量

任务13 基础施工测量前的准备工作

13.1 资讯与调查

13.1.1 任务单

<table>
<tr><td>任务13</td><td colspan="3">基础施工测量前的准备工作</td><td colspan="2">学时</td><td>2</td></tr>
<tr><td colspan="7">布置任务</td></tr>
<tr><td>学习目标</td><td colspan="6">1. 能熟读相关设计图纸
2. 会现场勘测
3. 会确定测设方案和准备测设数据
4. 具有独立工作的能力
5. 具有团队意识、计划组织及协作、口头表达和人际交流能力
6. 具有举一反三、融会贯通的能力
7. 具有良好的职业道德和敬业精神，爱惜仪器、工具的意识
8. 具有操作技巧分析和归纳的能力，善于创新和总结经验</td></tr>
<tr><td>任务描述</td><td colspan="6">1. 熟读相关设计图纸
设计图纸是施工测量的主要依据。由此了解施工的建筑物与相邻地物之间的相互位置关系，建筑物的尺寸和施工的要求等。并对设计图纸的有关尺寸进行仔细核对，必要时将图纸上主要尺寸摘抄于施测记录本上，以便随时查找使用。
与测设有关的图纸资料主要有：总平面图、建筑平面图、基础平面图、基础详图、立面图和剖面图。
2. 现场勘测
了解建筑施工现场上地物、地貌以及原有控制测量点的分布情况，并对建筑施工现场上的平面控制点和水准点进行检核，以便获得正确的测量数据。
3. 确定测设方案和准备测设数据
在满足《工程测量规范》(GB 50026—2007)的建筑物施工放样的主要技术要求的前提下，拟定测设方案。
测设方案包括测设方法，测设步骤，采用的仪器工具，精度要求，时间安排等。
准备好相应的测设数据是对现场测量数据的一种检核，使现场测设时更方便，快捷，并减少出错的可能。</td></tr>
<tr><td rowspan="2">学时安排</td><td>资讯与调查</td><td>制定计划</td><td>方案决策</td><td>项目实施</td><td>检查测试</td><td>项目评价</td></tr>
<tr><td></td><td></td><td></td><td></td><td></td><td></td></tr>
<tr><td>推荐阅读资料</td><td colspan="6">请参见任务1</td></tr>
<tr><td>对学生的要求</td><td colspan="6">请参见任务1</td></tr>
</table>

13.1.2　资讯单

任务 13	基础施工测量前的准备工作	学时	2
资讯方式	查阅书籍、利用国家、省精品课程资源学习		
资讯问题	1. 总平面图在基础测量中有什么作用? 2. 建筑平面图在基础测量中有什么作用? 3. 基础平面图在基础测量中有什么作用? 4. 基础详图在基础测量中有什么作用? 5. 立面图和剖面图在基础测量中有什么作用?		

13.1.3　信息单

13.1.3.1　熟悉相关设计图纸

设计图纸是施工测量的主要依据。由此了解施工的建筑物与相邻地物之间的相互位置关系，建筑物的尺寸和施工的要求等。并对设计图纸的有关尺寸进行仔细核对，必要时将图纸上主要尺寸摘抄于施测记录本上，以便随时查找使用。

与测设有关的图纸资料主要有：

(1) 总平面图

是建筑施工放线的总体依据，也是建筑物定位的依据。如图 13.1 所示。

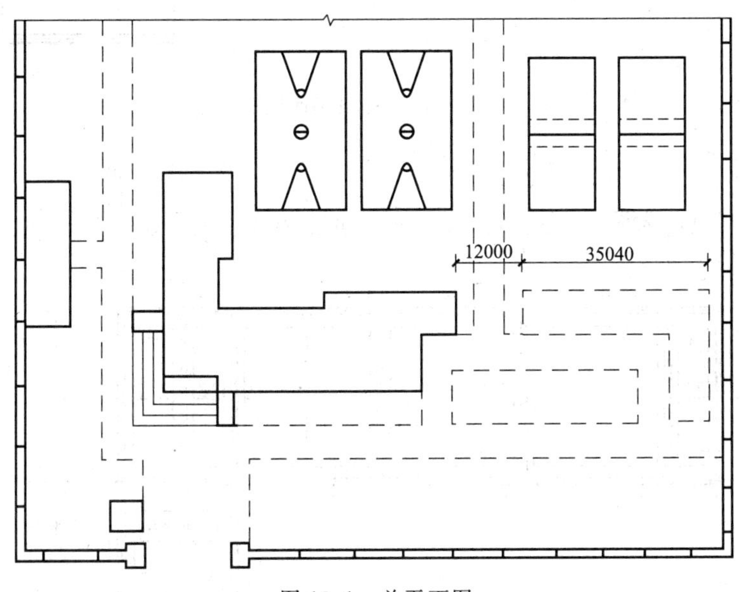

图 13.1　总平面图

(2) 建筑平面图

给出建筑物各定位轴线间的尺寸关系及室内地坪标高等。如图 13.2 所示。

(3) 基础平面图

给出基础边线和定位轴线的平面尺寸和编号。如图 13.3 所示。

(4) 基础详图

给出基础的立面尺寸、设计标高以及基础边线与定位轴线的尺寸关系，这是基础施工测量的依据。如图 13.4 所示。

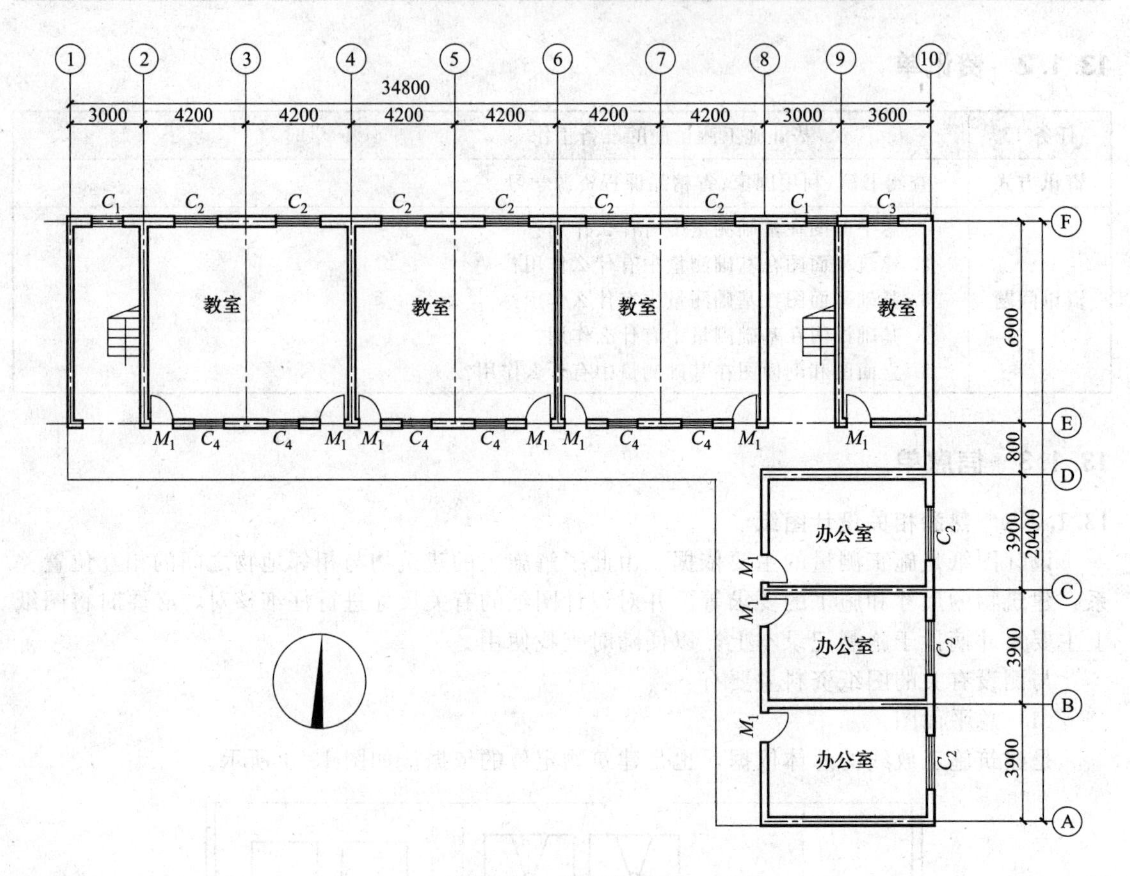

图 13.2　建筑平面图

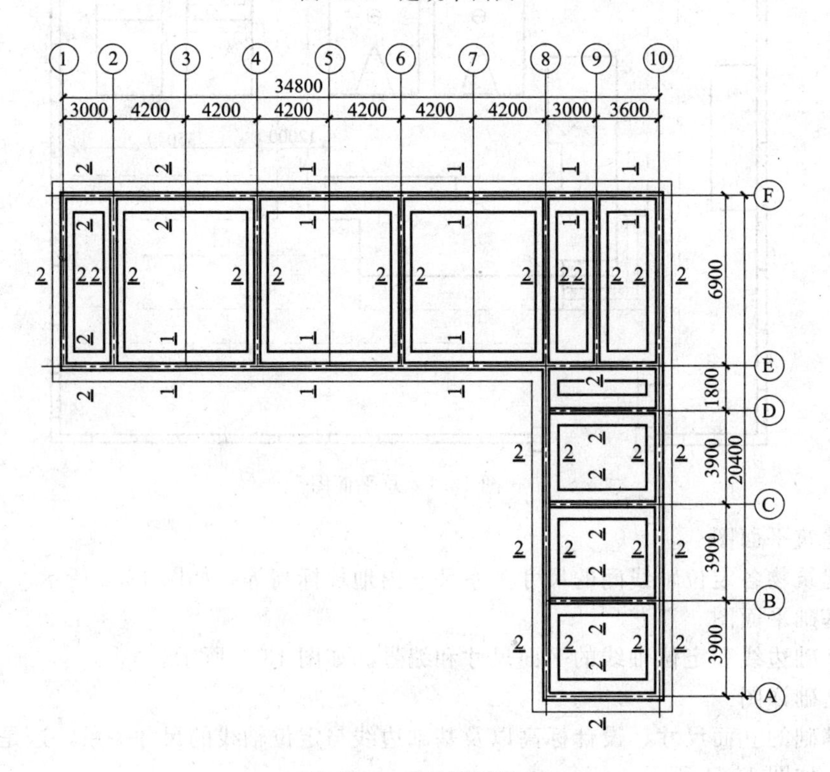

图 13.3　基础平面图

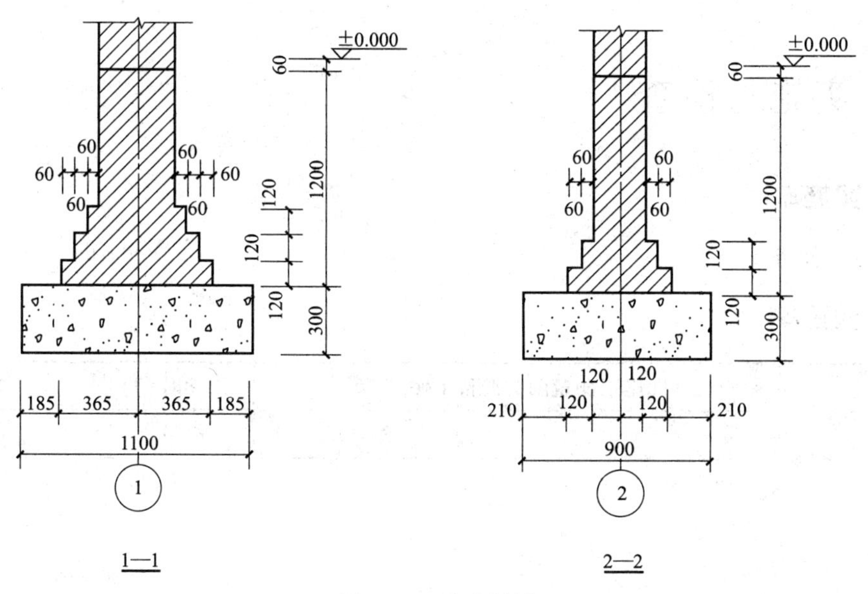

图 13.4　基础详图

(5) 立面图和剖面图

在建筑物的立面图和剖面图中，可以查出基础、地坪、门窗、楼板、屋面等设计高程，是高程测设的主要依据。

在熟悉上述主要图纸的基础上，要认真核对各种图纸总尺寸与各部分尺寸之间的关系是否正确，防止测设时出现差错。

13.1.3.2　现场勘测

了解建筑施工现场上地物、地貌以及原有控制测量点的分布情况，并对建筑施工现场上的平面控制点和水准点进行检核，以便获得正确的测量数据。

13.1.3.3　确定测设方案和准备测设数据

在熟悉设计图纸，掌握施工计划和施工进度的基础上，根据现场条件，在满足《工程测量规范》(GB 50026—2007) 的建筑物施工放样的主要技术要求的前提下，拟定测设方案。

测设方案包括测设方法，测设步骤，采用的仪器工具，精度要求，时间安排等。

在每次现场测设之前，应根据设计图纸和测设控制点的分布情况，准备好相应的测设数据并对数据进行检核，需要时还可绘出测设略图，把测设数据标注在略图上，使现场测设时更方便、快捷，并减少出错的可能。

13.2　计划与决策

13.2.1　计划单

计划单同任务 1。

13.2.2　决策单

决策单同任务 1。

13.3 实施与检查

13.3.1 实施单

实施单同任务1。

13.3.2 检查单

<table>
<tr><td>任务13</td><td colspan="2">基础施工测量前的准备工作</td><td>学时</td><td>2</td></tr>
<tr><td>班级</td><td colspan="2"></td><td>组号</td><td></td></tr>
<tr><td>小组成员
及分工</td><td colspan="4"></td></tr>
<tr><td>检查方式</td><td colspan="4">按任务单规定的检查项目、内容进行小组检查和教师检查</td></tr>
<tr><td>序号</td><td>检查项目</td><td>检查内容</td><td>小组检查</td><td>教师检查</td></tr>
<tr><td rowspan="2">1</td><td rowspan="2">总平面图的识读和在测量中的应用</td><td>能否识读总平面图</td><td></td><td></td></tr>
<tr><td>能否掌握总平面图在测量中的应用</td><td></td><td></td></tr>
<tr><td rowspan="2">2</td><td rowspan="2">建筑平面图的识读和在测量中的应用</td><td>能否识读建筑平面图</td><td></td><td></td></tr>
<tr><td>能否掌握建筑平面图在测量中的应用</td><td></td><td></td></tr>
<tr><td rowspan="2">3</td><td rowspan="2">基础平面图的识读和在测量中的应用</td><td>能否识读基础平面图</td><td></td><td></td></tr>
<tr><td>能否掌握建筑平面图在测量中的应用</td><td></td><td></td></tr>
<tr><td rowspan="2">4</td><td rowspan="2">基础详图的识读和在测量中的应用</td><td>能否识读基础详图</td><td></td><td></td></tr>
<tr><td>能否掌握基础详图在测量中的应用</td><td></td><td></td></tr>
<tr><td rowspan="2">5</td><td rowspan="2">立面图和剖面图的识读和在测量中的应用</td><td>能否识读立面图和剖面图</td><td></td><td></td></tr>
<tr><td>能否掌握立面图和剖面图在测量中的应用</td><td></td><td></td></tr>
<tr><td rowspan="3">6</td><td rowspan="3">其他</td><td>是否具有团队意识、计划组织及协作、口头表达和人际交流能力</td><td></td><td></td></tr>
<tr><td>是否具有良好的职业道德和敬业精神，爱惜仪器、工具的意识</td><td></td><td></td></tr>
<tr><td>能否按时完成任务</td><td></td><td></td></tr>
<tr><td>组长签字</td><td></td><td>教师签字</td><td></td><td>年 月 日</td></tr>
</table>

13.4　评价与教学反馈

13.4.1　评价单

评价单同任务 1。

13.4.2　教学反馈单

<table>
<tr><td>任务 13</td><td colspan="3">基础施工测量前的准备工作</td><td>学时</td><td colspan="2">2</td></tr>
<tr><td>班级</td><td></td><td>学号</td><td></td><td>姓名</td><td colspan="2"></td></tr>
<tr><td>调查方式</td><td colspan="6">对学生知识掌握、能力培养的程度，学习与工作的方法及环境进行调查</td></tr>
<tr><td>序号</td><td colspan="4">调查内容</td><td>是</td><td>否</td></tr>
<tr><td>1</td><td colspan="4">你能否识读总平面图？你是否掌握总平面图在测量中的应用？</td><td></td><td></td></tr>
<tr><td>2</td><td colspan="4">你能否识读建筑平面图？你是否掌握建筑平面图在测量中的应用？</td><td></td><td></td></tr>
<tr><td>3</td><td colspan="4">你能否识读基础平面图？你是否掌握基础平面图在测量中的应用？</td><td></td><td></td></tr>
<tr><td>4</td><td colspan="4">你能否识读基础详图？你是否掌握基础详图在测量中的应用？</td><td></td><td></td></tr>
<tr><td>5</td><td colspan="4">你能否识读立面图和剖面图？你是否掌握立面图和剖面图在测量中的应用？</td><td></td><td></td></tr>
<tr><td>6</td><td colspan="4">你具有团队意识、计划组织与协作、口头表达及人际交流能力吗？</td><td></td><td></td></tr>
<tr><td>7</td><td colspan="4">你具有操作技巧分析和归纳的能力，善于创新和总结经验吗？</td><td></td><td></td></tr>
<tr><td>8</td><td colspan="4">你对本任务的学习满意吗？</td><td></td><td></td></tr>
<tr><td>9</td><td colspan="4">你对本任务的教学方式满意吗？</td><td></td><td></td></tr>
<tr><td>10</td><td colspan="4">你对小组的学习和工作满意吗？</td><td></td><td></td></tr>
<tr><td>11</td><td colspan="4">你对教学环境适应吗？</td><td></td><td></td></tr>
<tr><td colspan="7">其他改进教学的建议：</td></tr>
<tr><td>被调查人签名</td><td colspan="2"></td><td>调查时间</td><td colspan="3">年　月　日</td></tr>
</table>

任务14　基础施工测量

14.1　资讯与调查

14.1.1　任务单

<table>
<tr><td>任务14</td><td colspan="4">基础施工测量</td><td>学时</td><td>8</td></tr>
<tr><td colspan="7">布置任务</td></tr>
<tr><td>学习目标</td><td colspan="6">1. 知道确定开挖边界线的方法
2. 知道基础标高的控制方法
3. 知道垫层中线的测设(轴线投测)方法
4. 知道防范基础施工测量中的错误
5. 具有团队意识、计划组织及协作、口头表达和人际交流能力
6. 具有举一反三、融会贯通的能力
7. 具有良好的职业道德和敬业精神，爱惜仪器、工具的意识
8. 具有操作技巧分析和归纳的能力，善于创新和总结经验</td></tr>
<tr><td>任务描述</td><td colspan="6">1. 确定开挖边界线
开挖边界线根据基础宽及施工条件确定，用石灰撒出基础开挖边界线。开挖边界线的确定有如下几种情况：不放坡，但要留工作面；不放坡，不加挡土板支撑；留工作面并加支撑；放坡。
2. 基础标高的控制
当根据石灰线开挖基槽接近槽底时，可在槽壁上每隔3～5m测设比槽底设计高程提高0.3～0.5m的水平桩，作为水平桩以下槽底清理以及基础垫层施工的依据。
3. 垫层中线的测设(轴线投测)
通过轴线控制桩将轴线引测到垫层上，并用墨线弹出墙体、梁、柱轴线以及基础边线，作为基础施工的依据。
4. 轴线定位错误造成的后果相当的严重，会造成整体建筑物的定位错误
避免轴线定位错误的方法是：工作要认真细致；测量数据一定要闭合复验。</td></tr>
<tr><td rowspan="2">学时安排</td><td>资讯与调查</td><td>制定计划</td><td>方案决策</td><td>项目实施</td><td>检查测试</td><td>项目评价</td></tr>
<tr><td></td><td></td><td></td><td></td><td></td><td></td></tr>
<tr><td>推荐阅读资料</td><td colspan="6">请参见任务1</td></tr>
<tr><td>对学生的要求</td><td colspan="6">请参见任务1</td></tr>
</table>

14.1.2　资讯单

<table>
<tr><td>任务14</td><td>基础施工测量</td><td>学时</td><td>8</td></tr>
<tr><td>资讯方式</td><td colspan="3">查阅书籍、利用国家、省精品课程资源学习</td></tr>
<tr><td>资讯问题</td><td colspan="3">1. 如何确定开挖边界线？
2. 如何控制基础的标高？
3. 如何进行轴线投测？
4. 轴线投测有什么作用？
5. 基础施工测量通常有哪些错误？如何防范？</td></tr>
</table>

14.1.3　信息单

14.1.3.1　确定开挖边界线

开挖边界线根据基础宽及施工条件确定，用石灰撒出基础开挖边界线。

开挖边界线确定的方法如下：

(1) 不放坡，不加挡土板支撑

当土质均匀且地下水位低于槽底，开挖深度较浅时，可不放坡和不加支撑。这时，基础底边尺寸就是放灰线尺寸。

(2) 不放坡，但要留工作面

浇筑基础混凝土时，为了控制断面尺寸，需要在坑槽内支立模板，为此，必须留出一定的工件面用以支设模板一般情况下，混凝土基础每边工作面的宽为 300mm。基础放灰线尺寸为

$$d=a+2c$$

式中　d——基础放灰线尺寸；

a——基础底边尺寸；

c——工作面的宽度，一般每边取 300mm。

(3) 留工作面并加支撑

当基础埋置较深，场地狭窄不能放坡时，为防止土壁坍塌，必须设置支撑，此时，基础放灰线尺寸是基础底边尺寸、工作面的宽度与支撑所需的尺寸之和。基础放灰线尺寸为

$$d=a+2c+2f$$

式中　f——支撑所需的尺寸，一般每边取 100mm。

(4) 放坡

如果基础开挖较深，即使土质良好且无地下水，也应根据开挖深度和土质情况，选择适当的放坡系数放坡。基础放灰线尺寸为

$$d=a+2c+2b$$

式中　b——放坡宽度，$b=mh$；

m——坡度系数；

h——基础开挖深度。

14.1.3.2　基础标高的控制

当根据石灰线开挖基槽接近槽底时，可在槽壁上每隔 3～5m 测设比槽底设计高程提高 0.3～0.5m 的水平桩，作为水平桩以下槽底清理以及基础垫层施工的依据。

水平桩的测设方法如图 14.1 所示。如槽底设计标高为－1.800，欲测设比槽底设计标高高 0.500m 的水平桩，可在地面适当位置安置水准仪，在地面高程控制点（设其标高为±0.000）上立水准尺，读取后视读数 a 假定为 0.885m，可在槽内壁一侧上下移动前视水准尺，直至前视读数应 b 为 0.885＋1.800－0.500＝2.185（m）时，就可由尺子底面在槽壁上钉一小木桩，即为要测设的水平桩。

控制开挖深度；不得超挖，当基槽挖到离槽底 0.3～0.5m 时，用高程放样的方法在槽壁上钉水平控制桩。

14.1.3.3　垫层中线的测设（轴线投测）

待垫层施工完成后，通过轴线控制桩将轴线引测到垫层上，并用墨线弹出墙体、梁、柱轴线以及基础边线，作为基础施工的依据。如为基础大开挖，则首先用上述方法将一条或几条主要轴线引测到垫层上，再用经纬仪和钢尺详细测设其他所有轴线的位置。如图 14.2 所示。

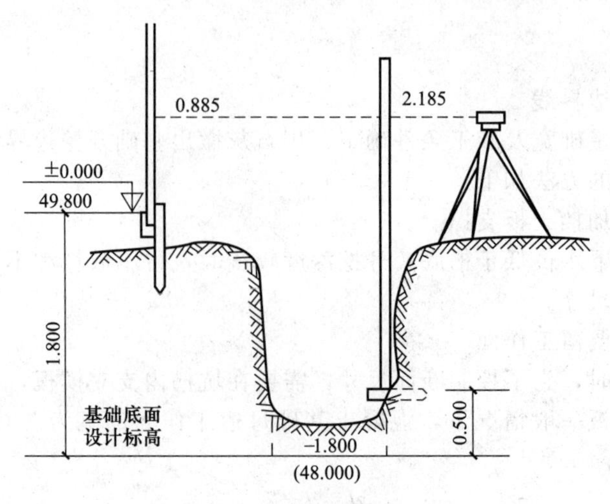

图 14.1 水平桩的测设方法

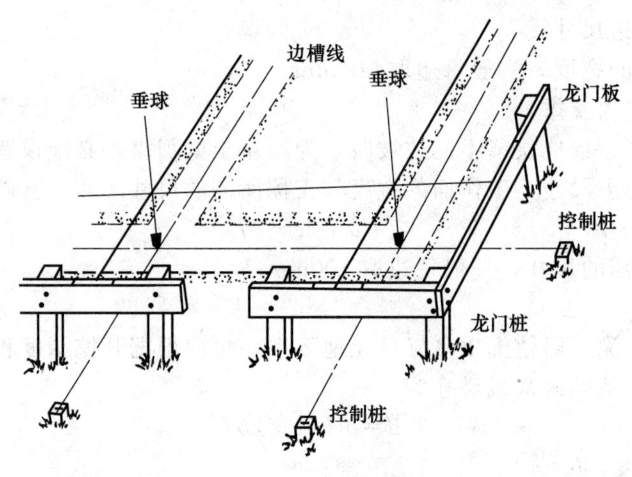

图 14.2 轴线投测

14.1.3.4 基础测量工作常见错误

（1）轴线定位错误

轴线定位错误造成的后果相当的严重，会造成整体建筑物的定位错误，涉及规划布局以及前期的设计工作全部否定，会造成极大的经济损失和社会不良影响。

造成这种错误的因素有很多，是由于基础测量定位的过程比较琐碎和繁杂。这样的错误在施工中较为常见，如在基础开挖之前发现，一般都可以补救，如在开挖后发现，则处理和补救相当的麻烦。

避免轴线定位错误的方法是：工作要认真细致；测量数据一定要闭合复验。

（2）对图纸理解错误

这种情况主要出现在建筑平面形状不太规则，且同时有深基础和浅基础的大型建筑物。有的施工图会将深基础和浅基础分画在不同的图纸上。测量放样时，对局部和整体的关系理解错误。

（3）轴线控制桩偏移

对轴线控制桩保护后，由于挤动、沉降或其他原因，造成控制桩不易察觉的移动，从而导致测量错误。

14.2　计划与决策

14.2.1　计划单

计划单同任务 1。

14.2.2　决策单

决策单同任务 1。

14.3　实施与检查

14.3.1　实施单

实施单同任务 1。

14.3.2　检查单

<table>
<tr><td colspan="2">任务 14</td><td colspan="2">基础施工测量</td><td>学时</td><td colspan="2">8</td></tr>
<tr><td colspan="2">班级</td><td colspan="2"></td><td>组号</td><td colspan="2"></td></tr>
<tr><td colspan="2">小组成员及分工</td><td colspan="5"></td></tr>
<tr><td colspan="2">检查方式</td><td colspan="5">按任务单规定的检查项目、内容进行小组检查和教师检查</td></tr>
<tr><td>序号</td><td colspan="2">检查项目</td><td colspan="2">检查内容</td><td>小组检查</td><td>教师检查</td></tr>
<tr><td rowspan="4">1</td><td colspan="2" rowspan="4">确定开挖边界线</td><td colspan="2">不放坡，不加挡土板支撑情况下的边界线的确定</td><td></td><td></td></tr>
<tr><td colspan="2">不放坡，但要留工作面情况下的边界线的确定</td><td></td><td></td></tr>
<tr><td colspan="2">留工作面并加支撑情况下的边界线的确定</td><td></td><td></td></tr>
<tr><td colspan="2">放坡情况下的边界线的确定</td><td></td><td></td></tr>
<tr><td>2</td><td colspan="2">基础标高的控制</td><td colspan="2">基础标高的测设方法</td><td></td><td></td></tr>
<tr><td>3</td><td colspan="2">轴线投测</td><td colspan="2">轴线投测的方法</td><td></td><td></td></tr>
<tr><td rowspan="3">4</td><td colspan="2" rowspan="3">其他</td><td colspan="2">是否具有团队意识、计划组织及协作、口头表达和人际交流能力</td><td></td><td></td></tr>
<tr><td colspan="2">是否具有良好的职业道德和敬业精神，爱惜仪器、工具的意识</td><td></td><td></td></tr>
<tr><td colspan="2">能否按时完成任务</td><td></td><td></td></tr>
<tr><td colspan="2">组长签字</td><td></td><td>教师签字</td><td></td><td colspan="2">年　月　日</td></tr>
</table>

14.4 评价与教学反馈

14.4.1 评价单

评价单同任务1。

14.4.2 教学反馈单

<table>
<tr><td>任务14</td><td colspan="3">基础施工测量</td><td>学时</td><td>8</td></tr>
<tr><td>班级</td><td></td><td>学号</td><td></td><td>姓名</td><td></td></tr>
<tr><td>调查方式</td><td colspan="5">对学生知识掌握、能力培养的程度，学习与工作的方法及环境进行调查</td></tr>
<tr><td>序号</td><td colspan="3">调查内容</td><td>是</td><td>否</td></tr>
<tr><td>1</td><td colspan="3">你知道不放坡，不加挡土板支撑情况下的边界线的确定方法吗？</td><td></td><td></td></tr>
<tr><td>2</td><td colspan="3">你知道不放坡，但要留工作面情况下的边界线的确定方法吗？</td><td></td><td></td></tr>
<tr><td>3</td><td colspan="3">你知道留工作面并加支撑情况下的边界线的确定方法吗？</td><td></td><td></td></tr>
<tr><td>4</td><td colspan="3">你知道放坡情况下的边界线的确定方法吗？</td><td></td><td></td></tr>
<tr><td>5</td><td colspan="3">你知道基础标高的测设方法吗？</td><td></td><td></td></tr>
<tr><td>6</td><td colspan="3">你知道轴线投测的方法吗？</td><td></td><td></td></tr>
<tr><td>7</td><td colspan="3">你具有团队意识、计划组织与协作、口头表达及人际交流能力吗？</td><td></td><td></td></tr>
<tr><td>8</td><td colspan="3">你具有操作技巧分析和归纳的能力，善于创新和总结经验吗？</td><td></td><td></td></tr>
<tr><td>9</td><td colspan="3">你对本任务的学习满意吗？</td><td></td><td></td></tr>
<tr><td>10</td><td colspan="3">你对本任务的教学方式满意吗？</td><td></td><td></td></tr>
<tr><td>11</td><td colspan="3">你对小组的学习和工作满意吗？</td><td></td><td></td></tr>
<tr><td>12</td><td colspan="3">你对教学环境适应吗？</td><td></td><td></td></tr>
<tr><td>13</td><td colspan="3">你有爱惜仪器、工具的意识吗？</td><td></td><td></td></tr>
<tr><td colspan="6">其他改进教学的建议：</td></tr>
<tr><td>被调查人签名</td><td colspan="2"></td><td>调查时间</td><td colspan="2">年 月 日</td></tr>
</table>

学习情境七

主体施工测量

- 任务15　墙体定位和标高控制
- 任务16　建筑物的高程传递

任务15 墙体定位和标高控制

15.1 资讯与调查

15.1.1 任务单

<table>
<tr><th>任务15</th><th colspan="4">墙体定位和标高控制</th><th>学时</th><th>6</th></tr>
<tr><td colspan="7">布置任务</td></tr>
<tr><td>学习目标</td><td colspan="6">1. 会进行墙体轴线投测
2. 会对墙体标高进行控制
3. 能确定测设方案和准备测设数据
4. 具有独立工作的能力
5. 具有团队意识、计划组织及协作、口头表达和人际交流能力
6. 具有举一反三、融会贯通的能力
7. 具有良好的职业道德和敬业精神，爱惜仪器、工具的意识
8. 具有操作技巧分析和归纳的能力，善于创新和总结经验</td></tr>
<tr><td>任务描述</td><td colspan="6">1. 墙体轴线投测
根据轴线控制桩或龙门板上中线钉，用经纬仪或拉细线，把这一层楼房的墙中线和边线投测到墙体上，并把墙轴线延伸到墙的侧面上画出标志，作为向上投测轴线的依据。
2. 墙体标高控制
每层墙体砌筑到一定高度后，常在各层墙面上测设出 ＋0.500m 的标高线（俗称50线），作为掌握楼面抹灰及室内装修的标高依据。
3. 确定测设方案和准备测设数据
在满足《工程测量规范》(GB 50026—2007)的建筑物施工放样的主要技术要求的前提下，拟定测设方案。
测设方案包括测设方法，测设步骤，采用的仪器工具，精度要求，时间安排等。
准备好相应的测设数据是对现场测量数据的一种检核，使现场测设时更方便、快捷，并减少出错的可能。</td></tr>
<tr><td rowspan="2">学时安排</td><td>资讯与调查</td><td>制定计划</td><td>方案决策</td><td>项目实施</td><td>检查测试</td><td>项目评价</td></tr>
<tr><td></td><td></td><td></td><td></td><td></td><td></td></tr>
<tr><td>推荐阅读资料</td><td colspan="6">请参见任务1</td></tr>
<tr><td>对学生的要求</td><td colspan="6">请参见任务1</td></tr>
</table>

15.1.2　资讯单

任务 15	墙体定位和标高控制	学时	6
资讯方式	查阅书籍、利用国家、省精品课程资源学习		
资讯问题	1. 墙体轴线投测方法和步骤是什么？ 2. 墙体标高控制的方法和步骤是什么？ 3. 如何确定测设方案和准备测设数据？		

15.1.3　信息单

15.1.3.1　墙体轴线投测

基础墙砌筑到防潮层以后，可根据轴线控制桩或龙门板上中线钉，用经纬仪或拉细线，把这一层楼房的墙中线和边线投测到防潮层上，并弹出墨线，检查外墙轴线交角是否等于90°；符合要求后，把墙轴线延伸到基础墙的侧面上画出标志，作为向上投测轴线的依据。同时把门、窗和其他洞口的边线，也在外墙基础立面上画出标志。如图15.1所示。

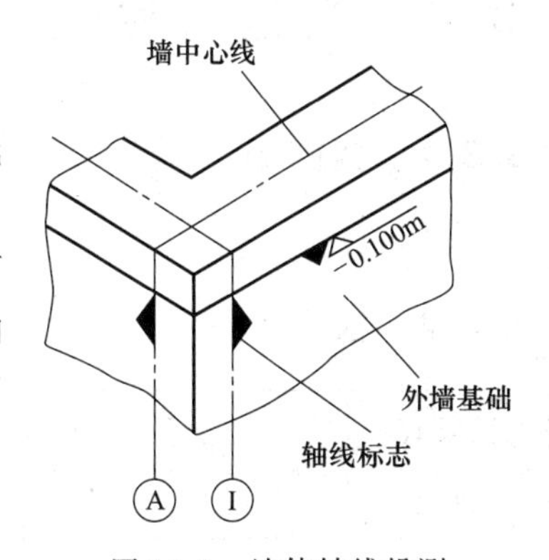

图 15.1　墙体轴线投测

15.1.3.2　墙体标高的控制

每层墙体砌筑到一定高度后，常在各层墙面上测设出+0.500m的标高线（俗称50线），作为掌握楼面抹灰及室内装修的标高依据。

墙体砌筑时，其标高也可用皮数杆控制。在墙身皮数杆上根据设计尺寸，按砖和灰缝的厚度画线，并标明门、窗、过梁、楼板等的标高位置。杆上注记从±0.000向上增加，如图15.2所示。墙身皮数杆的设立方法与基础皮数杆相同。

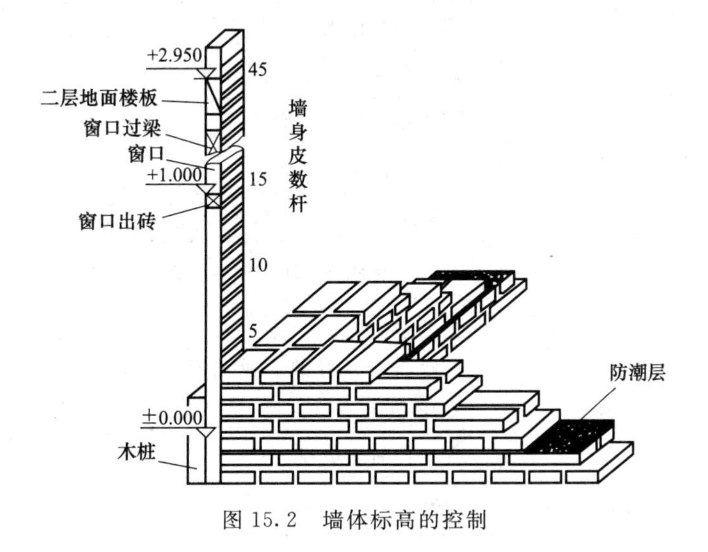

图 15.2　墙体标高的控制

15.2 计划与决策

15.2.1 计划单

计划单同任务 1。

15.2.2 决策单

决策单同任务 1。

15.3 实施与检查

15.3.1 实施单

实施单同任务 1。

15.3.2 检查单

<table>
<tr><td>任务 15</td><td colspan="2">墙体定位和标高控制</td><td>学时</td><td>6</td></tr>
<tr><td>班级</td><td colspan="2"></td><td>组号</td><td></td></tr>
<tr><td>小组成员
及分工</td><td colspan="4"></td></tr>
<tr><td>检查方式</td><td colspan="4">按任务单规定的检查项目、内容进行小组检查和教师检查</td></tr>
<tr><td>序号</td><td>检查项目</td><td>检查内容</td><td>小组检查</td><td>教师检查</td></tr>
<tr><td rowspan="3">1</td><td rowspan="3">墙体轴线投测方法和步骤</td><td>墙体轴线投测的作用</td><td></td><td></td></tr>
<tr><td>墙体轴线投测方法和步骤</td><td></td><td></td></tr>
<tr><td>怎样保证墙体轴线投测的正确性</td><td></td><td></td></tr>
<tr><td rowspan="3">2</td><td rowspan="3">墙体标高控制的方法和步骤</td><td>墙体标高控制的作用</td><td></td><td></td></tr>
<tr><td>墙体标高控制方法</td><td></td><td></td></tr>
<tr><td>墙体标高控制的方法和步骤</td><td></td><td></td></tr>
<tr><td rowspan="3">3</td><td rowspan="3">其他</td><td>是否具有团队意识、计划组织及协作、口头表达和人际交流能力</td><td></td><td></td></tr>
<tr><td>是否具有良好的职业道德和敬业精神，爱惜仪器、工具的意识</td><td></td><td></td></tr>
<tr><td>能否按时完成任务</td><td></td><td></td></tr>
<tr><td>组长签字</td><td></td><td>教师签字</td><td></td><td>年 月 日</td></tr>
</table>

15.4 评价与教学反馈

15.4.1 评价单

评价单同任务 1。

15.4.2 教学反馈单

<table>
<tr><td>任务 15</td><td colspan="3">墙体定位和标高控制</td><td>学时</td><td colspan="2">6</td></tr>
<tr><td>班级</td><td></td><td>学号</td><td></td><td>姓名</td><td colspan="2"></td></tr>
<tr><td>调查方式</td><td colspan="6">对学生知识掌握、能力培养的程度，学习与工作的方法及环境进行调查</td></tr>
<tr><td>序号</td><td colspan="4">调查内容</td><td>是</td><td>否</td></tr>
<tr><td>1</td><td colspan="4">你会进行墙体轴线投测吗？</td><td></td><td></td></tr>
<tr><td>2</td><td colspan="4">你知道墙体轴线投测的方法和步骤吗？</td><td></td><td></td></tr>
<tr><td>3</td><td colspan="4">你知道怎样保证墙体轴线投测的正确性吗？</td><td></td><td></td></tr>
<tr><td>4</td><td colspan="4">你知道墙体标高控制的作用吗？</td><td></td><td></td></tr>
<tr><td>5</td><td colspan="4">你知道墙体标高控制方法有哪些吗？</td><td></td><td></td></tr>
<tr><td>6</td><td colspan="4">你知道墙体标高控制的方法和步骤吗？</td><td></td><td></td></tr>
<tr><td>7</td><td colspan="4">你具有团队意识、计划组织与协作、口头表达及人际交流能力吗？</td><td></td><td></td></tr>
<tr><td>8</td><td colspan="4">你具有操作技巧分析和归纳的能力，善于创新和总结经验吗？</td><td></td><td></td></tr>
<tr><td>9</td><td colspan="4">你对本任务的学习满意吗？</td><td></td><td></td></tr>
<tr><td>10</td><td colspan="4">你对本任务的教学方式满意吗？</td><td></td><td></td></tr>
<tr><td>11</td><td colspan="4">你对小组的学习和工作满意吗？</td><td></td><td></td></tr>
<tr><td>12</td><td colspan="4">你对教学环境适应吗？</td><td></td><td></td></tr>
<tr><td colspan="7">其他改进教学的建议：</td></tr>
<tr><td>被调查人签名</td><td colspan="2"></td><td>调查时间</td><td colspan="3">年　月　日</td></tr>
</table>

任务16 建筑物的高程传递

16.1 资讯与调查

16.1.1 任务单

<table>
<tr><th>任务16</th><th colspan="3">建筑物的高程传递</th><th colspan="2">学时</th><th>4</th></tr>
<tr><td colspan="7">布置任务</td></tr>
<tr><td>学习目标</td><td colspan="6">1. 知道建筑物的轴线传递作用
2. 知道建筑物的轴线传递的方法
3. 知道楼层面标高的传递的方法
4. 知道建筑物的高程传递的方法
5. 具有团队意识、计划组织及协作、口头表达和人际交流能力
6. 具有举一反三、融会贯通的能力
7. 具有良好的职业道德和敬业精神，爱惜仪器、工具的意识
8. 具有操作技巧分析和归纳的能力，善于创新和总结经验</td></tr>
<tr><td>任务描述</td><td colspan="6">1. 建筑物的轴线传递
(1)经纬仪投测法
把经纬仪安置在轴线控制桩上，瞄准底层轴线标志，用盘左盘右取平均的方法，将轴线投测到上一层楼板边缘，并取中点作为该层中心轴线点。
(2)吊锤球引测法
用较重的垂球悬吊在楼板或柱顶边缘，当垂球尖对准基础面上的轴线标志时，垂球线在楼板或柱边缘的位置即为楼层轴线位置。
2. 楼层面标高的传递
(1)利用皮数杆传递
(2)利用钢尺丈量
(3)悬吊钢尺法
3. 建筑物的高程传递
(1)利用皮数杆传递高程
(2)利用钢尺直接丈量
(3)悬吊钢尺法
避免轴线和高程传递错误的方法是：工作要认真细致；测量数据一定要闭合复验。</td></tr>
<tr><td rowspan="2">学时安排</td><td>资讯与调查</td><td>制定计划</td><td>方案决策</td><td>项目实施</td><td>检查测试</td><td>项目评价</td></tr>
<tr><td></td><td></td><td></td><td></td><td></td><td></td></tr>
<tr><td>推荐阅读资料</td><td colspan="6">请参见任务1</td></tr>
<tr><td>对学生的要求</td><td colspan="6">请参见任务1</td></tr>
</table>

16.1.2　资讯单

任务 16	建筑物的高程传递	学时	4
资讯方式	查阅书籍、利用国家、省精品课程资源学习		
资讯问题	1. 建筑物的轴线传递有什么作用？ 2. 建筑物的轴线传递有哪些方法？ 3. 楼层面标高的传递有哪些方法？ 4. 建筑物的高程传递有哪些方法？		

16.1.3　信息单

建筑物主体施工测量的主要任务是将建筑物的轴线及标高正确地向上引测。由于目前高层建筑越来越多，测量工作将显得非常重要。

当墙体砌筑到二层以上时，为了保证建筑物轴线位置正确，需要把底层的轴线和标高传递到二层以上，这就是建筑物的轴线和高程传递。

16.1.3.1　建筑物的轴线的传递

建筑物轴线测设的目的是保证建筑物各层相应的轴线位于同一竖直面内。投测建筑物的主轴线时，应在建筑物的底层或墙的侧面设立轴线标志，以供上层投测之用。轴线投测方法主要有以下几种：

（1）经纬仪投测法

把经纬仪安置在轴线控制桩上，如图16.1所示，经纬仪安置在 A 轴与 B 轴的控制桩上，瞄准底层轴线标志 a、a' 和 b、b'，用盘左盘右取平均的方法，将轴线投测到上一层楼板边缘，并取中点作为该层中心轴线点，a_1、$a_1{}'$ 和 b_1、$b_1{}'$ 两线的交点 o' 即为该层的中心点。此时轴线 $a_1o'a_1{}'$ 与 $b_1o'b_1{}'$ 便是该层细部放样的依据。随着建筑物不断升高，同法逐层向上传递。

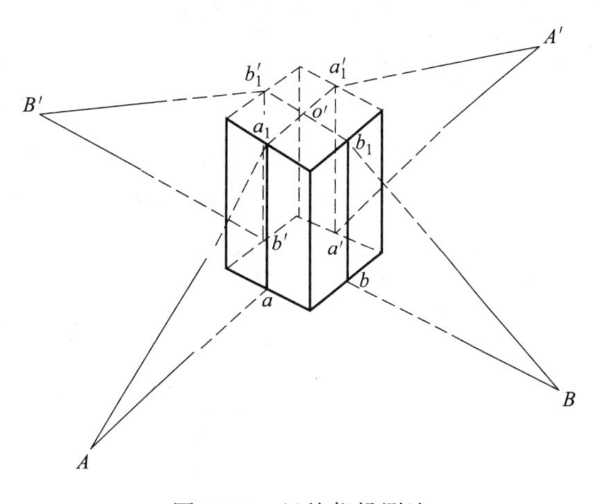

图 16.1　经纬仪投测法

当建筑物的楼层随着砌筑的发展逐渐增高时，因经纬仪向上投测时仰角也随之增大，观测将很不方便，因此，必须将主轴线控制桩引测到远处或附近建筑物上，以减小仰角，方便操作。

（2）吊锤球引测法

用较重的垂球悬吊在楼板或柱顶边缘，当垂球尖对准基础面上的轴线标志时，垂球线在楼板或柱边缘的位置即为楼层轴线位置。画出标志线，同样地可投测出其余各轴线。经检测，各轴线间距符合要求即可继续施工。但当测量时风力较大或楼层建筑物较高时，投测误差较大，此时应采用经纬仪投测法。

在高层建筑施工时，常在底层适当位置设置与建筑物主轴线平行的辅助轴线，在辅助轴线端点处预埋标志。在每层楼的楼面相应位置处都预留孔洞（也叫垂准孔），供吊垂球之用。

（3）激光铅垂仪投测法

由于高层建筑越造越高，用大垂球和经纬仪投测轴线的传统方法已越来越不能适应工程建设的需要，利用激光铅垂仪投测轴线，使用较方便，且精度高，速度快。

（4）光学垂准仪投测法

光学垂准仪是一种能够瞄准铅垂方向的仪器。在整平仪器上的水准管气泡后，仪器的视准轴即指向铅垂方向。它的目镜用转向棱镜设置在水平方向，以便于观测。

16.1.3.2 建筑物的高程传递

（1）利用皮数杆传递高程

在皮数杆上自±0.000标高线起，门窗口、过梁、楼板等构件的标高都已注明。一层楼砌好后，则从一层皮数杆起逐层往上接。为了使皮数杆立在同一水平面上，用水准仪测定楼板面四角的标高，取平均值作为二楼的地坪标高，并竖立二层的皮数杆，以后一层一层往上传递。

（2）利用钢尺直接丈量

在标高精度要求较高时，可用钢尺从墙脚±0.000标高线沿墙面向上直接丈量，把高程传递上去。然后钉立皮数杆，作为该层墙身砌筑和安装门窗、过梁及室内装修、地坪抹灰时控制标高的依据。

（3）悬吊钢尺法

如图16.2所示，在外墙或楼梯间悬吊钢尺，钢尺下端挂一重锤，然后使用水准仪把高程传递上去。一般需3个底层标高点向上传递，最后用水准仪检查传递的高程点是否在同一水平面上，误差不超过±3mm。

此外，也可使用水准仪和水准尺按水准测量方法沿楼梯将高程传递到各层楼面。

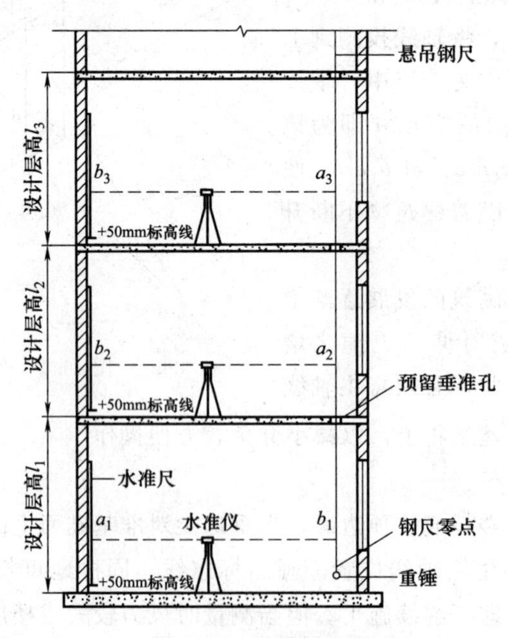

图16.2 悬吊钢尺法

16.2　计划与决策

16.2.1　计划单

计划单同任务 1。

16.2.2　决策单

决策单同任务 1。

16.3　实施与检查

16.3.1　实施单

实施单同任务 1。

16.3.2　检查单

<table>
<tr><td>任务 16</td><td colspan="3">建筑物的高程传递</td><td>学时</td><td colspan="2">4</td></tr>
<tr><td>班级</td><td colspan="3"></td><td>组号</td><td colspan="2"></td></tr>
<tr><td>小组成员
及分工</td><td colspan="6"></td></tr>
<tr><td>检查方式</td><td colspan="6">按任务单规定的检查项目、内容进行小组检查和教师检查</td></tr>
<tr><td>序号</td><td colspan="2">检查项目</td><td colspan="2">检查内容</td><td>小组检查</td><td>教师检查</td></tr>
<tr><td rowspan="2">1</td><td colspan="2" rowspan="2">建筑物的轴线的传递</td><td colspan="2">建筑物的轴线传递作用</td><td></td><td></td></tr>
<tr><td colspan="2">建筑物的轴线传递的方法</td><td></td><td></td></tr>
<tr><td rowspan="2">2</td><td colspan="2" rowspan="2">建筑物的高程传递</td><td colspan="2">建筑物高程传递的方法</td><td></td><td></td></tr>
<tr><td colspan="2">楼层面标高的传递的方法</td><td></td><td></td></tr>
<tr><td rowspan="3">3</td><td colspan="2" rowspan="3">其他</td><td colspan="2">是否具有团队意识、计划组织及协作、口头表达和人际交流能力</td><td></td><td></td></tr>
<tr><td colspan="2">是否具有良好的职业道德和敬业精神，爱惜仪器、工具的意识</td><td></td><td></td></tr>
<tr><td colspan="2">能否按时完成任务</td><td></td><td></td></tr>
<tr><td colspan="2">组长签字</td><td></td><td>教师签字</td><td></td><td colspan="2">年　月　日</td></tr>
</table>

16.4 评价与教学反馈

16.4.1 评价单

评价单同任务 1。

16.4.2 教学反馈单

<table>
<tr><td>任务 16</td><td colspan="3">建筑物的高程传递</td><td>学时</td><td>4</td></tr>
<tr><td>班级</td><td></td><td>学号</td><td></td><td>姓名</td><td></td></tr>
<tr><td>调查方式</td><td colspan="5">对学生知识掌握、能力培养的程度，学习与工作的方法及环境进行调查</td></tr>
<tr><td>序号</td><td colspan="3">调查内容</td><td>是</td><td>否</td></tr>
<tr><td>1</td><td colspan="3">你知道建筑物轴线传递的作用吗？</td><td></td><td></td></tr>
<tr><td>2</td><td colspan="3">你知道建筑物轴线传递的方法吗？</td><td></td><td></td></tr>
<tr><td>3</td><td colspan="3">你知道楼层面标高传递的方法吗？</td><td></td><td></td></tr>
<tr><td>4</td><td colspan="3">你知道建筑物高程传递的方法吗？</td><td></td><td></td></tr>
<tr><td>5</td><td colspan="3">你具有团队意识、计划组织与协作、口头表达及人际交流能力吗？</td><td></td><td></td></tr>
<tr><td>6</td><td colspan="3">你具有操作技巧分析和归纳的能力，善于创新和总结经验吗？</td><td></td><td></td></tr>
<tr><td>7</td><td colspan="3">你对本任务的学习满意吗？</td><td></td><td></td></tr>
<tr><td>8</td><td colspan="3">你对本任务的教学方式满意吗？</td><td></td><td></td></tr>
<tr><td>9</td><td colspan="3">你对小组的学习和工作满意吗？</td><td></td><td></td></tr>
<tr><td>10</td><td colspan="3">你对教学环境适应吗？</td><td></td><td></td></tr>
<tr><td>11</td><td colspan="3">你有爱惜仪器、工具的意识吗？</td><td></td><td></td></tr>
<tr><td colspan="6">其他改进教学的建议：</td></tr>
<tr><td>被调查人签名</td><td colspan="2"></td><td>调查时间</td><td colspan="2">年 月 日</td></tr>
</table>

学习情境八

建筑物的沉降观测

任务 17　建筑物的沉降观测

17.1　资讯与调查

17.1.1　任务单

<table>
<tr><th>任务 17</th><th colspan="4">建筑物的沉降观测</th><th>学时</th><th>6</th></tr>
<tr><td colspan="7">布置任务</td></tr>
<tr><td>学习目标</td><td colspan="6">1. 熟练微倾式水准仪、自动安平水准仪的操作规程
2. 能够熟练学会各种水准尺的读数
3. 熟练运用建筑物的沉降观测的操作方法与技巧
4. 能够知道建筑物变形(沉降、位移、倾斜、裂缝)的特点
5. 锻炼独立工作的能力
6. 锻炼团队意识、计划组织及协作、口头表达和人际交流能力
7. 具有举一反三、融会贯通的能力
8. 具有良好的职业道德和敬业精神,爱惜仪器、工具的意识
9. 具有操作技巧分析和归纳的能力,善于创新和总结经验</td></tr>
<tr><td>任务描述</td><td colspan="6">1. 工作任务——建筑物的沉降观测
根据水准基点定期对建筑物上设置的沉降观测点进行水准观测,测得其与水准点的高差,并计算观测点的高程,从而确定下沉量及下沉规律。因此就必须掌握建筑沉降观测的方法与技巧。
2. 操作技术要求
(1)需要熟练微倾式、自动安平水准仪的操作规程和各种水准尺的读数技巧。
(2)水准点(基准点)和观测点的设置:
a. 水准点(基准点)设置:是沉降观测的基准,应埋设在建筑物变形影响范围之外,距开挖边线 50m 外,按二、三等水准点规格埋石。
b. 观测沉降点设置:观测点设立在变形体上,能反应变形的特征点。
(3)沉降观测的一般规定:
a. 观测周期;
b. 观测方法和仪器要求。
(4)沉降观测的成果整理。</td></tr>
<tr><td rowspan="2">学时安排</td><td>资讯与调查</td><td>制定计划</td><td>方案决策</td><td>项目实施</td><td>检查测试</td><td>项目评价</td></tr>
<tr><td></td><td></td><td></td><td></td><td></td><td></td></tr>
<tr><td>推荐阅读资料</td><td colspan="6">请参见任务 1</td></tr>
<tr><td>对学生的要求</td><td colspan="6">请参见任务 1</td></tr>
</table>

17.1.2　资讯单

任务 17	建筑物的沉降观测	学时	6
资讯方式	查阅书籍、利用国家、省精品课程资源学习		
资讯问题	1. 你知道微倾式水准仪、自动安平水准仪的操作规程吗？ 2. 你熟练各种水准尺的读数技巧吗？ 3. 你知道建筑物变形(沉降、位移、倾斜、裂缝)的特点吗？ 4. 你知道建筑物的沉降观测的操作方法与技巧吗？ 5. 你具有建筑物的下沉规律的处理能力吗？		

17.1.3　信息单

17.1.3.1　建筑物变形观测概述

1）能够知道建筑物变形的特点，在房屋建筑施工过程中，随着荷载的不断加大，会产生一定的沉降。当基础不均匀沉降时，就会导致建筑物上部结构产生变形、倾斜、甚至开裂，严重影响建筑物的使用和安全。

2）为了保证安全及正常使用，对于高层建筑、重要厂房及地质不良地段的建筑物，都要进行长时期的、系统的沉降观测和倾斜观测，以查明沉降、倾斜裂缝开展的程度及随时间的发展情况，以便及时采取正确的预防和加固措施。

3）熟练知道变形观测的技术要求，水准点位置的选择，测量精度要求，从而确定建筑物的下沉规律。

17.1.3.2　变形观测特点

1）根据等级来划分精度：如一等变形观测要求高程误差在 3mm 以内，点位误差在 1.5mm 以内。

2）重复观测：测量时间跨度大，观测时间和重复周期取决于观测目的、变形量大小和速度。

3）严密数据处理方法：数据复杂，变形量小，变形原因复杂。

4）提供变形资料快而准。

17.1.3.3　变形观测内容

1）内部监测：见图 17.1。

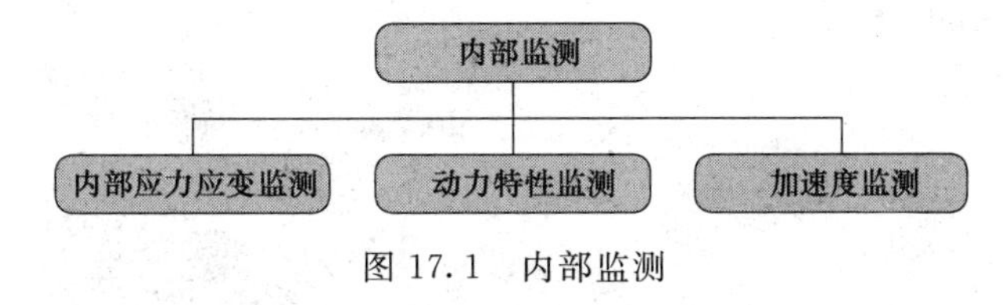

图 17.1　内部监测

2）外部监测：见图 17.2。

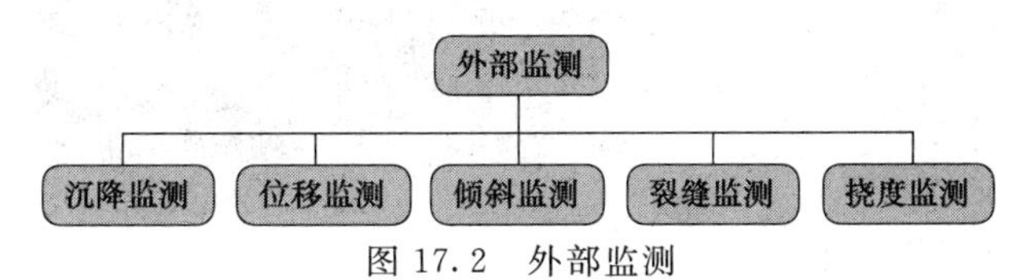

图 17.2　外部监测

17.1.3.4　建筑物变形观测

建筑物的变形主要包括四个方面：沉降、水平位移、倾斜、裂缝。由于建筑物的重量，使地基受荷载而扰动，引起建筑物沉降；由于横向力作用于建筑物地基，使建筑物产生水平位移；建筑物在平面上不均匀沉降，使建筑物产生倾斜。此外，由于沉降与水平位移的共同作用达到一定程度，使建筑物产生裂缝，直至倒塌。

变形观测就是用测量的手段，观测建筑物沉降、水平位移、倾斜的变化量和裂缝宽的变化量并通过一定时间段的变化量，确定建筑物的变形趋势，以便采取相应预防措施。

表17.1为建筑变形测量的等级及其精度要求。

表17.1　建筑变形测量的等级及其精度要求

变形测量等级	沉降观测	位移观测	适用范围
	观测点测站高差中误差/mm	观测点坐标中误差/mm	
特级	≤0.05	≤0.3	特高精度要求特种精密工程和重要科研项目变形观测
一级	≤0.15	≤1.0	高精度要求的大型建筑物和科研项目变形观测
二级	≤0.50	≤0.30	中等精度要求的建筑物和科研项目变形观测；重要建筑物主体倾斜观测、场地滑坡观测
三级	≤1.50	≤10.0	低精度要求的建筑物变形观测；一般建筑物主体倾斜观测、场地滑坡观测

图17.3　现场沉降观测水准点（基准点）

17.1.3.5　建筑物的沉降观测

（1）概述

建筑物沉降观测是用水准仪根据水准基点定期对建筑物上设置的沉降观测点进行水准观测，测得其与水准点的高差，并计算观测点的高程，从而确定下沉量及下沉规律。

（2）水准点和观测点的设置

1）水准点（基准点）设置：是沉降观测的基准，应埋设在建筑物变形影响范围之外，距开挖边线 50m 外，按二、三等水准点规格埋石。如图 17.3 所示。

2）观测沉降点设置：观测点设立在变形体上，能反映变形的特征点。沉降观测基准点按其与墙、柱连接方式与埋设位置的不同，有以下几种形式：

① 预制墙体式观测点。如图 17.4 所示，将角钢或其他标志预埋在混凝土预制块内，角钢棱角向上，在砌筑堵勒脚时，把预制块砌入墙内。

② 现浇墙体观测点。如图 17.5（a）所示，利用直径为 18～20mm 的钢筋，一端完成 90°角，顶部加工成球状，另一端制成燕尾形埋入墙内；或如图 17.5（b）所示，用长为 120～140mm 角钢在一端焊接一铆钉，另一端埋入墙体内，并以 1∶2 水泥砂浆填满抹平。如图 17.6 为现场沉降观测点图片。

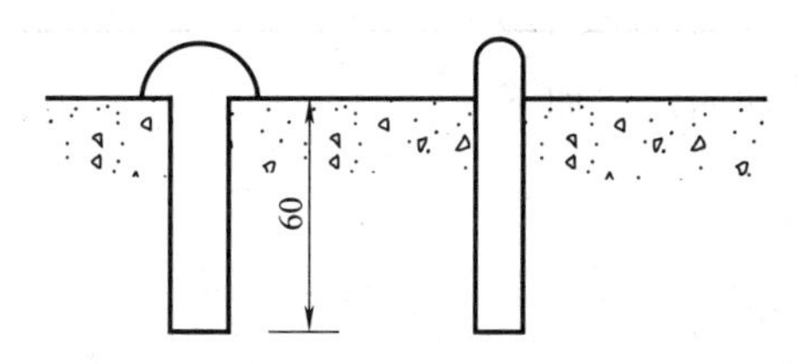

图 17.4　预制墙体式沉降观测点

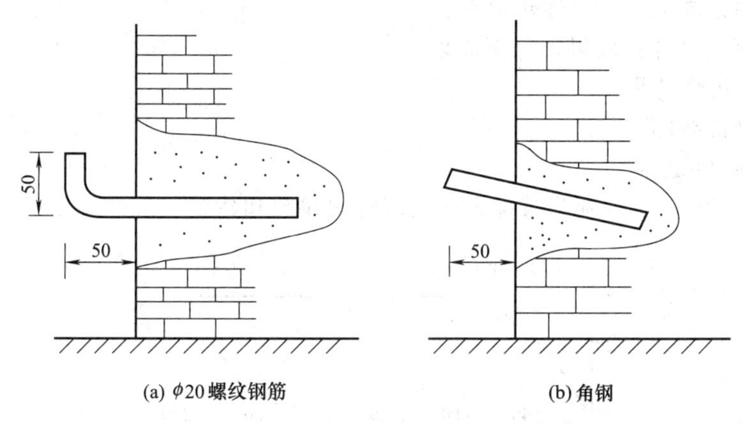

图 17.5　现浇墙体沉降观测点

图 17.6　现场沉降观测点

(3) 沉降观测的一般规定

① 对沉降观测的观测周期，见表 17.2。

表 17.2 观测周期

施工进度情况	周期	备 注
深基坑开挖时	1～2 天	出现暴雨管涌应加密
浇筑地下室底板后	3～4 天	
建筑物主体施工	1～2 层	
结构封顶后	3 个月	
竣工投入使用	3 个月	直至沿体稳定

② 对沉降观测的观测方法和仪器要求，见表 17.3。

表 17.3 观测方法和仪器要求

仪器	技术标准	观测方法	限差/mm
精密水准仪	二等水准测量	闭合水准 附合水准	闭合差容许值±0.6

③ 对沉降观测的精度要求的规定如下：

一般建筑物　　2mm

重要建筑物　　1mm

精密工程　　0.2mm

(4) 沉降观测的成果整理

a. 采用专用记录手簿——逐步检查。

b. 每次观测当日计算成果，分析成果。

c. 及时上报沉降结果。

d. 绘制沉降曲线图。

e. 沉降观测总结报告。

如图 17.7 和表 17.4 分别为某综合楼的沉降曲线图和建筑物沉降观测成果表。

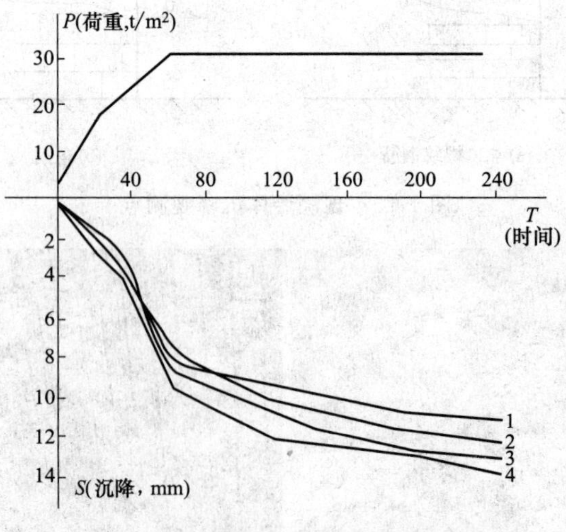

图 17.7 沉降曲线图

表 17.4　建筑物沉降观测成果表

工程名称：××××综合楼　　　　编号：

观测次数	观测日期	No.1			No.2			No.3			No.4		
		高程/m	本次沉降/mm	累计沉降/mm	高程/m	本次沉降/mm	累计沉降/mm	高程/m	本次沉降/mm	累计沉降/mm	高程/m	本次沉降/mm	累计沉降/mm
1	1997.11.6	9.5798	±0	0	9.5804	±0	0	9.5777	±0	0	9.5698	±0	0
2	1997.11.19	9.5786	−1.2	−1.2	9.5794	−1.0	−1.0	9.5765	−1.2	−1.2	9.5692	−0.6	−0.6
3	1997.11.29	9.5766	−2.0	−3.2	9.5782	−1.2	−2.2	9.5757	−0.8	−2.0	9.5676	−1.6	−2.2
4	1997.12.12	9.5757	−0.9	−4.1	9.5775	−0.7	−2.9	9.5746	−1.1	−3.1	9.5667	−0.9	−3.1
5	1997.12.23	9.5741	−1.6	−5.7	9.5761	−1.4	−4.3	9.5729	−1.7	−4.8	9.5648	−1.9	−5.0
6	1997.12.30	9.5720	−2.1	−7.8	9.5741	−2.0	−6.3	9.5714	−1.5	−6.3	9.5629	−1.9	−6.9
7	1998.1.7	9.5701	−1.9	−9.7	9.5730	−1.1	−7.4	9.5687	−2.7	−9.0	9.5615	−1.4	−8.3
8	1998.3.2	9.5674	−2.7	−12.4	9.5702	−2.8	−10.2	9.5668	−1.9	−10.9	9.5600	−1.5	−9.8
9	1998.5.4	9.5663	−1.1	−13.5	9.5689	−1.3	−11.5	9.5653	−1.5	−12.4	9.5592	−0.8	−10.6
10	1998.7.10	9.5658	−0.5	−14.0	9.5682	−0.7	−12.2	9.5649	−0.4	−12.8	9.5590	−0.2	−10.8

(5) 沉降观测中常遇到的问题及其处理

① 曲线在首次观测后即发生回升现象。

在第二次观测时即发现曲线上升，至第三次后，曲线又逐渐下降。发生此种现象，一般都是由于首次观测成果存在较大误差所引起的。此时，应将第一次观测成果作废，而采用第二次观测成果作为首测成果。

② 曲线在中间某点突然回升。

发生此种现象的原因，多半是因为水准基点或沉降观测点被碰所致，如水准基点被压低，或沉降观测点被撬高，此时，应仔细检查水准基点和沉降观测点的外形有无损伤。若众多沉降观测点出现此种现象，则水准基点被压低的可能性很大，此时可改用其他水准点作为水准基点来继续观测，并再埋设新水准点，以保证水准点个数不少于三个；若只有一个沉降观测点出现此种现象，则多半是该点被撬高；若观测点被撬后已活动，则需另行埋设新点，若点位尚牢固，则可继续使用，对于该点的沉降量计算，则应进行合理处理。

③ 曲线自某点起渐渐回升。

此种现象一般是由于水准基点下沉所致。此时，应根据水准点之间的高差来判断出最稳定的水准点，以此作为新水准基点，将原来下沉的水准基点废除。另外，埋在裙楼上的沉降观测点，由于受主楼的影响，有可能会出现属于正常的渐渐回升现象。

④ 曲线的波浪起伏现象。

曲线在后期呈现微小波浪起伏现象，其原因是测量误差所造成的。曲线在前期波浪起伏之所以不突出，是因为下沉量大于测量误差：但到后期，由于建筑物下沉极微或已接近稳定，因此在曲线上就出现测量误差比较突出的现象。此时，可将波浪曲线改成为水平线，并适当地延长观测的间隔时间。

17.1.3.6　其他变形测量

(1) 位移观测

建筑物的位移观测的目的是为了确定建筑物在平面图上随时间而移动的大小和方向，观测的方法是首先在建筑物相垂直的一侧布置两个控制点，如图 17.8 所示，从控制点 A、B 的连线作为基线，大致垂直于建筑物，在建筑物上设置一观测点 C，量出 BC 的长度。在 B 点放置经纬仪，用精确的方法测出 $\angle ABC$，若建筑物在该方向产生位移至 C_1 点，则 $\angle ABC_1 \neq \beta_1$，$\Delta\beta = \beta_2 - \beta_1$，则建筑物在该方向上位移 CC_1 为：

$$CC_1=\frac{\Delta\beta\times BC}{\rho}$$

式中，ρ 为弧度的秒值，$\rho=206265''$。

用同样的方法可以测出建筑物其他方向上的位移。

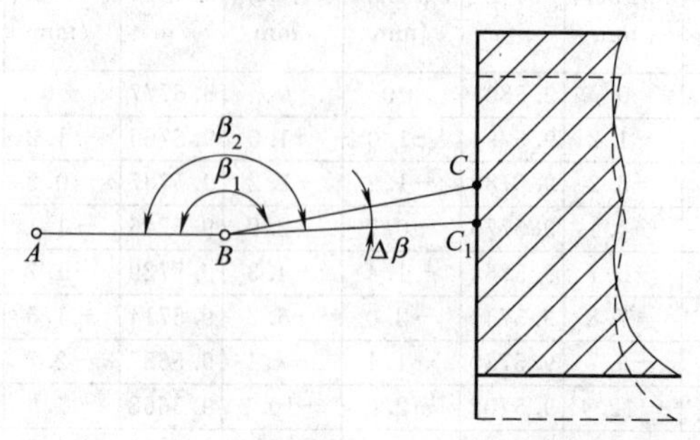

图 17.8 建筑物的位移观测

（2）倾斜观测

建筑物由于地基的不均匀沉降将引起上部主体结构的倾斜，对于高宽比很大的高耸建（构）筑物而言，其倾斜变形较沉降变形更为明显，轻微倾斜将影响其美观及功能的正常使用，当倾斜过大时，将导致建（构）物安全性降低甚至倒塌。因此，对该类建（构）物则以倾斜变形观测为主要内容。建筑物倾斜观测是利用水准仪、经纬仪、垂球或其他专用仪器来测量建筑物的倾斜度 α。

建筑物倾斜观测的测定方法有两类：水准仪观测法和经纬仪观测法。

1）水准仪观测法　建筑物的倾斜观测可采用精密水准测量的方法，如图 17.9 所示，定期测出基础两端点的不均匀沉降量 Δh，再根据两点间的距离 L，即可算出基础的倾斜度 α：

$$\alpha=\frac{\Delta h}{L}$$

如果知道建筑物的高度 H，则可推算出建筑物顶部的倾斜位移值 δ：

$$\delta=\alpha H=\frac{\Delta h}{L}H$$

2）经纬仪观测法　利用经纬仪测量出建筑物顶部的倾斜位移值 δ，便可计算出建筑物的倾斜度 α：

$$\alpha=\delta/H \quad （H \text{ 为建筑物的高度}）$$

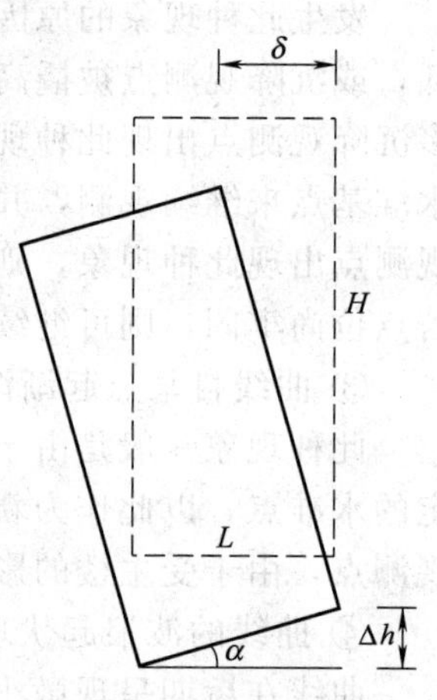

图 17.9 基础倾斜观测

利用经纬仪测量建筑物顶部的倾斜位移值 δ 主要有以下三种：

a. 角度前方交会法　图 17.10 为一俯视图，图中 P' 为烟囱顶部中心位置，P 为底部中心位置，在烟囱附近布设基线 AB，安置经纬仪于 A 点，测定顶部 P' 两侧切线与基线的夹角，取其平均值，如图 17.10 中的 α_1，再安置仪器于 B 点，测定顶部 P' 两侧切线与基线的夹角，取其平均值，如图 17.10 中的 β_1，利用前方交会公式可计算出 P' 的坐标，同法可得 P 点的坐标，则 P'、P 两点间的平距 $D_{PP'}$ 由坐标反算公式求得，实际上 $D_{PP'}$ 即为倾斜位移值 δ。

b. 经纬仪投影法　此法为利用两架经纬仪交会投点的方法，将建筑物向外倾斜的一个上部角点投影至平地，量取与下面角点的倾斜位移值 δ，见图 17.11。

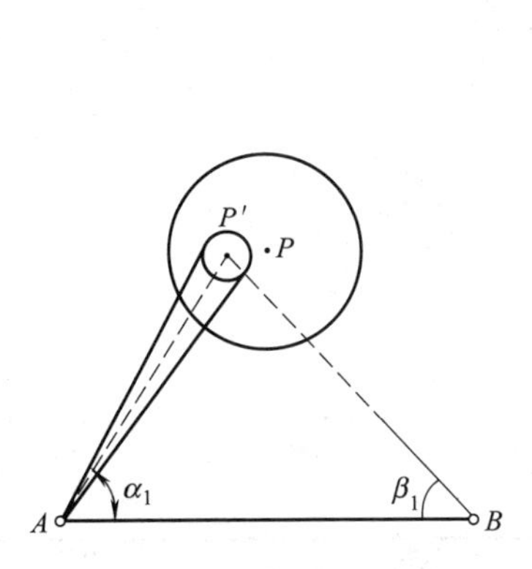

图 17.10　交会观测倾斜

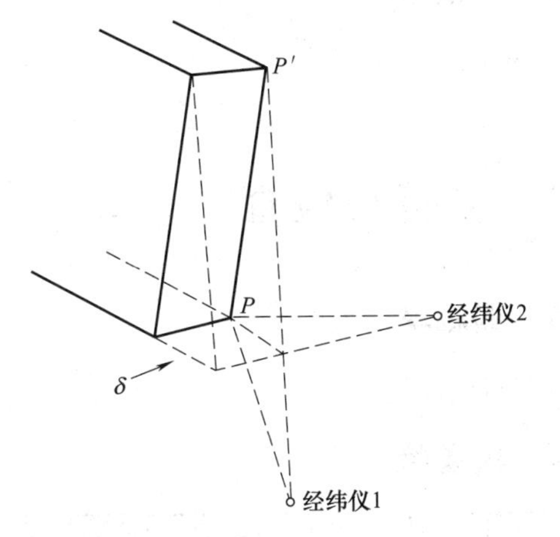

图 17.11　两架经纬仪交会投点的方法

c. 悬挂垂球法　此法是测量建筑物上部倾斜的最简单方法，适合于内部有垂直通道的建筑物。从上部挂下垂球，根据上、下在同一位置上的点，直接测定倾斜位移值 δ。

(3) 裂缝观测

一旦发现建筑物有裂缝，除了要增加沉降观测的次数外，应立即进行裂缝变化的观测。为了观测裂缝的发展情况，要在裂缝处设置观测标志。如图 17.12 所示，将长约 100mm，直径约 10mm 的钢筋头插入，并使其露出墙外约 20mm，用水泥砂浆填灌牢固。两钢筋头标志间距离不得小于 150mm。待水泥砂浆凝固后，用游标卡尺量出两金属棒之间的距离，并记录下来。以后如裂缝继续发展，则金属棒的间距也就不断加大。定期测量两棒的间距并进行比较，即可掌握裂缝发展情况。

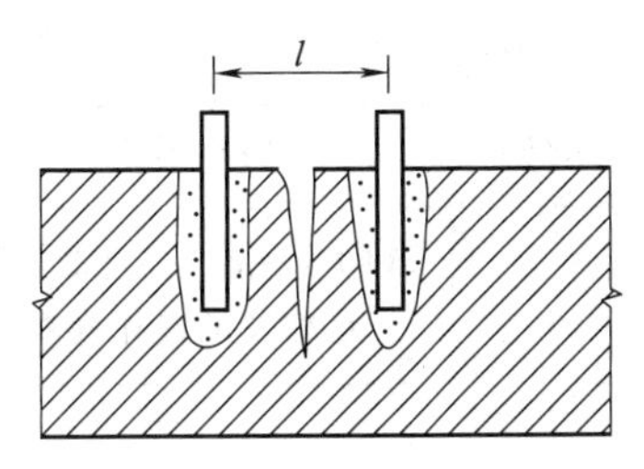

图 17.12　裂缝观测点设置

17.1.3.7　可能出现的问题

1) 整不平。水准仪进行粗平和精平时都调节脚螺旋，而水准仪三脚架又没安平，导致整不平。

2) 对瞄准的位置及消除视差不够重视。对不准目标或位置不准确；根本没有消除视差。

3) 标杆是否竖直。通过标尺的水准管可以校对前后，通过水准仪竖丝照准标尺校对左右方向。

4) 所选的点不具备代表性，从而导致结果的不合理性。

5) 观测方法、仪器要求没有真正理解掌握，产生生搬硬套的现象。

6) 高等数学学得不扎实，影响对沉降结果处理的能力。

17.2　计划与决策

17.2.1　计划单

计划单同任务 1。

17.2.2 决策单

决策单同任务1。

17.3 实施与检查

17.3.1 实施单

实施单同任务1。

17.3.2 检查单

任务	建筑物的沉降观测		学时	6
班级			组号	
小组成员及分工				
检查方式	按任务单规定的检查项目、内容进行小组检查和教师检查			
序号	检查项目	检查内容	小组检查	教师检查
1	微倾式水准仪、自动安平水准仪的操作规程	能否清楚水准仪操作规程		
		操作规范及熟练程度		
2	各种水准尺的读数技巧	能否认识各种水准尺		
		能否熟悉水准尺分划刻度		
		能否正确扶尺		
3	学会建筑物变形(沉降、位移、倾斜、裂缝)的特点	能否理解位移变形的概念		
		能否清楚倾斜变形的概念		
		能否知道裂缝变形的概念		
		能否熟练正确读数		
4	建筑物的沉降观测的操作方法与技巧	沉降观测的步骤是否正确		
		熟练程度及规范性		
5	建筑物的下沉规律的处理能力	能否正确归纳下沉规律		
6	其他	是否具有团队意识、计划组织及协作、口头表达和人际交流能力		
		是否具有良好的职业道德和敬业精神,爱惜仪器、工具的意识		
		能否按时完成任务		
组长签字		教师签字		年 月 日

17.4　评价与教学反馈

17.4.1　评价单

评价单同任务 1。

17.4.2　教学反馈单

<table>
<tr><td>任务</td><td colspan="3">建筑物的沉降观测</td><td>学时</td><td>6</td></tr>
<tr><td>班级</td><td></td><td>学号</td><td></td><td>姓名</td><td></td></tr>
<tr><td>调查方式</td><td colspan="5">对学生知识掌握、能力培养的程度，学习与工作的方法及环境进行调查</td></tr>
<tr><td>序号</td><td colspan="3">调查内容</td><td>是</td><td>否</td></tr>
<tr><td>1</td><td colspan="3">你清楚微倾式水准仪、自动安平水准仪的使用方法吗？</td><td></td><td></td></tr>
<tr><td>2</td><td colspan="3">你知道各种水准尺的读数的技巧吗？</td><td></td><td></td></tr>
<tr><td>3</td><td colspan="3">你清楚了水准仪各部件的作用吗？</td><td></td><td></td></tr>
<tr><td>4</td><td colspan="3">你知道水准尺的用途吗？</td><td></td><td></td></tr>
<tr><td>5</td><td colspan="3">你知道建筑物的沉降观测的操作方法与技巧吗？</td><td></td><td></td></tr>
<tr><td>6</td><td colspan="3">你能够独立处理建筑物的下沉规律吗？</td><td></td><td></td></tr>
<tr><td>7</td><td colspan="3">你具有团队意识、计划组织与协作、口头表达及人际交流能力吗？</td><td></td><td></td></tr>
<tr><td>8</td><td colspan="3">你具有操作技巧分析和归纳的能力，善于创新和总结经验吗？</td><td></td><td></td></tr>
<tr><td>9</td><td colspan="3">你对本任务的学习满意吗？</td><td></td><td></td></tr>
<tr><td>10</td><td colspan="3">你对本任务的教学方式满意吗？</td><td></td><td></td></tr>
<tr><td>11</td><td colspan="3">你对小组的学习和工作满意吗？</td><td></td><td></td></tr>
<tr><td>12</td><td colspan="3">你对教学环境适应吗？</td><td></td><td></td></tr>
<tr><td>13</td><td colspan="3">你有爱惜仪器、工具的意识吗？</td><td></td><td></td></tr>
<tr><td colspan="6">其他改进教学的建议：</td></tr>
<tr><td>被调查人签名</td><td colspan="2"></td><td>调查时间</td><td colspan="2">年　月　日</td></tr>
</table>

学习情境九

工业厂房测量

- 任务18　厂房柱列轴线测设
- 任务19　厂房预制构件（柱）的安装测量

任务18 厂房柱列轴线测设

18.1 资讯与调查

18.1.1 任务单

<table>
<tr><th>任务18</th><th colspan="4">厂房柱列轴线测设</th><th>学时</th><th>4</th></tr>
<tr><td colspan="7">布置任务</td></tr>
<tr><td>学习目标</td><td colspan="6">1. 知道光学经纬仪、电子经纬仪的操作规程
2. 清楚钢尺丈量的方法
3. 知道花杆、测钎等辅助工具的作用
4. 知道掌握厂房控制网测设方法(直角坐标法)
5. 清楚厂房建筑的构造特点及建筑基线、建筑方格网的概念
6. 知道厂房柱列轴线测设的基本方法
7. 具有团队意识、计划组织及协作、口头表达和人际交流能力
8. 具有举一反三、融会贯通的能力
9. 具有良好的职业道德和敬业精神,爱惜仪器、工具的意识
10. 具有操作技巧分析和归纳的能力,善于创新和总结经验</td></tr>
<tr><td>任务描述</td><td colspan="6">1. 工作任务——厂房柱列轴线投测
厂房一般都应建立厂房矩形控制网,作为厂房施工测设的依据。根据厂房平面图上所注的柱间距和跨距尺寸,用钢尺沿矩形控制网各边量出各柱列轴线控制桩的位置,并打入大木桩,桩顶用小钉标出点位,作为柱基测设和施工安装的依据。丈量时应以相邻的两个距离指标桩为起点分别进行,以便检核。
2. 操作技术要求
(1)需要熟悉光学经纬仪、电子经纬仪的操作规程及花杆、测钎等辅助工具的用途。
(2)需要熟悉钢尺丈量的方法。
(3)理解建筑红线、建筑基线、建筑方格网概念。
(4)学会厂房矩形控制网的测设。
(5)清楚厂房柱列轴线测设的基本方法。</td></tr>
<tr><td rowspan="2">学时安排</td><td>资讯与调查</td><td>制定计划</td><td>方案决策</td><td>项目实施</td><td>检查测试</td><td>项目评价</td></tr>
<tr><td></td><td></td><td></td><td></td><td></td><td></td></tr>
<tr><td>推荐阅读资料</td><td colspan="6">请参见任务1</td></tr>
<tr><td>对学生的要求</td><td colspan="6">请参见任务1</td></tr>
</table>

18.1.2　资讯单

任务 18	厂房柱列轴线测设	学时	4
资讯方式	查阅书籍、利用国家、省精品课程资源学习		
资讯问题	1. 清楚光学经纬仪、电子经纬仪的操作规程吗？ 2. 知道钢尺丈量的方法吗？ 3. 知道花杆、测钎等辅助工具的作用吗？ 4. 知道厂房建筑的构造特点吗？ 5. 清楚建筑基线、建筑方格网的概念吗？ 6. 知道厂房矩形控制网的测设的基本方法吗？ 7. 知道厂房柱列轴线测设的基本方法吗？		

18.1.3　信息单

18.1.3.1　工业厂房测量概述

工业建筑中以厂房为主体，一般工业厂房多采用预制构件在现场装配的方法施工。厂房的预制构件有柱子、吊车梁和屋架等。因此，工业建筑施工测量的工作主要是保证这些预制构件安装到位。具体任务为：厂房矩形控制网测设、厂房柱列轴线放样、杯形基础施工测量及厂房预制构件安装测量等。

18.1.3.2　厂房矩形控制网的测设

（1）计算测设数据

根据厂房控制桩 S、P、Q、R 的坐标，计算利用直角坐标法进行测设时所需测设数据。工业厂房一般都应建立厂房矩形控制网，作为厂房施工测设的依据。如图 18.1 所示。

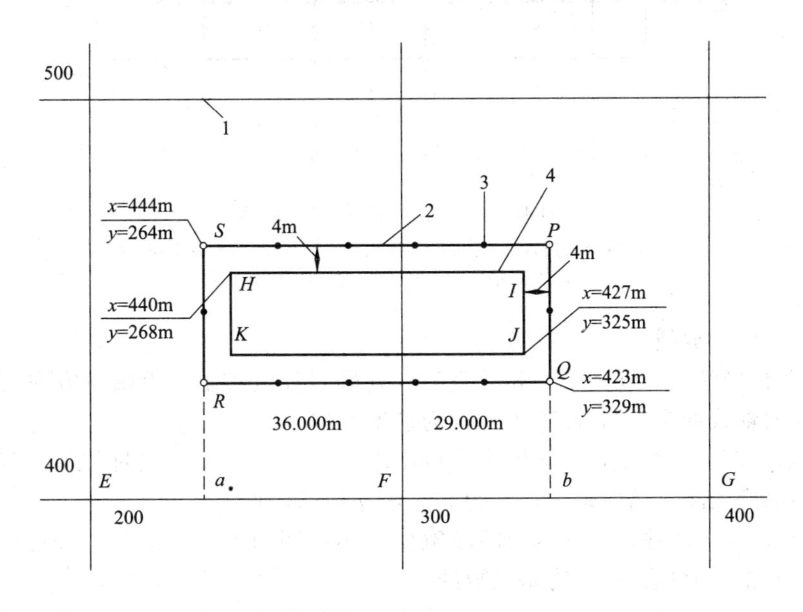

图 18.1　厂房矩形控制网的设置

1—建筑方格网；2—厂房矩形控制网；3—距离指标桩；4—厂房轴线

（2）厂房控制点的测设

1）从 F 点起沿 FE 方向量取 36m，定出 a 点；沿 FG 方向量取 29m，定出 b 点。

2）在 a 与 b 上安置经纬仪，分别瞄准 E 与 F 点，顺时针方向测设 90°，得两条视线方向，沿视线方向量取 23m，定出 R、Q 点。再向前量取 21m，定出 S、P 点。

3）为了便于进行细部的测设，在测设厂房矩形控制网的同时，还应沿控制网测设距离指标桩，距离指标桩的间距一般等于柱子间距的整倍数。

（3）检查

1）检查∠PSA、∠QPS 是否等于 90°，其误差不得超过±10″。

2）检查 SP 是否等于设计长度，其误差不得超过 1/1000。

18.1.3.3　厂房柱列轴线与柱基测设

（1）厂房柱列轴线测设

根据厂房平面图上所注的柱间距和跨距尺寸，用钢尺沿矩形控制网各边量出各柱列轴线控制桩的位置，并打入大木桩，桩顶用小钉标出点位，作为柱基测设和施工安装的依据。丈量时应以相邻的两个距离指标桩为起点分别进行，以便检核。图 18.2 为厂房柱列轴线网设置。

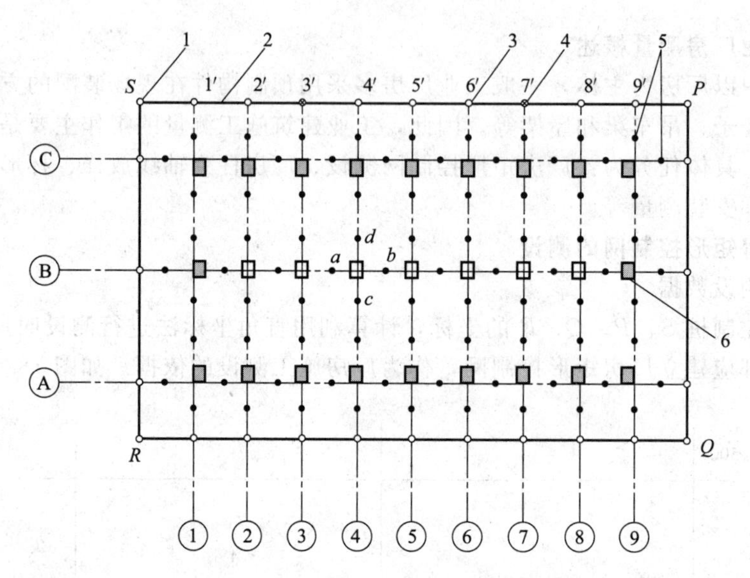

图 18.2　厂房柱列轴线网设置

1—厂房控制桩；2—厂房矩形控制网；3—柱列轴线控制桩；4—距离指标桩；5—定位小木桩；6—柱基础

（2）柱基定位和放线

1）安置两台经纬仪，在两条互相垂直的柱列轴线控制桩上，沿轴线方向交会出各柱基的位置（即柱列轴线的交点），此项工作称为柱基定位。

2）在柱基的四周轴线上，打入四个定位小木桩 a、b、c、d，其桩位应在基础开挖边线以外，比基础深度大 1.5 倍的地方，作为修坑和立模的依据。

3）按照基础详图所注尺寸和基坑放坡宽度，用特制角尺，放出基坑开挖边界线，并撒出白灰线以便开挖，此项工作称为基础放线。

4）在进行柱基测设时，应注意柱列轴线不一定都是柱基的中心线，而一般立模、吊装等习惯用中心线，此时，应将柱列轴线平移，定出柱基中心线。

(3) 柱基施工测量

1) 基坑开挖深度的控制

当基坑挖到一定深度时，应在基坑四壁，离基坑底设计标高+0.500m 处，测设水平桩，作为检查基坑底标高和控制垫层的依据。

2) 杯形基础立模测量

a. 基础垫层打好后，根据基坑周边定位小木桩，用拉线吊锤球的方法，把柱基定位线投测到垫层上，弹出墨线，用红漆画出标记，作为柱基立模板和布置基础钢筋的依据。

b. 立模时，将模板底线对准垫层上的定位线，并用锤球检查模板是否垂直。

c. 将柱基顶面设计标高测设在模板内壁，作为浇灌混凝土的高度依据。

18.1.3.4　可能出现的问题

1) 经纬仪不注意对中的准确性

对中误差较大，甚至超限。

2) 瞄准的位置不对

瞄准目标的中下部，最好是底部的中心。

3) 对消除视差重视不够

调节目镜和物镜，使十字丝和物像清晰。

4) 读数时不注意水准管气泡的位置

误差较大，甚至超限。

5) 看到气泡偏出量较大，立刻调节脚螺旋调节居中后继续测量。

气泡偏出量大时，要重新整平、对中后，继续观测。

6) 对建筑红线、建筑方格网等的概念不懂，从而影响任务的顺利完成。

7) 对厂房矩形控制网的测设的步骤不够规范，甚至没有理解，生搬硬套。

8) 对厂房的一些基本的构造不清楚，从而影响本任务的理解。

9) 对厂房柱列轴线测设的基本方法没有真正理解。

18.2　计划与决策

18.2.1　计划单

计划单同任务 1。

18.2.2　决策单

决策单同任务 1。

18.3　实施与检查

18.3.1　实施单

实施单同任务 1。

18.3.2 检查单

任务18	厂房柱列轴线测设		学时	4
班级			组号	
小组成员及分工				
检查方式	按任务单规定的检查项目、内容进行小组检查和教师检查			
序号	检查项目	检查内容	小组检查	教师检查
1	光学经纬仪、电子经纬仪的操作规程	是否清楚经纬仪操作规程		
		操作规范及熟练程度		
2	钢尺丈量的方法	能否正确识读钢尺		
		是否知道钢尺丈量的方法		
		操作是否规范		
3	学会厂房矩形控制网的测设的基本方法	能否基本学会基本的步骤		
4	花杆、测钎等辅助工具的作用	是否清楚花杆的作用		
		是否清楚测钎的作用		
5	学会厂房柱列轴线测设的基本方法	是否清楚柱列轴线测设的步骤		
6	其他	是否具有团队意识、计划组织及协作、口头表达和人际交流能力		
		是否具有良好的职业道德和敬业精神，爱惜仪器、工具的意识		
		能否按时完成任务		
组长签字		教师签字		年 月 日

18.4　评价与教学反馈

18.4.1　评价单

评价单同任务 1。

18.4.2　教学反馈单

<table>
<tr><td>任务 18</td><td colspan="2">厂房柱列轴线测设</td><td>学时</td><td colspan="2">4</td></tr>
<tr><td>班级</td><td>学号</td><td></td><td>姓名</td><td colspan="2"></td></tr>
<tr><td>调查方式</td><td colspan="5">对学生知识掌握、能力培养的程度，学习与工作的方法及环境进行调查</td></tr>
<tr><td>序号</td><td colspan="3">调查内容</td><td>是</td><td>否</td></tr>
<tr><td>1</td><td colspan="3">你清楚学会光学经纬仪、电子经纬仪的使用方法吗？</td><td></td><td></td></tr>
<tr><td>2</td><td colspan="3">你清楚花杆、测钎等辅助工具的作用吗？</td><td></td><td></td></tr>
<tr><td>3</td><td colspan="3">你清楚经纬仪各部件的作用吗？</td><td></td><td></td></tr>
<tr><td>4</td><td colspan="3">你清楚厂房矩形控制网的测设的基本方法吗？</td><td></td><td></td></tr>
<tr><td>5</td><td colspan="3">你清楚厂房柱列轴线测设的基本方法吗？</td><td></td><td></td></tr>
<tr><td>6</td><td colspan="3">你对厂房的一些构造知识掌握得怎样？</td><td></td><td></td></tr>
<tr><td>7</td><td colspan="3">你具有团队意识、计划组织与协作、口头表达及人际交流能力吗？</td><td></td><td></td></tr>
<tr><td>8</td><td colspan="3">你具有操作技巧分析和归纳的能力，善于创新和总结经验吗？</td><td></td><td></td></tr>
<tr><td>9</td><td colspan="3">你对本任务的学习满意吗？</td><td></td><td></td></tr>
<tr><td>10</td><td colspan="3">你对本任务的教学方式满意吗？</td><td></td><td></td></tr>
<tr><td>11</td><td colspan="3">你对小组的学习和工作满意吗？</td><td></td><td></td></tr>
<tr><td>12</td><td colspan="3">你对教学环境适应吗？</td><td></td><td></td></tr>
<tr><td>13</td><td colspan="3">你有爱惜仪器、工具的意识吗？</td><td></td><td></td></tr>
<tr><td colspan="6">其他改进教学的建议：</td></tr>
<tr><td>被调查人签名</td><td colspan="2"></td><td>调查时间</td><td colspan="2">年　月　日</td></tr>
</table>

任务19　厂房预制构件（柱）的安装测量

19.1　资讯与调查

19.1.1　任务单

<table>
<tr><td>任务19</td><td colspan="3">厂房预制构件(柱)的安装测量</td><td colspan="2">学时</td><td>4</td></tr>
<tr><td colspan="7">布置任务</td></tr>
<tr><td>学习目标</td><td colspan="6">1. 清楚光学经纬仪、电子经纬仪的操作规程
2. 清楚水准仪的操作规程
3. 知道花杆、测钎等辅助工具的作用
4. 知道厂房预制构件(柱)的安装测量的步骤
5. 知道厂房建筑的构造特点
6. 知道建筑红线、建筑基线、建筑方格网的概念
7. 具有团队意识、计划组织及协作、口头表达和人际交流能力
8. 具有举一反三、融会贯通的能力
9. 具有良好的职业道德和敬业精神,爱惜仪器、工具的意识
10 具有操作技巧分析和归纳的能力,善于创新和总结经验</td></tr>
<tr><td>任务描述</td><td colspan="6">1. 工作任务——厂房预制构件的安装测量
对柱子安装的精度要求。柱子中心线应与相应的柱列轴线保持一致,其允许偏差为±5mm。牛腿顶面及柱顶面的实际标高应与设计标高一致,其允许误差为±(5～8mm),柱高大于5m时为±8mm。柱身垂直允许误差:当柱高≤5m时为±5mm;当柱高5～10m时,为±10mm;当柱高超过10m时,则为柱高的1/1000,但不得大于20mm。
2. 操作技术要求
(1)需要熟悉使用光学经纬仪、电子经纬仪的操作规程及花杆、测钎等辅助工具的用途。
(2)需要熟悉使用钢尺丈量的方法。
(3)需要熟悉水准仪的操作规程。
(4)柱子安装测量:
在柱基顶面投测柱列轴线──→柱身弹线──→杯底找平──→柱子的安装测量。
(5)知道建筑红线、建筑基线、建筑方格网概念。</td></tr>
<tr><td rowspan="2">学时安排</td><td>资讯与调查</td><td>制定计划</td><td>方案决策</td><td>项目实施</td><td>检查测试</td><td>项目评价</td></tr>
<tr><td></td><td></td><td></td><td></td><td></td><td></td></tr>
<tr><td>推荐阅读资料</td><td colspan="6">请参见任务1</td></tr>
<tr><td>对学生的要求</td><td colspan="6">请参见任务1</td></tr>
</table>

19. 1. 2　资讯单

任务 19	厂房预制构件(柱)的安装测量	学时	4
资讯方式	查阅书籍、利用国家、省精品课程资源学习		
资讯问题	1. 光学经纬仪、电子经纬仪的操作规程？ 2. 水准仪的使用与操作规程？ 3. 花杆、测钎等辅助工具的作用？ 4. 厂房建筑的构造特点？ 5. 建筑红线、建筑基线、建筑方格网的概念？ 6. 厂房预制构件(柱)的安装测量的步骤？		

19. 1. 3　信息单

19.1.3.1　厂房预制构件（柱）的安装测量

（1）柱子安装测量

1）柱子安装前的准备工作

① 在柱基顶面投测柱列轴线　柱基拆模后，用经纬仪根据柱列轴线控制桩，将柱列轴线投测到杯口顶面上，并弹出墨线，用红漆画出“▶”标志，作为安装柱子时确定轴线的依据。如果柱列轴线不通过柱子的中心线，应在杯形基础顶面上加弹柱中心线。用水准仪，在杯口内壁，测设一条一般为－0.600 的标高线（一般杯口顶面的标高为－0.500)，并画出“▼”标志，作为杯底找平的依据。如图 19.1 所示。

② 柱身弹线　柱子安装前，应将每根柱子按轴线位置进行编号。在每根柱子的三个侧面弹出柱中心线，并在每条线的上端和下端近杯口处画出“▶”标志。根据牛腿面的设计标高，从牛腿面向下用钢尺量出－0.600 的标高线，并画出“▼”标志。见图 19.2。

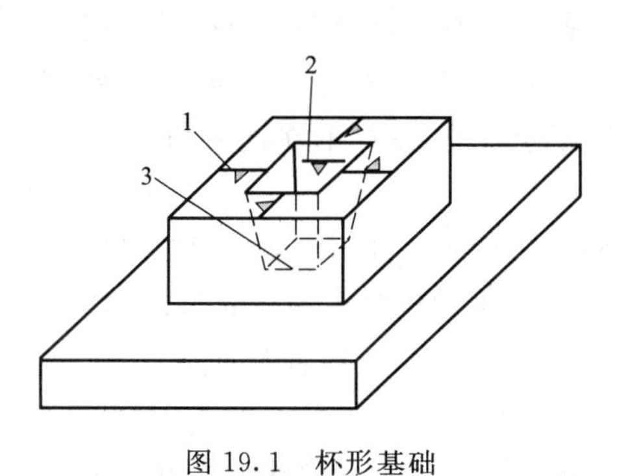

图 19.1　杯形基础

1—柱中心线；2—－0.600 标高线；3—杯底

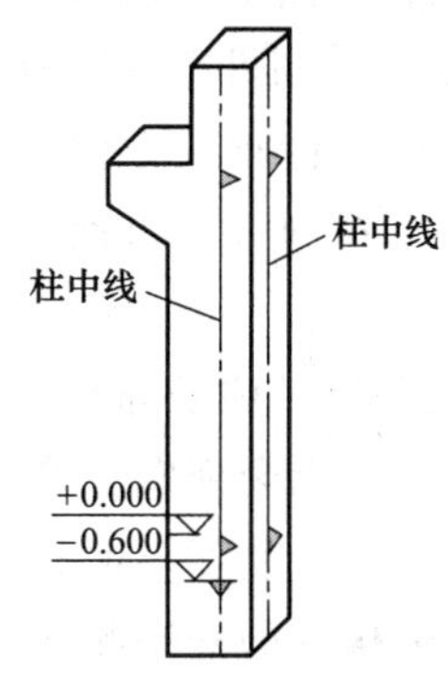

图 19.2　柱身弹线

③ 杯底找平　先量出柱子的－0.600 标高线至柱底面的长度；再在相应的柱基杯口内，量出－0.600 标高线至杯底的高度，并进行比较，以确定杯底找平厚度，最后用水泥砂浆根据找平厚度，在杯底进行找平，使牛腿面符合设计高程。

2）柱子的安装测量　柱子安装测量的目的是保证柱子平面和高程符合设计要求，柱身铅直。

① 预制的钢筋混凝土柱子插入杯口后，应使柱子三面的中心线与杯口中心线对齐，用木楔或钢楔临时固定。

② 柱子立稳后，立即用水准仪检测柱身上的±0.000 标高线，其容许误差为±3mm。

③ 用两台经纬仪，分别安置在柱基纵、横轴线上，离柱子的距离不小于柱高的 1.5 倍，先用望远镜瞄准柱底的中心线标志，固定照准部后，再缓慢抬高望远镜观察柱子偏离十字丝竖丝的方向，指挥用钢丝绳拉直柱子，直至从两台经纬仪中，观测到的柱子中心线都与十字丝竖丝重合为止。如图 19.3 所示。

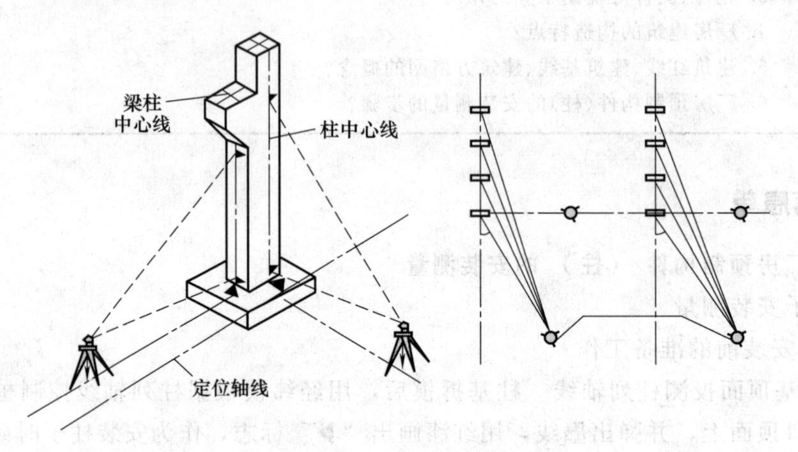

图 19.3 柱子垂直度校正

④ 在杯口与柱子的缝隙中浇入混凝土，以固定柱子的位置。

⑤ 在实际安装时，一般是一次把许多柱子都竖起来，然后进行垂直校正。这时，可把两台经纬仪分别安置在纵横轴线的一侧，一次可校正几根柱子，但仪器偏离轴线的角度，应在 15°以内。

3）校正柱子时应注意两个问题

① 在施工现场进行柱子校正测量时，由于施工现场障碍物多，或因柱子间距短，仪器无法仰视，故往往将仪器偏离柱中心线一边来进行校正较为方便。但这种做法只能在柱子上下中心点在同一垂直面上时应用，如果柱子上下中心点不在同一垂直面上，就不能用此法。

② 吊装和校正柱子都是露天作业，受到风吹日晒的影响。如某工程项目曾发生一列柱子校正后隔了一天全部发生偏斜，超过了允许误差范围的现象，查找原因，发现在夏天柱子一直受阳光曝晒，使朝阳面和背阳面温差过大所致，一般向背阳面弯曲。

（2）其他构件的安装测量

1）吊车梁安装测量 吊车梁的安装测量主要是保证吊车梁中线位置和梁的标高满足设计要求。

① 吊车梁安装时的高程测量。吊车梁顶面的标高应符合设计要求。用水准仪根据水准点检查柱子上所画±0.000 标志的高程，其误差不得超过±5mm。如果误差超限，则以检查结果作为修平牛腿面或加垫块的依据。并改正原±0.000 高程位置，重新画出该标志。

② 吊车梁安装时的中线测量。

根据厂房控制网的控制桩或杯口柱列中心线，按设计数据在地面上定出吊车梁中心线的两端点（图 19.4 中 A、A'和 B、B'），打大木桩标志。然后用经纬仪将吊车梁中心线投测到每个柱子的牛腿面的侧边上，并弹以墨线，投点容许误差为±3mm，投点时如果与有些柱子的牛腿不通视，可以从牛腿面向下吊垂球的方法解决中心线的投点问题。吊装时，应使吊车梁中心线与牛腿上中心线对齐。

2）吊车轨道安装测量　吊车轨道安装测量的目的是保证轨道中心线、轨顶标高均符合设计要求。

① 在吊车梁上测设轨道中心线。

当吊车梁安装以后，再用经纬仪从地面把吊车梁中心线（亦即吊车轨道中心线）投到吊车梁顶上，如果与原来画的梁顶几何中心线不一致，则按新投的点用墨线重新弹出吊车轨道中心线作为安装轨道的依据。

由于安置在地面中心线上的经纬仪不可能与吊车梁顶面通视，因此一般采用中心线平移法，如图 19.4 所示，在地面平行于 AA'轴线、间距为 1m 处测设 EE'轴线。然后安置经纬仪于 E 点，瞄准 E'点进行定向。抬高望远镜，使从吊车梁顶面伸出的长度为 1m 的直尺端正好与纵丝相切，则直尺的另一端即为吊车轨道中心线上的点。

然后用钢尺检查同跨两中心线之间的跨距 l，与其设计跨距之差不得大于 10mm。经过调整后用经纬仪将中心线方向投到特设的角钢或屋架下弦上，作为安装时用经纬仪校直轨道中心线的依据。

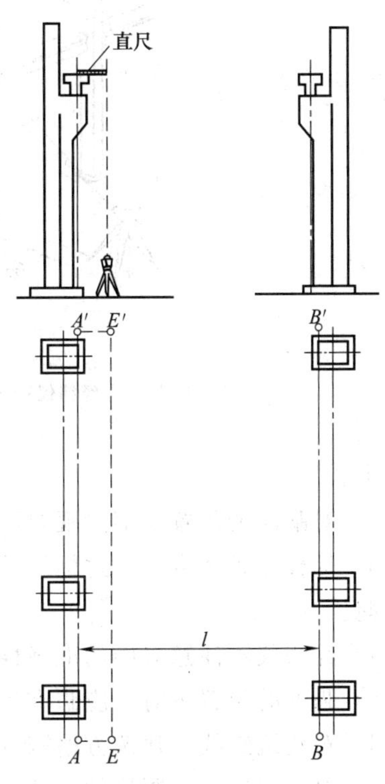

图 19.4　吊车梁及轨道安装测量

② 吊车轨道安装时的高程测量。

在轨道安装前，要用水准仪检查梁顶的高程。每隔 3m 在放置轨道垫块处测一点，以测得结果与设计数据之差作为加垫块或抹灰的依据。在安装轨道垫块时，应重新测出垫块高程，使其符合设计要求，以便安装轨道。梁面垫块高程的测量容许误差为±2mm。

③ 吊车轨道检查测量。

轨道安装完毕后，应全面进行一次轨道中心线、跨距及轨道高程的检查，以保证能安全架设和使用吊车。

3）屋架安装测量　厂房屋架安装在柱的顶端，用以支撑其上的屋面板、天窗架、天窗扇，是厂房主要承重构件之一。安装时要将屋架中心线与柱子的行中心线对齐。

① 屋架安装前的准备工作：屋架吊装前，用经纬仪或其他方法在柱顶面上测设出屋架定位轴线。在屋架两端弹出屋架中心线，以便进行定位。

② 屋架的安装测量：屋架吊装就位时，应使屋架的中心线与柱顶面上的定位轴线对准，允许误差为 5mm。屋架的垂直度可用锤球或经纬仪进行检查，如图 19.5 所示。

19.1.3.2　可能出现的问题

1）整不平。水准仪进行粗平和精平时都调节脚螺旋，而水准仪三脚架又没安平，导致

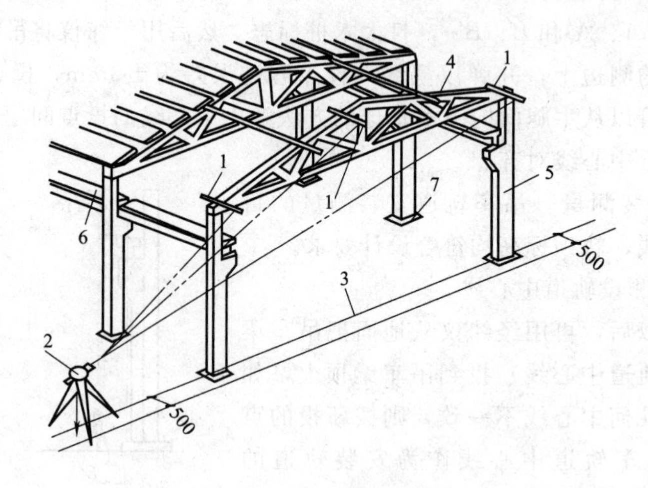

图 19.5　屋架的安装测量

1—卡尺；2—经纬仪；3—定位轴线；4—屋架；5—柱；6—吊车梁；7—柱基

整不平。

2）对瞄准的位置及消除视差不够重视。对不准目标或位置不准确；根本没有消除视差。

3）标杆是否竖直。通过标尺的水准管可以校对前后，通过水准仪竖丝照准标尺校对左右方向。

4）经纬仪不注意对中的准确性，对中误差较大，甚至超限。

5）瞄准的位置不对。应瞄准目标的中下部，最好是底部的中心。

6）对建筑红线、建筑方格网等的概念不懂，从而影响任务的顺利完成。

7）对掌握厂房预制构件（柱）的安装测量不够规范，甚至没有理解，生搬硬套。

19.2　计划与决策

19.2.1　计划单

计划单同任务 1。

19.2.2　决策单

决策单同任务 1。

19.3　实施与检查

19.3.1　实施单

实施单同任务 1。

19.3.2 检查单

<table>
<tr><td colspan="2">任务 19</td><td colspan="2">厂房预制构件(柱)的安装测量</td><td>学时</td><td>4</td></tr>
<tr><td colspan="2">班级</td><td colspan="2"></td><td>组号</td><td></td></tr>
<tr><td colspan="2">小组成员及分工</td><td colspan="4"></td></tr>
<tr><td colspan="2">检查方式</td><td colspan="4">按任务单规定的检查项目、内容进行小组检查和教师检查</td></tr>
<tr><td>序号</td><td>检查项目</td><td colspan="2">检查内容</td><td>小组检查</td><td>教师检查</td></tr>
<tr><td rowspan="2">1</td><td rowspan="2">微倾式水准仪、自动安平水准仪的操作规程</td><td colspan="2">是否清楚水准仪操作规程</td><td></td><td></td></tr>
<tr><td colspan="2">操作规范及熟练程度</td><td></td><td></td></tr>
<tr><td rowspan="2">2</td><td rowspan="2">光学经纬仪、电子经纬仪的操作规程</td><td colspan="2">是否清楚经纬仪操作规程</td><td></td><td></td></tr>
<tr><td colspan="2">操作规范及熟练程度</td><td></td><td></td></tr>
<tr><td rowspan="2">3</td><td rowspan="2">厂房预制构件(柱)的安装测量的步骤</td><td colspan="2">沉降观测的步骤是否正确</td><td></td><td></td></tr>
<tr><td colspan="2">熟练程度及规范性</td><td></td><td></td></tr>
<tr><td>4</td><td>建筑红线、建筑基线、建筑方格网的概念</td><td colspan="2">能否正确理解建筑红线、建筑基线、建筑方格网的概念</td><td></td><td></td></tr>
<tr><td rowspan="3">5</td><td rowspan="3">其他</td><td colspan="2">是否具有团队意识、计划组织及协作、口头表达和人际交流能力</td><td></td><td></td></tr>
<tr><td colspan="2">是否具有良好的职业道德和敬业精神，爱惜仪器、工具的意识</td><td></td><td></td></tr>
<tr><td colspan="2">能否按时完成任务</td><td></td><td></td></tr>
<tr><td>组长签字</td><td></td><td>教师签字</td><td></td><td colspan="2">年　月　日</td></tr>
</table>

19.4 评价与教学反馈

19.4.1 评价单

评价单同任务1。

19.4.2 教学反馈单

任务19	厂房预制构件(柱)的安装测量			学时	4
班级		学号		姓名	
调查方式	对学生知识掌握、能力培养的程度,学习与工作的方法及环境进行调查				
序号	调查内容			是	否
1	你是否知道微倾式水准仪、自动安平水准仪的使用方法?				
2	你是否清楚光学经纬仪、电子经纬仪的使用方法?				
3	你知道水准仪、经纬仪各部件的作用吗?				
4	你知道花杆、测钎等辅助工具的作用吗?				
5	你知道厂房建筑的构造特点吗?				
6	你知道建筑红线、建筑基线、建筑方格网的概念吗?				
7	你学会了厂房预制构件(柱)的安装测量的步骤了吗?				
8	你具有团队意识、计划组织与协作、口头表达及人际交流能力吗?				
9	你具有操作技巧分析和归纳的能力,善于创新和总结经验吗?				
10	你对本任务的学习满意吗?				
11	你对本任务的教学方式满意吗?				
12	你对小组的学习和工作满意吗?				
13	你对教学环境适应吗?				
14	你有爱惜仪器、工具的意识吗?				
其他改进教学的建议:					
被调查人签名			调查时间		年 月 日

学习情境十

道路测量

任务 20　道路中线测量

20.1　资讯与调查

20.1.1　任务单

<table>
<tr><th>任务 20</th><th colspan="4">道路中线测量</th><th>学时</th><th>4</th></tr>
<tr><td colspan="7">布置任务</td></tr>
<tr><td>学习目标</td><td colspan="6">1. 能描述中线测量的主要工作内容
2. 能描述交点测设的三种方法
3. 能描述里程桩的类型
4. 能描述加桩的类型
5. 会用极坐标法和支距法放点和放线
6. 会用全站仪进行转向角的测定</td></tr>
<tr><td>任务描述</td><td colspan="6">1. 工作任务——道路中线测量
学习通过经纬仪测绘法、全站仪测绘法进行道路中线测量，熟悉中线测量中测设的主要内容，根据设计要求和实地情况拟定交点测设方法。掌握转向角测定方法及规范性等注意事项，养成良好的团队协作精神。
2. 操作技术要求
(1)要熟悉操作流程，仪器对中整平要吻合。
(2)交点测设后要用“JD”表示。
(3)转向角测定时，如图 20.1 所示，当偏转后的方向位于原方向的左侧时，为左转角，记为 $\alpha_{左}$；当偏转后的方向位于原方向的右侧时，为右转角，记为 $\alpha_{右}$；一般是通过观测线路右侧的水平角 β 来计算出偏转角。$\beta>180^\circ$时为左转角，当 $\beta>180^\circ$时为右转角。
(4)会用极坐标法进行放点。

图 20.1　线路转向角(偏转角)</td></tr>
<tr><td rowspan="2">学时安排</td><td>资讯与调查</td><td>制定计划</td><td>方案决策</td><td>项目实施</td><td>检查测试</td><td>项目评价</td></tr>
<tr><td></td><td></td><td></td><td></td><td></td><td></td></tr>
<tr><td>推荐阅读资料</td><td colspan="6">请参见任务 1</td></tr>
<tr><td>对学生的要求</td><td colspan="6">请参见任务 1</td></tr>
</table>

20.1.2　资讯单

任务 20	道路中线测量	学时	4
资讯方式	查阅书籍、利用国家、省精品课程资源学习		
资讯问题	1. 知道中线测量测设的方法吗？ 2. 会根据地物测设交点吗？ 3. 会根据平面控制点测设交点吗？ 4. 知道穿线法测设的程序吗？ 5. 会用全站仪进行转向角测定吗？ 6. 能叙述加桩的类型吗？ 7. 会进行里程桩和加桩测设吗？		

20.1.3　信息单

20.1.3.1　道路工程测量的概述

道路的组成以平、直较为理想，实际由于地形及其他因素的限制，路线的平面线形必然有转折，因此一般的道路都是由直线和曲线组成的空间曲线。为了修建一条经济、合理的路线，首先必须进行线路勘测设计测量，为线路工程的规划设计提供地形信息（包括地形图和断面图）；然后将设计的线路位置测设于实地，为线路施工提供依据。其工作内容有以下几项：

1）收集资料　主要收集线路规划设计区域内各种比例尺地形图及原有线路工程的平面图和断面图等。

2）道路选线　在原有地形图上并结合实地勘察进行规划设计和图上定线，确定线路的走向。

3）道路初测　对所选定的线路进行导线测量和水准测量，并测绘线路大比例尺带状地形图，为线路的初步设计提供必要的地形资料。根据初步设计，选定某一方案，即可进入线路的定测。

4）道路定测　定测是将初步设计的线路位置测设在实地上。定测的任务是确定线路的平、纵、横三个面上的位置，其工作包括中线的测量和纵横断面测量。

道路施工测量：按照设计要求，测设线路的平面位置和高程位置，作为施工的依据。

道路竣工测量：将竣工后的线路工程通过测量绘制成图，以反映施工质量，并作为线路使用中维修管理、改建扩建的依据。

20.1.3.2　道路中线测量

道路的中线测量就是通过直线和曲线测设，将路中心线具体放样到地面上去。中线测量包括线路的交点 JD 和转点 ZD 的测设、线路转角 α 的测定、中线里程桩的测设、线路圆曲线测设等。道路的平面线形如图 20.2 所示。

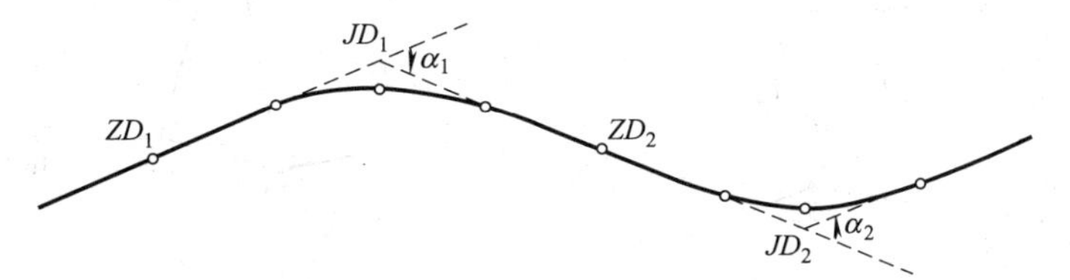

图 20.2　道路的平面线形

(1) 交点和转点的测设

线路的平面线形是由直线和曲线组成的，线路改变方向时，两相邻直线延长线的相交点称为线路的交点（用 JD 表示），它是详细测设线路中线的控制点。而转点是指当相邻两交点之间距离较长或互不通视时，需要在其连线上或延长线上定出一点或数点以供交点、测角、量距或延长线时瞄准使用。这种在道路中线测量中起传递方向作用的点称为转点（用 ZD 表示）。通常对于一般低等级公路，可以采用一次定测的方法直接在现场标定；而对于高等级公路或地形复杂地段，则必须首先在初测的带状地形图上定线，又称纸上定线，然后再用下列方法进行实地测设，又叫现场定线。

1) 交点的测设

① 根据与已有地物的关系测设交点。

如图 20.3 所示，交点 JD_6 的位置已在地形图上选定，图上交点附近有房屋、电杆等地物，可先在图上量出 JD_6 到两房角的距离，然后在现场找到相应的地物，经复核无误后，按距离交会法测设交点 JD_6 的位置。

② 根据导线点的坐标和交点的设计坐标测设交点。

按导线点的已知坐标和交点的设计坐标，事先算出有关测设数据，按极坐标法、角度交会法或距离交会法测设交点，如图 20.4 所示，首先计算出 A_8 到 JD_{16} 之间的距离 D，以及夹角 β，然后用极坐标法测设交点 JD_{16}。

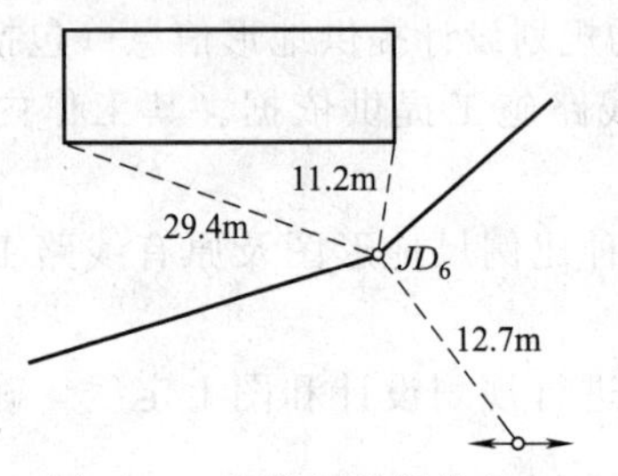

图 20.3　根据地物测设交点

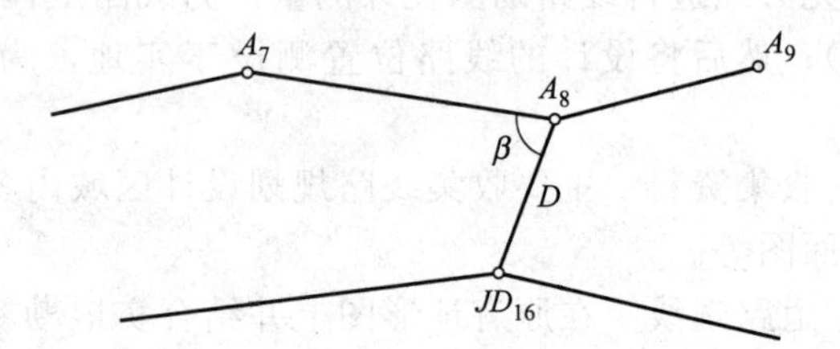

图 20.4　利用导线点测设交点

③ 穿线放线法测设交点。

穿线测设交点就是利用图上附近的导线点或者地物点与纸上定线的直线段之间的角度和距离关系，用图解法求出测设数据，通过实地的导线点或者地物点，把中线的直线段独立地测设到地面上，然后将相邻直线延长相交，定出地面交点桩的位置。其程序如下。

a. 放点　放线常用的方法有极坐标法和支距法。

(a) 极坐标法放点：如图 20.5 所示，$P_1 \sim P_4$ 为纸上定线的某直线段欲放的临时点。在图上以最近的 4、5 号导线点为依据，用量角器和比例尺分别量出放样数据 β_1、L_1、β_2、L_2 等。并在实地上用经纬仪和皮尺分别在 4、5 点按极坐标法定出各临时点的位置。

(b) 支距法放点：如图 20.6 所示，在图上从导线点 14、15、16、17 作导线的垂线，分别与中线相交得各临时点，用比例尺量取各相应的支距 L_1、L_2、L_3、L_4。在现场以相应导

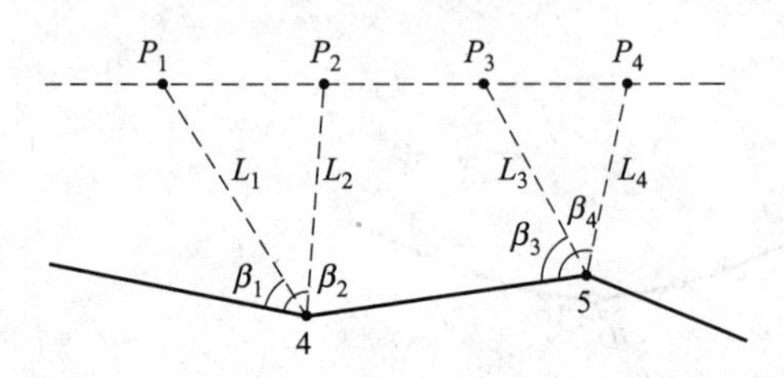

图 20.5　极坐标法放点

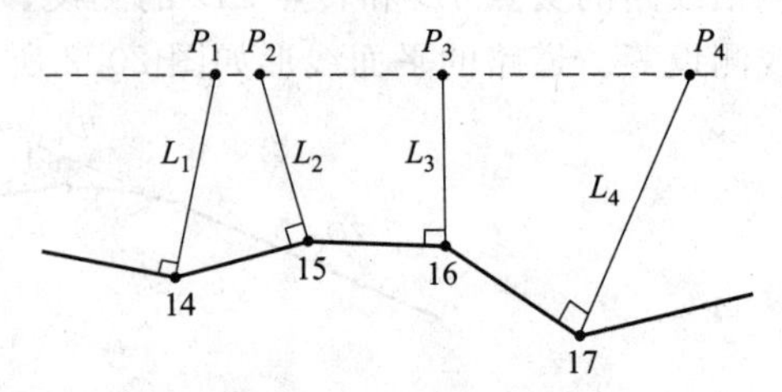

图 20.6　支距法放点

线点为垂足，用方向架标定垂线方向，按支距测设出相应的各临时点 $P_1 \sim P_4$。

b. 穿线　放出的临时的各点理论上应该在一条直线上，由于图解数据和测设工作均存在误差，实际上并不严格在一条直线上，如图 20.7（a）所示。在这种情况下可根据现场实际情况，采用目估法穿线或者经纬仪视准法穿线。通过比较和选择，定出一条尽可能多地穿过或者靠近临时点的直线 AB。最后在 AB 或者其方向上打出两个以上的转点桩，取消临时点桩。

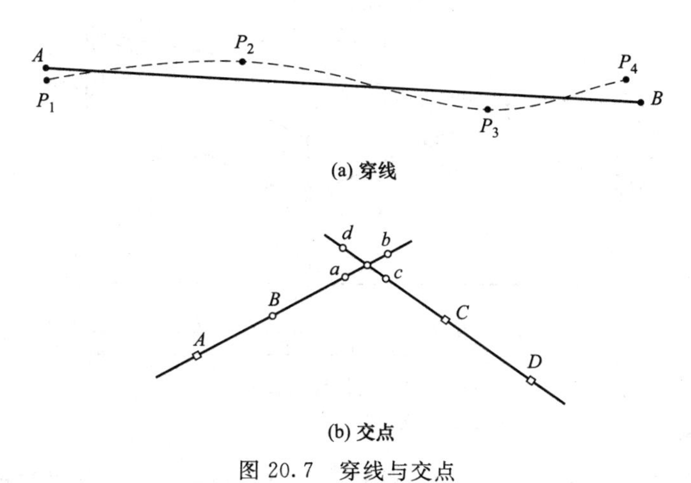

图 20.7　穿线与交点

c. 交点　如图 20.7（b）所示，当两条相交的直线 AB 和 CD 在地面上确定后，可进行交点。经纬仪置于 B 点瞄准 A 点，倒镜，在视线上接近交点的概略位置前后打下两桩（骑马桩）。采用正倒镜分中法在该两桩上定出 a、b 两点，并钉以小钉，挂上细线。仪器搬至 C 点，同法定出 c、d 点，挂上细线，两细线相交处打下木桩，并钉以小钉，得到交点。

2）转点的测设　当两交点间距离较远但尚能通视或已有转点需加密时，可采用经纬仪直接定线或经纬仪正倒镜分中法测设转点。当相邻两交点互不通视时，可用下述方法测设转点。

① 两交点间设转点　如图 20.8 所示，JD_4、JD_5 为相邻而互不通视的两个交点，ZD' 为初定转点。将经纬仪置于 ZD'，用正倒镜分中法延长直线 $JD_4 \sim ZD'$ 至 JD_5'。设 JD_5' 与 JD_5 的偏差为 f，用视距法测定 a、b，则 ZD' 应横向移动的距离 e 可按下式计算：

$$e=\frac{a}{a+b}f$$

将 ZD' 按 e 值移至 ZD。

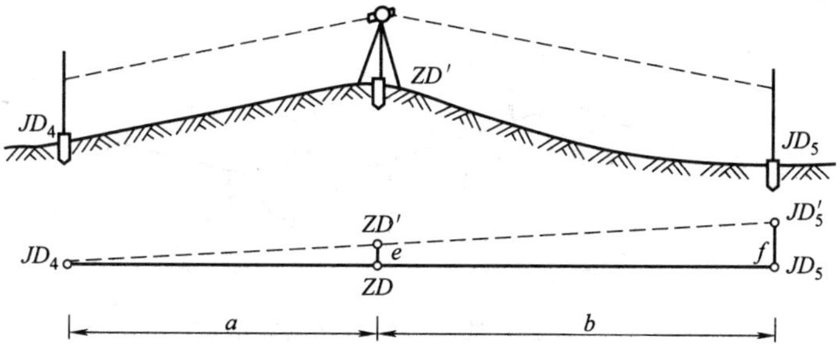

图 20.8　两交点间设转点

② 延长线上设转点　如图 20.9 所示，JD_7、JD_8 互不通视，可在其延长线上初定转点 ZD'。将经纬仪置于 ZD' 上，用正倒镜法照准 JD_7，并以相同竖盘位置俯视 JD_8，在 JD_8 点

附近测定两点后取中点的 JD_8'。若 JD_8' 与 JD_8 重合或偏差值在容许范围之内，即可将 ZD' 作为转点。否则应重设转点，量出值，用视距法测出 a、b，则 ZD' 应横向移动的距离 e 可按下式计算：

$$e=\frac{a}{a-b}f$$

将 ZD' 按 e 值移至 ZD。

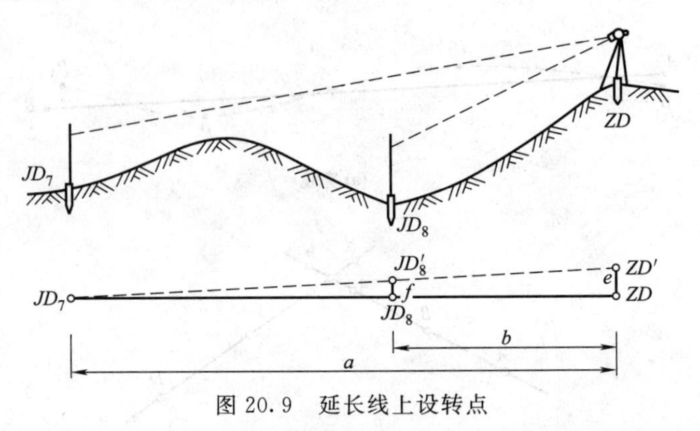

图 20.9 延长线上设转点

(2) 转角的测定

线路从一个方向转向另一个方向时，偏转后的方向与原方向间的夹角称为转角，用 α 表示。在线路的转弯处一般要求设置曲线，而曲线的设计要用到转角，所以，设计前必须测设出转角的大小。

转角有左右之分，偏转后的方向在原方向的左侧称为左转角，反之称右转角，如图 20.10 所示。在线路测量中，一般不直接测转角，而是先直接测转折点上的水平夹角，然后计算出转角。在转折点上，通常是观测线路的水平右夹角，因此转角公式可按下式计算

$$\begin{cases}当\ \beta>180°, \alpha_{左}=\beta-180° \\ 当\ \beta<180°, \alpha_{右}=180°-\beta\end{cases}$$

右夹角 β 的测定，一般采用 DJ6 级光学经纬仪观测一测回，两半测回角度差不大于±40″，在容许值内取平均值为观测结果。为了保证测角精度，线路还需要进行角度闭合差校核；高等级公路需和国家控制点连测，按附合导线进行角度闭合差计算和校核；低等级公路可分段进行校核，以 3～5km 或以每天测设距离为一段，用罗盘仪测出始边和终边的磁方位角。每天作业开始与结束须观测磁方位角，至少各一次，以便与根据观测水平夹角值推算的方位角校核，其两者之差不得超过 2°。

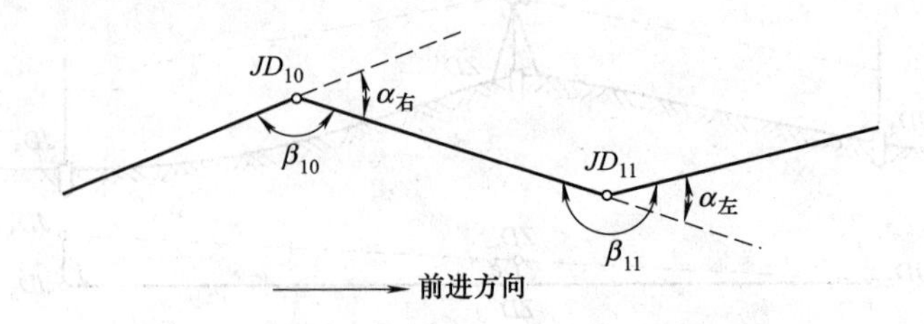

图 20.10 线路转向角（偏转角）

根据曲线测设的要求，在右角测定后，要求在不变动水平度盘位置的情况下，定出角的分角线方向（图 20.11），并钉桩标志，以便将来测设曲线中点。设测角时，后视方向的水平度盘读数为 a，前视方向的读数为 b，分角线方向的水平度盘读数为 c。因 $\beta=a-b$ 则：

$$c=\frac{a+b}{2}$$

此外，在角度观测后，还须用测距仪测定相邻交点间的距离，以供中桩量距人员检核之用。

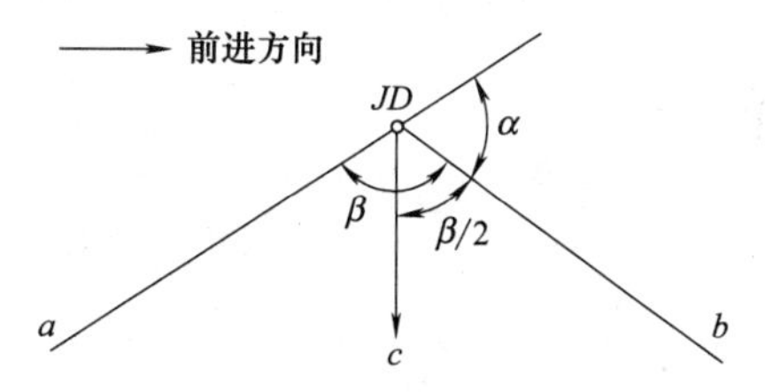

图 20.11　定角的分角线方向

(3) 里程桩的设置

为了确定线路中线的具体位置和线路长度，满足线路纵横断面测量以及为线路施工放样打下基础，则必须由线路的起点开始每隔 20m 或 50m（曲线上根据不同半径每隔 20m、10m 或 5m）钉设木桩标记，称为里程桩。桩上正面写有桩号，背面写有编号，桩号表示该桩至线路起点的水平距离。如某桩至路线起点距离为 4200.75m，桩号为 k4＋200.75。

里程桩分为整桩和加桩两种，整桩是按规定每隔 20m 或 50m 为整桩设置的里程桩，百米桩、公里桩和线路起点桩均为整桩。加桩分地形加桩、地物加桩、曲线加桩、关系加桩等。地形加桩是指沿中线地形坡度变化处设置的桩；地物加桩是指沿中线上的建筑物和构筑物处设置的桩。曲线加桩是指曲线起点、中点、终点等设置的桩；关系加桩是指路线交点和转点（中线上传递方向的点）的桩。对交点、转点和曲线主点桩还应注明桩名缩写，目前我国线路中采用如表 20.1 所示的桩名缩写。

表 20.1　线路主要标志名称表

标志点名称	简称	缩写	标志点名称	简称	缩写
交点		*JD*	公切点		*GQ*
转点		*ZD*	第一缓和曲线起点	直缓点	*ZH*
圆曲线起点	直圆点	*ZY*	第一缓和曲线终点	缓圆点	*HY*
圆曲线中点	曲中点	*QZ*	第二缓和曲线起点	圆缓点	*YH*
圆曲线终点	圆直点	*YZ*	第二缓和曲线终点	缓直点	*HZ*

在设置里程桩时，如出现桩号与实际里程不相符的现象叫断链。断链的原因主要是由于计算和丈量发生错误，或由于线路局部改线等造成的。断链有“长链”和“短链”之分，当线路桩号大于地面实际里程时叫短链，反之叫长链。

路线总里程＝终点桩里程＋长链总和－短链总和

20.2　计划与决策

20.2.1　计划单

计划单同任务 1。

20.2.2 决策单

决策单同任务1。

20.3 实施与检查

20.3.1 实施单

实施单同任务1。

20.3.2 检查单

任务20	道路中线测量		学时	4
班级			组号	
小组成员及分工				
检查方式	按任务单规定的检查项目、内容进行小组检查和教师检查			
序号	检查项目	检查内容	小组检查	教师检查
1	中线测量的概念	是否清楚中线测量的任务		
		是否知道中线测量的工作内容		
2	仪器的操作	操作是否规范		
		能否正确选择仪器		
3	交点测设	是否掌握交点的定义		
		方法选择是否合理		
		交点测设的方法是否正确		
4	转角的测定	是否掌握转向角的定义		
		是否熟练掌握转向角测定方法		
5	里程桩测设	是否清楚里程桩分类		
		是否能够识读里程桩上的桩号		
		是否清楚里程桩测设的方法		
6	其他	是否具有团队意识、计划组织及协作、口头表达和人际交流能力		
		是否具有良好的职业道德和敬业精神，爱惜仪器、工具的意识		
		能否按时完成任务		
组长签字		教师签字		年 月 日

20.4　评价与教学反馈

20.4.1　评价单

评价单同任务 1。

20.4.2　教学反馈单

任务 20	道路中线测量			学时	4
班级		学号		姓名	
调查方式	对学生知识掌握、能力培养的程度，学习与工作的方法及环境进行调查				

序号	调查内容	是	否
1	你知道中线测量工作内容吗？		
2	你清楚中线测量的任务吗？		
3	你是否能够正确地选择交点测设方法？		
4	你知道转向角测定方法吗？		
5	你清楚里程桩分类吗？		
6	你知道里程桩测设方法吗？		
7	你具有团队意识、计划组织与协作、口头表达及人际交流能力吗？		
8	你具有操作技巧分析和归纳的能力，善于创新和总结经验吗？		
9	你对本任务的学习满意吗？		
10	你对本任务的教学方式满意吗？		
11	你对小组的学习和工作满意吗？		
12	你对教学环境适应吗？		
13	你有爱惜仪器、工具的意识吗？		

其他改进教学的建议：			
被调查人签名		调查时间	年　月　日

任务21　道路圆曲线测设

21.1　资讯与调查

21.1.1　任务单

<table>
<tr><th>任务21</th><th colspan="4">道路圆曲线测设</th><th>学时</th><th>10</th></tr>
<tr><td colspan="7">布置任务</td></tr>
<tr><td>学习目标</td><td colspan="6">1. 能描述道路圆曲线的主点
2. 会计算圆曲线的测设元素
3. 会计算圆曲线的主点桩号
4. 会用经纬仪和检定过的钢尺进行主点测设
5. 会根据圆曲线半径来确定桩距
6. 会用偏角法进行圆曲线详细测设
7. 会用切线支距法进行圆曲线详细测设</td></tr>
<tr><td>任务描述</td><td colspan="6">1. 工作任务——道路圆曲线测设
学习通过经纬仪、全站仪进行道路圆曲线测设，会计算圆曲线测设元素和圆曲线主点的桩号，根据设计要求和实地情况拟定主点测设方法。掌握偏角法进行圆曲线详细测设，熟悉测设方法及规范性等注意事项，养成良好的团队协作精神。
2. 操作技术要求
(1)量取切线时钢尺要拉直。
(2)测设出某个主点时要打木桩。
(3)测设主点时，弦长的量取每次都应从相邻的主点量起，不能从起始的直圆点或圆直点量取。
(4)用偏角法测设详细点时，弦长的量取每次都应从相邻的桩点量起，不能从起始的直圆点或圆直点量取。</td></tr>
<tr><td rowspan="2">学时安排</td><td>资讯与调查</td><td>制定计划</td><td>方案决策</td><td>项目实施</td><td>检查测试</td><td>项目评价</td></tr>
<tr><td></td><td></td><td></td><td></td><td></td><td></td></tr>
<tr><td>推荐阅读资料</td><td colspan="6">请参见任务1</td></tr>
<tr><td>对学生的要求</td><td colspan="6">请参见任务1</td></tr>
</table>

21.1.2　资讯单

任务 21	道路圆曲线测设	学时	10
资讯方式	查阅书籍、利用国家、省精品课程资源学习		
资讯问题	1. 能描述道路圆曲线的主点吗？ 2. 会计算圆曲线的测设元素吗？ 3. 会计算圆曲线主点的桩号吗？ 4. 会进行主点测设吗？ 5. 会用经纬仪或全站仪使用偏角法进行圆曲线详细测设吗？ 6. 会根据圆曲线的半径选择桩距吗？ 7. 会用经纬仪或全站仪使用切线支距法进行圆曲线详细测设吗？		

21.1.3　信息单

线路平面曲线部分为两种类型：一种是圆曲线；另一种是带有缓和曲线的圆曲线。

道路曲线测设一般分两步进行，先测设曲线主点，然后依据主点详细测设曲线。

道路曲线测设常用的方法有：偏角法、切线支距法和极坐标法。

现介绍圆曲线的要素计算与主点测设。

1）确定圆曲线的主点

如图 21.1 所示：

JD——交点，即两直线相交的点；

ZY——直圆点，按线路前进方向由直线进入曲线的分界点；

QZ——曲中点，为圆曲线的中点；

YZ——圆直点，按线路前进方向由圆曲线进入直线的分界点。

ZY、*QZ*、*YZ* 三点称为圆曲线的主点。

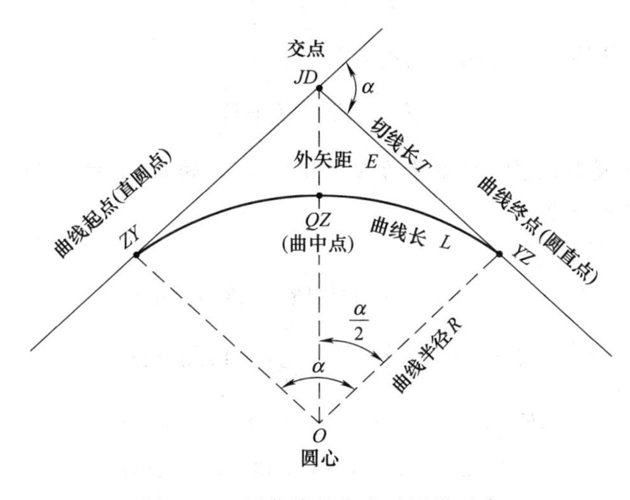

图 21.1　圆曲线的主点及测设元素

2）圆曲线要素及其计算

在图 21.1 中：

T——切线长，为交点至直圆点或圆直点的长度；

L——曲线长，即圆曲线的长度（自 ZY 经 QZ 至 YZ 的弧线长度）；

E——外矢距，为 JD 至 QZ 的距离；

D——切曲差，切线和减去曲线长的差；

T、L 、E、D 称为圆曲线要素。

α——转向角。沿线路前进方向，下一条直线段向左转则为 $\alpha_{左}$；向右转则为 $\alpha_{右}$。

R——圆曲线的半径。

α、R 为计算曲线要素的必要资料，是已知值。α 可由外业直接测出，亦可由纸上定线求得；R 为设计时采用的数据。

圆曲线要素的计算公式，由图 21.1 得：

切线长 $$T=R\tan\frac{\alpha}{2}$$

曲线长 $$L=R\alpha\frac{\pi}{180}$$

外矢距 $$E=R\sec\frac{\alpha}{2}-R=R\left(\sec\frac{\alpha}{2}-1\right)$$

切曲差 $$D=2T-L$$

式中，计算 L 时，α 以度（°）为单位。

在已知 α、R 的条件下，即可计算曲线要素。它可用计算器求得，也可根据 α、R 由《铁路曲线测设用表》查取。

3）计算圆曲线主点的桩号

交点的桩号已由中线丈量得到，根据交点的桩号和曲线测设元素，可计算出各主点的桩号，由图 21.1 可知：

$$ZY=JD-T$$

$$QZ=ZY+\frac{L}{2}$$

$$YZ=QZ+\frac{L}{2}$$

为了避免计算中的错误，可用下式进行检核：

$$JD=YZ-T+D$$

【例 21.1】 已知圆曲线 JD 的桩号为 k6+183.56，转角 $\alpha_{右}=42°36'$，$R=150$m，求曲线主点测设元素和主点桩号。

解： ① 曲线测设元素计算

$$T=150\times\tan21°18'=58.48(\text{m})$$

$$L=150\times42.6°\times\frac{\pi}{180}=111.53(\text{m})$$

$$E=150\times(\sec21°18'-1)=11.00(\text{m})$$

$$D=2\times58.48-111.53=5.43(\text{m})$$

② 主点桩号计算

$$ZY=\text{k}6+183.56-58.48=\text{k}6+125.08$$

$$QZ=\text{k}6+125.08+55.76=\text{k}6+180.84$$

$$YZ=k6+180.84+55.77=k6+236.61$$

检核计算：$JD=k6+236.61-58.48+5.43=k6+183.56$

4）圆曲线主点的测设

① 用经纬仪和检定过的钢尺测设

a. 测设曲线的起点（ZY）与终点（YZ）

将经纬仪安置于交点 JD 桩上，分别以路线方向定向，自 JD 点起分别向后、向前沿切线方向量出切线长 T，即得曲线的起点和终点。

b. 测设曲线的中点（QZ）

后视曲线的终点，测设角度$\frac{180°-\alpha}{2}$得分角线方向，沿此方向从交点 JD 桩开始，量取外矢距 E，即得曲线的中点 QZ。

② 极坐标法测设　采用极坐标法测设线路主点时，一般用全站仪进行。测设时，仪器可安置在任意平面的控制点或线路交点上，输入测站点坐标和后视点坐标（或后视方位角），再输入要测设的主点坐标，仪器即自动计算出测设角度和距离，据此进行主点现场定位。

5）圆曲线的详细测设

曲线的主点定出以后，还应沿着曲线加密曲线，才能将圆曲线的形状和位置详细地在地面上表示出来。圆曲线的详细测设就是测设除主点以外的一切曲线桩，包括一定距离的里程桩和加桩。圆曲线详细测设方法有多种，现介绍几种常用的方法。

① 偏角法　偏角法是一种坐标定点的方法，是利用偏角（弦切角）和弦长来测设圆曲线的。如图 21.2 所示，里程桩整桩的桩距（弧长）为 L，首尾两段弧长为 L_1、L_2，弧长 L_1、L_2、L 所对应的圆心角分别为 β_1、β_2、β。可按下列公式计算。

$$\beta_1=\frac{180°}{\pi}\times\frac{L_1}{R}$$

$$\beta_2=\frac{180°}{\pi}\times\frac{L_2}{R}$$

$$\beta=\frac{180°}{\pi}\times\frac{L}{R}$$

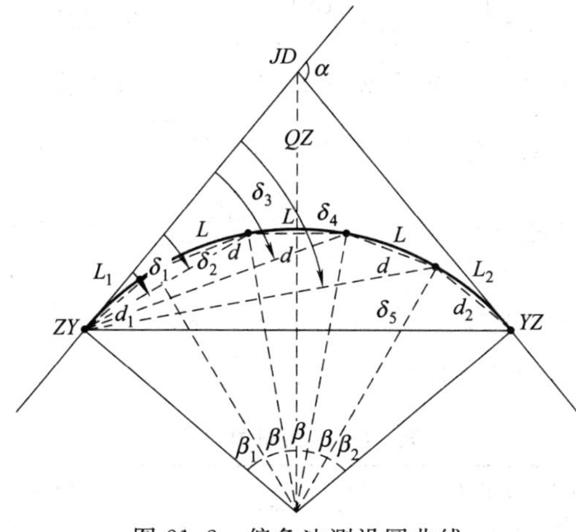

图 21.2　偏角法测设圆曲线

弧长 L_1、L_2、L 所对应的弦长分别为 d_1、d_2、d，可按下列公式计算。

$$d_1=2R\sin\frac{\beta_1}{2}$$

$$d_2=2R\sin\frac{\beta_2}{2}$$

$$d=2R\sin\frac{\beta}{2}$$

曲线上各点的偏角等于相应所对圆心角的一半，即

第一点的偏角为$\delta_1=\frac{\beta_1}{2}$

第二点的偏角为$\delta_2=\frac{\beta_1}{2}+\frac{\beta}{2}$

⋮

第 i 点的偏角为$\delta_i=\frac{\beta_1}{2}+(i-1)\frac{\beta}{2}$

⋮

终点 YZ 的偏角为$\delta_n=\frac{\alpha}{2}$

【例 21.2】 圆曲线的交点桩号、转角和半径同【例 21.1】，整桩距 $L=20$m，按偏角法测设，试计算详细测设数据。

解： ① 由【例 21.1】可知，ZY 点的里程为 k6＋125.08，它前面最近的整桩里程为 k6＋140，则首段弧长为

$$L_1=140-125.08=14.92(\text{m})$$

YZ 点的里程为 k6＋236.61，它后面最近的整桩里程为 k6＋220，则尾弧长为

$$L_2=236.61-220=16.61(\text{m})$$

② 可计算得到首尾两段零头弧长 L_1、L_2 及整弧长 L 所对应的圆心角，得

$$\beta_1=\frac{180°}{\pi}\times\frac{L_1}{R}=\frac{180°}{\pi}\times\frac{14.92}{150}=5°41'56''$$

$$\beta_2=\frac{180°}{\pi}\times\frac{L_2}{R}=\frac{180°}{\pi}\times\frac{16.61}{150}=6°20'40''$$

$$\beta=\frac{180°}{\pi}\times\frac{L}{R}=\frac{180°}{\pi}\times\frac{20}{150}=7°38'22''$$

③ 接下来便可计算得到首尾两段零头弧长 L_1、L_2 及整弧长 L 所对应的弦长，得

$$d_1=2R\sin\frac{\beta_1}{2}=2\times150\times\sin\frac{5°41'56''}{2}=14.91(\text{m})$$

$$d_2=2R\sin\frac{\beta_2}{2}=2\times150\times\sin\frac{6°20'40''}{2}=16.60(\text{m})$$

$$d=2R\sin\frac{\beta}{2}=2\times150\times\sin\frac{7°38'22''}{2}=19.99(\text{m})$$

④ 最后计算偏角，结果见表 21.1。

表 21.1 各桩号偏角

桩 号	桩点到 ZY 的弧长 L_1/m	偏转角	相邻桩点间弧长/m	相邻桩点间弦长/m
ZY k6＋125.08	0	0°00′00″	0	0
k6＋140	14.92	2°50′58″	14.92	14.91
k6＋160	34.92	6°40′09″	20	19.99

续表

桩　号	桩点到 ZY 的弧长 L_1/m	偏转角	相邻桩点间弧长/m	相邻桩点间弦长/m
k6+180	54.92	10°29′20″	20	19.99
QZ　k6+180.84	55.76	10°38′58″	0.84	0.84
k6+200	74.92	14°18′31″	19.16	19.15
k6+220	94.92	18°07′42″	20	19.99
YZ　k6+236.61	111.53	21°18′02″	16.61	16.60

② 切线支距法（直角坐标法）

a. 切线支距法是以曲线的起点（ZY）或终点（YZ）为坐标原点，通过曲线上该点的切线为 X 轴，以过原点的半径方向为 Y 轴，建立直角坐标系，从而测定各加桩点的方法。如图 21.3 所示。

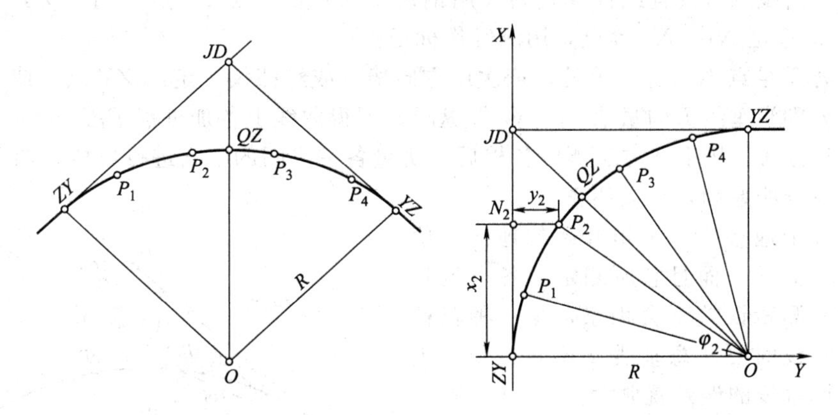

图 21.3　切线支距法

曲线上某点 P_i 的坐标可依据曲线起点至该点的弧长 l_i 计算。设曲线的半径为 R，l_i 所对的圆心角 φ_i，则计算公式为：

$$\varphi_i=\frac{l_i}{R}\left(\frac{180°}{\pi}\right)$$

$$x_i=R\sin\varphi_i$$

$$y_i=R(1-\cos\varphi_i)$$

为了保证测设的精度，避免 y 值（垂线）过长。曲线分两部分测设，即由曲线的起点和终点向中点各测设曲线的一半。

【例 21.3】 已知 JD 的桩号为 k8+745.72，偏角为 α=53°25′20″（右偏），设计圆曲线半径为 R=50m，取整桩距为 10m。根据公式计算或查“圆曲线函数表”可知主点测设元素为：T=25.16m，L=46.62m，E=5.97m，D=3.70m。根据主点测设元素计算出主点桩号为：ZY=k8+720.56，QZ=k8+743.87，YZ=k8+767.18。按照切线支距法计算各里程桩点的坐标。

解： 先计算曲线起点和终点至各桩点的曲线长，根据 $\varphi_i=\frac{l_i}{R}\left(\frac{180°}{\pi}\right)$ 算出圆心角，再根据 x_i、y_i 的计算公式计算出圆曲线的细部点，具体的计算结果见表 21.2。

表 21.2 计算结果

主点名称	桩号	各桩至 ZY 或 YZ 的曲线长/m	X/m	Y/m	各点间弦长/m
ZY	k8+720.56	0.00	0.00	0.00	9.43
	+730	9.44	9.38	0.89	9.98
	+740	19.44	18.95	3.73	3.87
QZ	k8+743.87	23.31	22.47	5.34	6.13
	+750	17.18	16.84	2.92	9.98
	+760	7.18	7.16	0.51	7.17
YZ	k8+767.18	0.00	0.00	0.00	

b. 测设步骤。测设时，将圆曲线以曲中点（QZ）为界分成两部分进行。

(a) 根据曲线加桩的详细计算资料，用钢尺从 ZY 点（或 YZ 点）向 JD 方向量取 x_1、x_2 等横距，得垂足 N_1、N_2 等点，用测钎作标记。

(b) 在各垂足点 N_1、N_2 等处，依次用方向架（或经纬仪）定出 ZY 点（或 YZ 点）切线的垂线，分别沿垂线方向量取 y_1、y_2 等纵距，即得曲线上各加桩点 P_i。

(c) 检验方法：用上述方法测定各桩后，丈量各桩之间的弦长进行校核。如不符或超过容许范围，应查明原因，予以纠正。

此法适合于地势比较平坦开阔的地区。使用的仪器工具简单，而且它所测定的各点位是相互独立的，测量误差不会积累，是一种较精密的方法。测设时要注意垂线 y 不宜过长，垂线愈长，测设垂线的误差就愈大。

③ 极坐标法　当地面量距困难时，可采用光电测距仪或全站仪测设圆曲线，这时用极坐标法测设就显得极为方便。如图 21.4 所示，仪器安置于曲线的起点（ZY），后视切线方向，拨出偏角后，在仪器视线上测设出弦长 d_1，即可放样点 P_1。

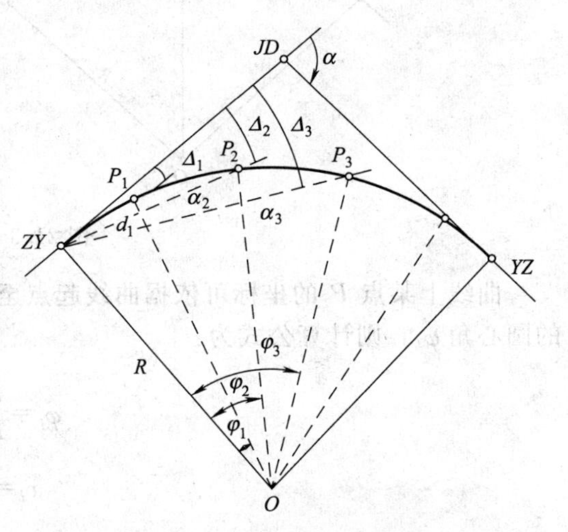

图 21.4 极坐标法测设圆曲线

偏角计算方法与上述的偏角法相同，弦长也可以参照偏角法弦长计算公式，由弦长 d_1 对应的圆心角和半径 R 求出，即

$$d_i=2R\sin\frac{\varphi_i}{2}=2R\sin\Delta_i$$

21.2 计划与决策

21.2.1 计划单

计划单同任务 1。

21.2.2　决策单

决策单同任务 1。

21.3　实施与检查

21.3.1　实施单

实施单同任务 1。

21.3.2　检查单

<table>
<tr><th>任务 21</th><th colspan="2">道路圆曲线测设</th><th>学时</th><th>8</th></tr>
<tr><th>班级</th><th colspan="2"></th><th>组号</th><th></th></tr>
<tr><td>小组成员
及分工</td><td colspan="4"></td></tr>
<tr><td>检查方式</td><td colspan="4">按任务单规定的检查项目、内容进行小组检查和教师检查</td></tr>
<tr><td>序号</td><td>检查项目</td><td>检查内容</td><td>小组检查</td><td>教师检查</td></tr>
<tr><td rowspan="2">1</td><td rowspan="2">圆曲线相关的概念</td><td>是否知道圆曲线的主点</td><td></td><td></td></tr>
<tr><td>是否会计算圆曲线主点的桩号</td><td></td><td></td></tr>
<tr><td rowspan="2">2</td><td rowspan="2">圆曲线要素计算与主点测设</td><td>是否能够计算圆曲线要素</td><td></td><td></td></tr>
<tr><td>是否能够进行圆曲线主点测设</td><td></td><td></td></tr>
<tr><td rowspan="3">3</td><td rowspan="3">圆曲线详细测设</td><td>是否清楚偏角法测设的步骤</td><td></td><td></td></tr>
<tr><td>是否清楚切线支距法测设的步骤</td><td></td><td></td></tr>
<tr><td>是否清楚极坐标法测设的步骤</td><td></td><td></td></tr>
<tr><td rowspan="2">4</td><td rowspan="2">仪器的操作</td><td>操作是否规范</td><td></td><td></td></tr>
<tr><td>能否正确选择仪器</td><td></td><td></td></tr>
<tr><td rowspan="3">5</td><td rowspan="3">其他</td><td>是否具有团队意识、计划组织及协作、口头表达和人际交流能力</td><td></td><td></td></tr>
<tr><td>是否具有良好的职业道德和敬业精神，爱惜仪器、工具的意识</td><td></td><td></td></tr>
<tr><td>能否按时完成任务</td><td></td><td></td></tr>
<tr><td>组长签字</td><td></td><td>教师签字</td><td></td><td>年　月　日</td></tr>
</table>

21.4 评价与教学反馈

21.4.1 评价单

评价单同任务1。

21.4.2 教学反馈单

任务21	道路圆曲线测设			学时	8
班级		学号		姓名	
调查方式	对学生知识掌握、能力培养的程度,学习与工作的方法及环境进行调查				

序号	调查内容	是	否
1	你知道圆曲线的主点吗?		
2	你会计算圆曲线主点的桩号吗?		
3	你是否能够计算圆曲线要素?		
4	你能够进行圆曲线主点测设吗?		
5	你清楚偏角法的步骤吗?		
6	你清楚切线支距法的步骤吗?		
7	你知道极坐标法测设方法的步骤吗?		
8	你具有团队意识、计划组织与协作、口头表达及人际交流能力吗?		
9	你具有操作技巧分析和归纳的能力,善于创新和总结经验吗?		
10	你对本任务的学习满意吗?		
11	你对本任务的教学方式满意吗?		
12	你对小组的学习和工作满意吗?		
13	你对教学环境适应吗?		
14	你有爱惜仪器、工具的意识吗?		
其他改进教学的建议:			

被调查人签名		调查时间	年 月 日

参 考 文 献

[1] 工程测量规范（GB 50026—2007）.

[2] 国家基本比例尺地图图式（GB/T 20257）.

[3] 全球定位系统（GPS）测量规范（GB/T 18314—2009）.

[4] 李斯. 测绘技术应用与规范管理实用手册. 北京：金版电子出版社，2002.

[5] 赵文亮. 土木工程测量. 北京：科学出版社，2004.

[6] 罗新宇，姚德新，王丹英. 土木工程测量学教程. 北京：中国铁道出版社，2005.

[7] 周文国，郝延锦. 建筑工程测量. 北京：科学出版社，2005.

[8] 顾孝烈，鲍峰，程效军. 测量学. 上海：同济大学出版社，2006.

[9] 潘松庆. 建筑测量. 北京：中央广播电视大学出版社，2006.

[10] 刘绍堂. 控制测量. 郑州：黄河水利出版社，2007.

[11] 周建郑. 建筑工程测量. 第2版. 北京：化学工业出版社，2012.

[12] 王云江. 市政工程测量. 第2版. 北京：中国建筑工业出版社，2012.

[13] 刘福臻. 数字化测图教程. 西安：西安交通大学出版社，2008.

[14] 孔达. 土木工程测量. 郑州：黄河水利出版社，2008.

[15] 汪荣林，罗琳. 建筑工程测量. 北京：北京理工大学出版社，2009.

[16] 姜晨光. 测量技术与方法. 北京：化学工业出版社，2009.

[17] 凌支援. 建筑施工测量. 北京：高等教育出版社，2009.

[18] 白会人. 土木工程测量. 武汉：华中科技大学出版社，2009.

[19] 赵景利，杨凤华. 建筑工程测量. 北京：北京大学出版社，2010.

[20] 李峰. 建筑施工测量. 上海：同济大学出版社，2010.